沂沭泗第九届
水文学术交流会论文集

主　编　屈　璞

副主编　詹道强　赵艳红

杜庆顺　郦息明

黄河水利出版社

·郑州·

图书在版编目(CIP)数据

沂沭泗第九届水文学术交流会论文集/屈璞主编.—郑州:黄河水利出版社,2020.3

ISBN 978-7-5509-2618-9

Ⅰ.①沂… Ⅱ.①屈… Ⅲ.①水文学-学术会议-文集 Ⅳ.①P33-53

中国版本图书馆 CIP 数据核字(2020)第 052171 号

出 版 社:黄河水利出版社 网址:www.yrcp.com

地址:河南省郑州市顺河路黄委会综合楼 14 层 邮政编码:450003

发行单位:黄河水利出版社

发行部电话:0371-66026940、66020550、66028024、66022620(传真)

E-mail:hhslcbs@126.com

承印单位:虎彩印艺股份有限公司

开本:787 mm×1 092 mm 1/16

印张:16.50

字数:390 千字 印数:1—1 000

版次:2020 年 4 月第 1 版 印次:2020 年 4 月第 1 次印刷

定价:68.00 元

《沂沭泗第九届水文学术交流会论文集》

编写委员会

目　录

第一篇　水文水资源与防汛调度

第二篇　水生态与水环境

第三篇　水利信息化及新技术应用

第一篇　水文水资源与防汛调度

台风"利奇马"影响期间沂沭泗河洪水预报与调度

詹道强[1]　李　沛[2]　赵艳红[1]　王秀庆[1]

(1. 沂沭泗水利管理局水文局(信息中心),徐州 221018;
2. 江苏省水文水资源勘测局徐州分局,徐州 221018)

摘　要　受2019年第9号超强台风"利奇马"及冷空气共同影响,沂沭泗流域多个控制站出现1974年以来最大洪水过程,针对此次雨洪过程,沂沭泗水利管理局水文局采用实时滚动预报、历史相似洪水对比、峰量相关、多系统预报等多种方法,对流域主要控制站及湖泊进行了较为精准的洪水预报并及时提出调度建议,为沂沭泗流域防汛调度及时提供了决策依据。

关键词　沂沭泗流域;洪水预报;洪水调度;利奇马;2019年

1　概　述

沂沭泗水利管理局水文局承担着沂河、沭河以及南四湖上级湖、下级湖,骆马湖的预报任务。受2019年第9号超强台风"利奇马"及冷空气的共同影响,沂沭泗流域多个控制站出现1974年以来最大洪水过程,在应对此次洪水过程中,水情技术人员密切监视降雨进展,及时滚动预报,同时采用历史相似洪水作对比等多种方法对预报结果进行综合分析,较为准确地对流域主要控制站及湖泊进行洪水预报,为沂沭泗流域防汛调度提供决策依据。

2　"利奇马"影响期间流域雨洪概况

2.1　台风概况

2019年第9号台风"利奇马"8月4日14时在菲律宾以东洋面生成,生成后缓慢向西北方向移动,强度逐渐加强,最强盛时中心气压9.15万Pa,中心附近最大风力达18级(62 m/s),是2019年以来西北太平洋最强台风;10日1时45分前后,在浙江省温岭市沿海登陆,登陆时近中心最大风力16级(52 m/s),中心最低气压9.3万Pa,是中华人民共和国成立以来登陆华东地区强度排名第三的台风,也是2019年以来登陆我国最强的台风;登陆后,台风持续向偏北方向移动,强度逐渐减弱,10日20时减弱为热带风暴,11日20时50分前后,"利奇马"二次登陆山东青岛,并在山东半岛北部回旋少动,13日8时强度减弱为热带低压,14时中央气象台对其停止编号。

作者简介:詹道强(1962—),男,教授级高级工程师,主要从事水文情报、洪水预报及防汛调度工作。

2.2　降雨过程

受其影响,沂沭泗流域自南向北、先东后西出现连续降水过程。降水主要从10日6时在新沂河南北地区、新沭河以及滨海地区等流域东部地区首先开始,8时以后雨区扩大到沂沭河及邳苍地区,12时以后南四湖湖东及近湖地区也开始出现降雨。据统计,8月10—12日,沂沭泗流域累计降雨146 mm,过程雨量沂沭河上游部分地区250～350 mm,南四湖湖西大部50～100 mm,流域其他地区100～250 mm,单站雨量以沂河上游东里店站407 mm为最大;100 mm、200 mm以上雨区笼罩面积分别是5.7万km^2和1.4万km^2,分别占沂沭泗流域面积的71.6%和17.6%,3天累计降水量超过“1993.8”洪水降水量(144 mm),沂河临沂以上降水量239 mm超过“1974.8”洪水降水量(156 mm)。沂沭泗流域8月10—12日降雨量等值线见图1。

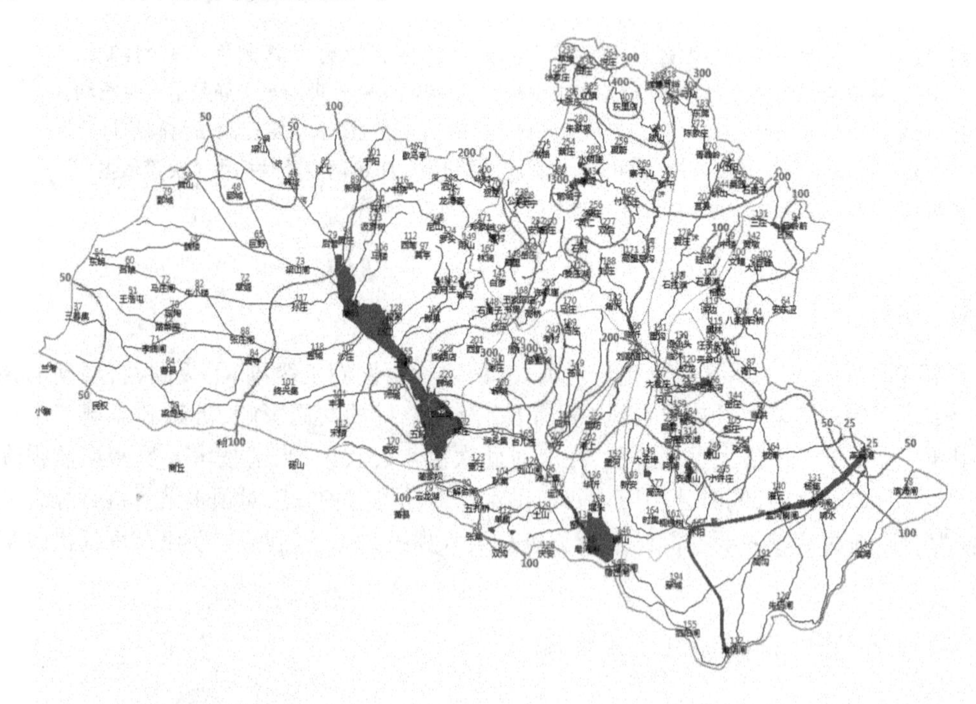

图1　沂沭泗流域8月10—12日降雨量等值线图　(单位:mm)

2.3　洪水概况

受强降雨影响,沂沭泗流域沂河、沭河各发生1次编号洪水,部分控制站出现1974年以来最大洪峰流量(最高水位)。

沂河临沂站10日22时起涨流量970 m^3/s,11日16时洪峰流量7 300 m^3/s(2012年以来最大),刘家道口闸11日17时最大下泄流量5 880 m^3/s(2012年以来最大),港上站12日1时洪峰流量5 550 m^3/s(1974年以来最大)。沭河重沟站11日4时起涨流量129 m^3/s,18时52分洪峰流量2 720 m^3/s。新沭河闸11日21时最大下泄流量4 020 m^3/s,石梁河水库11日18时30分最大下泄流量3 500 m^3/s。中运河运河站12日15时最大流量2 990 m^3/s(1974年以来最大)。骆马湖嶂山闸11日17时最大下泄流量5 020 m^3/s(1974年以来最大),洋河滩站13日11时最高水位23.72 m(1974年以来最高),超警戒水位0.22 m。新沂河沭阳站10日8时起涨流量396 m^3/s,12日8时最大流量5 900 m^3/s(1974年以来最大),12日6时30分最高水位11.31 m(历史最高),超警戒水位2.31 m。

3　洪水预报

3.1　主要控制站洪峰流量及湖泊产水量预报

水情人员密切关注降雨进展,采用历史相似洪水对比、峰量相关、多系统预报等多种方法,在完成各自分析计算的基础上进行预报会商。

梳理了"利奇马"这场强台风暴雨与历史上较为相似的"1974.8"台风暴雨洪水的相同点与不同点。其主要相同点有:①都是8月中旬在浙江、福建一带登陆的台风;②台风登陆后都是从南向北移动;③北方都有冷空气配合;④前期降雨都比较丰沛,土壤含水量高。其主要不同点有:①"利奇马"台风登陆时比1974年12号台风登陆时强度更强。1974年12号台风登陆时,最大风速由登陆前的22 m/s减至登陆时的15 m/s,"利奇马"台风登陆时强度仍维持超强台风级别,近中心最大风速52 m/s。②相对于1974年12号台风主雨峰降水比较集中,"利奇马"台风降水相对较为平均。1974年12号台风沂沭河最大点降水沭河上游蒲汪站最大6 h降水量224.6 mm,占该站最大24 h降水量332.1 mm的67.6%;"利奇马"台风降水,最大点降水沂河上游东里店站最大6 h降水量124 mm,仅占该站最大24 h降水量354.5 mm的35%。③降雨量、前期影响雨量有所不同。1974年12号台风降雨,沂河临沂以上、沭河大官庄以上、中运河运河站以上次降水量分别为156.2 mm、251.3 mm和187.7 mm,前期影响雨量分别为54 mm、58.5 mm和79 mm;"利奇马"台风降水,沂河临沂以上、沭河大官庄以上、中运河运河站区间次降水量分别为174 mm、151.1 mm和116.7 mm,前期影响雨量分别为44.7 mm、38.4 mm和77.2 mm,比较可见,沂河临沂以上"利奇马"台风次降水量大于"1974.8"洪水次降水量,而沭河大官庄以上、中运河运河站区间"利奇马"台风次降水量均小于"1974.8"洪水次降水量;三控制站的前期影响雨量,"利奇马"台风也均小于"1974.8"洪水。④台风经过的路线不同。1974年12号台风登陆后,基本一直向北移动,纵穿沂沭河水系;"利奇马"台风登陆后,11日12时在苏北灌河口重新入海,21时在青岛重新登陆。

值得关注的是,1997年以来,沂沭河先后新(改)建了许多拦河闸(坝)。以沂河为例,刘家道口以上共建有10座拦河闸坝,正常蓄水位的蓄水达2.28亿 m^3。此次"利奇马"台风暴雨,沂河上中游的拦河闸坝基本都在洪水到来之前预泄了前期蓄水。所以,此次洪水,沂沭河上游的拦河闸坝对洪峰流量的影响较小。

综合考虑以上因素,沂沭泗局水文局分别在8月11日6时30分、13时30分、12日8时30分发布了3次主要控制站的洪峰预报以及湖泊产水量预报,预报成果见表1。

根据洪水预报与实测值对比分析(见表2),沂河临沂站、沭河重沟站、中运河运河站预报相对误差分别为2.7%、10.3%和0.3%。预报精度,临沂站和运河站为优秀,重沟站为合格。3个控制站的洪峰出现时间预报误差均小于一个计算时段(2 h),预报结果均为合格。

表1　主要控制站洪水预报成果

序号	预报发布时间	依据时间	预报结果	预报依据
1	8月11日6时30分	8月11日6时	1. 沂河临沂站洪峰流量7 500 m^3/s，峰现时间8月11日18时，沭河重沟站洪峰流量3 000 m^3/s，峰现时间8月11日20时，中运河运河站洪峰流量2 200 m^3/s，峰现时间8月12日8时； 2. 南四湖上级湖入湖水量2.5亿 m^3，下级湖入湖水量2.0亿 m^3； 3. 骆马湖(不含南四湖)入湖水量13.0亿 m^3	8月10日8时至11日6时，沂沭泗流域平均降水量95 mm，其中，临沂区间174 mm，重沟区间151 mm，运河区间117 mm，南四湖地区37 mm
2	8月11日13时30分	8月11日13时	1. 中运河运河站洪峰流量3 000 m^3/s，峰现时间8月12日14时； 2. 南四湖上级湖入湖水量5.0亿 m^3，下级湖入湖水量3.9亿 m^3； 3. 骆马湖(不含南四湖)入湖水量16.6亿 m^3	8月11日6时至13时，沂沭泗流域继续出现降水天气，流域平均降水量24 mm，其中，临沂区间29 mm，重沟区间23 mm，运河区间34 mm，南四湖地区17 mm；沂、沭、运河上游部分大型水库开闸泄洪
3	8月12日8时30分	8月12日8时	1. 南四湖上级湖入湖水量8.0亿 m^3，下级湖入湖水量5.0亿 m^3； 2. 骆马湖(不含南四湖)入湖水量20.0亿 m^3	8月11日13时至12日8时，沂沭泗流域继续出现降水天气，流域平均降水量24 mm，其中，临沂区间20 mm，重沟区间12 mm，运河区间18 mm，南四湖地区42 mm；沂、沭、运河上游部分大型水库继续开闸泄洪

表2　主要控制站洪水预报结果评价

控制站	预报		实测		洪峰流量评定		峰现时间评定
	Q_m(m³/s)	峰现时间	Q_m(m³/s)	峰现时间	相对误差(%)	评定	
临沂站	7 500	8月11日16时	7 300	8月11日16时	2.7	优秀	合格
重沟站	3 000	8月11日20时	2 720	8月11日19时	10.3	合格	合格
运河站	3 000	8月12日14时	2 990	8月12日15时	0.3	优秀	合格

南四湖上级湖、下级湖以及骆马湖预报入湖水量相对误差分别为95.1%、6.4%和-2.4%(见表3)。预报精度分别为不合格、良好和优秀。根据分析,南四湖上级湖入湖水量预报误差较大的主要原因为,南四湖地区降水量较沂沭河及邳苍地区要小,上级湖各入湖河流拦河闸坝众多,由于前期较为干旱,流域此次产汇流被拦河闸坝层层拦截,南四湖主要控制站单站最大入湖流量仅为114 m³/s(泗河书院站)。

表3　入湖水量预报结果评价

湖泊	预报入湖水量(亿m³)	实际入湖水量(亿m³)	相对误差(%)	评定
南四湖上级湖	8.0	4.1	95.1	不合格
南四湖下级湖	5.0	4.7	6.4	良好
骆马湖	20.0	20.5(已扣除上游水库增泄量)	-2.4	优秀

3.2　主要控制站关键节点水位预报

受强台风降水影响,骆马湖出现1974年以来最高水位23.72 m,新沂河沭阳站出现超历史水位11.31 m,洪峰流量5 900 m³/s也为1974年以来最大。水文人员根据上游来水情况对骆马湖洋河滩水位、沭阳站水位等进行了关键节点预报,经实况检验,预报取得了满意效果,满足了调度决策对预报信息的需求,预报情况见表4。

表4　主要控制站关键节点洪水预报成果

序号	预报发布时间	依据时间	预报结果及实况检验	预报依据
1	8月12日20时30分	8月12日20时	预报结果:8月13日8时骆马湖洋河滩水位最高不超过23.70 m; 水情实况:骆马湖洋河滩8月13日8时实际水位23.69 m; 评价:预报成功,实现了"加大嶂山闸泄量,控制骆马湖水位最高不超过23.7 m"的预期目标	8月12日20时主要控制站水情:骆马湖上游来水6 360 m³/s,骆马湖洋河滩水位23.34 m,水位呈上涨趋势;骆马湖总出湖流量3 327 m³/s;新沂河沭阳站流量4 670 m³/s,相应水位10.82 m,水位呈回落趋势;鉴于骆马湖水位快速上涨(12日8时至20时洋河滩水位上涨0.66 m),拟于12日22时30分加大嶂山闸泄量至4 000 m³/s

续表 4

序号	预报发布时间	依据时间	预报结果及实况检验	预报依据
2	8 月 13 日 20 时 30 分	8 月 13 日 20 时	预报结果:8 月 14 日 8 时新沂河沭阳站水位最高不超过 10.80 m; 水情实况:新沂河沭阳站 8 月 14 日 8 时实际水位 10.77 m; 评价:预报成功,实现了“嶂山闸继续大流量下泄,控制新沂河沭阳站水位不超过 10.80 m”的预期目标	8 月 13 日 20 时主要控制站水情:骆马湖上游来水 4 500 m^3/s,骆马湖洋河滩水位 23.72 m 已维持了 10 h;骆马湖总出湖流量 5 460 m^3/s;新沂河沭阳站流量 4 640 m^3/s,相应水位 10.66 m,水位呈持续缓涨态势
3	8 月 14 日 8 时 30 分	8 月 14 日 8 时	预报结果:骆马湖洋河滩水位 14 日 20 时降至 23.5 m(警戒水位); 水情实况:骆马湖洋河滩水位 14 日 19 时降至 23.5 m(较预报提前 1 h); 评价:预报成功,达到了“嶂山闸继续大流量下泄,骆马湖水位尽快降至警戒水位及以下”的预期目标	8 月 14 日 8 时主要控制站水情:骆马湖上游来水 3 390 m^3/s,骆马湖洋河滩水位 23.63 m;骆马湖总出湖流量 5 439 m^3/s;新沂河沭阳站流量 4 860 m^3/s,相应水位 10.77 m(嶂山闸泄量第二次加大至 5 000 m^3/s 沭阳站水位复涨到最高水位),水位呈缓涨持平态势

4 思考与建议

4.1 积极的泄洪策略是取得防御洪水主动权的关键所在

8 月 9 日 8 时,骆马湖水位 22.44 m,低于汛限水位 0.06 m,“引沂济淮”向洪泽湖输水流量 738 m^3/s,12 时开启嶂山闸泄洪 500 m^3/s。10 日 6 时,受台风“利奇马”影响,沂沭泗流域开始出现降水,8 时骆马湖水位 22.48 m,向洪泽湖输水流量 872 m^3/s,嶂山闸泄量 500 m^3/s;13 时 30 分骆马湖水位 22.50 m,嶂山闸泄量加大至 1 000 m^3/s;19 时,骆马湖水位 22.51 m,嶂山闸泄量加大至 2 000 m^3/s。11 日 7 时,骆马湖水位 22.69 m,沭阳站水位 9.34 m,向洪泽湖输水流量 519 m^3/s,嶂山闸泄量加大至 3 000 m^3/s;10 时,骆马湖水位 22.63 m,沭阳站水位 9.51 m,10 时 30 分嶂山闸泄量加大至 4 000 m^3/s;12 时,骆马湖水位 22.55 m,沭阳站水位 9.74 m,嶂山闸泄量加大至 5 000 m^3/s。12 日 0 时骆马湖水位 22.34 m,沭阳站水位 10.97 m,嶂山闸泄量减小至 4 000 m^3/s;4 时骆马湖水位 22.41 m,沭阳站水位 11.24 m,4 时 30 分嶂山闸泄量减小至 2 000 m^3/s;新沂河沭阳站 12 日 6 时 30 分出现最高水位 11.31 m,8 时最大流量 5 900 m^3/s;10 时,骆马湖水位 22.85 m,沭阳站水位 11.21 m,10 时 30 分嶂山闸泄量加大至 3 000 m^3/s;22 时,骆马湖水位23.42m,沭阳站水位 10.78 m,22 时 30 分嶂山闸泄量加大至 4 000 m^3/s。13 日 9 时,骆马湖水位

23.71 m，沭阳站水位 10.61 m，9 时 30 分嶂山闸泄量再次加大至 5 000 m^3/s，10 时骆马湖出现最高水位 23.72 m，至此，骆马湖进出湖基本平衡，之后骆马湖维持 23.72 m 高水位长达 13 h。

经计算，如果预泄不按照嶂山闸最大下泄流量 5 000 m^3/s 进行调度，骆马湖将出现高于实际出现的 23.72 m 的高水位，如果按照嶂山闸最大下泄流量 4 000 m^3/s 进行调度，骆马湖水位最高将至 24.0 m，如果按照嶂山闸最大下泄流量 3 000 m^3/s 进行调度，骆马湖水位最高将至 24.4 m，骆马湖水位将接近退守宿迁大控制的控制水位 24.5 m。因此，积极的泄洪策略的实施可以牢牢抓住防汛调度的主动权。

4.2　防御洪水及洪水资源化两手抓，最大限度发挥水工程的综合效益

在安全防洪的同时，沂沭泗局十分重视洪水资源的转化利用，积极配合江苏省做好"引沂济淮"工作并取得显著成效。2019 年进入汛期以来，淮河干流干旱少雨，上游来水偏少，7 月下旬至 8 月上旬洪泽湖一直在死水位上下运行。为充分利用沂沭泗流域的洪水资源，沂沭泗局及时调度宿迁闸，积极配合江苏省向洪泽湖补水。江苏省 8 月 6 日开始启动"引沂济淮"，将沂沭泗流域的上游来水通过中运河及徐洪河输送到缺水的洪泽湖，8 月 9 日最大输水流量 915 m^3/s。在洪水退水期，沂沭泗局在保证防洪安全的前提下，及时减小嶂山闸下泄流量，尽可能拦蓄尾水，8 月 17 日向洪泽湖最大输水流量 952 m^3/s。8 月 6—21 日沂沭泗流域累计向洪泽湖输水 11.1 亿 m^3 洪泽湖水位由输水前的 11.34 m 回升至输水结束时的 12.48 m。"引沂济淮"的实施，使得沂沭泗流域的洪水资源得到了充分利用，最大限度地发挥了流域水工程的综合效益。

4.3　关注研究骆马湖、南四湖未控区域的产汇流

骆马湖、南四湖上级湖、下级湖未控区域的流域面积分别为 1 203 km^2、8 823 km^2 和 2 935 km^2，分别占各自区域集水面积的 2.3%、32.4% 和 69.1%。以骆马湖湖滨地区为例，此次"利奇马"暴雨，计算湖滨地区最大入湖流量可达 1 910 m^3/s，这部分入流常会占到总入湖流量的 10% ~20%，由于湖滨地区无测站控制，属自由汇流入湖，在进行预报计算时，常会忽略这部分水量，因此在进行作业预报时应给予充分关注。南四湖上、下级湖未控区域面积更大，无测站控制的近湖入流规模也会更大，在进行作业预报时更应该加以关注。

4.4　关注新沂河行洪能力的变化

新沂河沭阳站 50 年一遇设计水位 11.40 m，相应流量 7 800 m^3/s。11 日 12 时嶂山闸泄量第一次加大至 5 000 m^3/s 后，新沂河沭阳站 12 日 6 时 30 分出现最高水位 11.31 m，8 时最大流量 5 900 m^3/s，上游沭河新安站相应流量 800 m^3/s，新开河桐槐树站相应流量 390 ~420 m^3/s；13 日 9 时 30 分嶂山闸第二次加大至 5 000 m^3/s 后沭阳站最高水位涨至 10.77 m(14 日 8 时)，相应流量 4 860 m^3/s，较第一次洪峰水位低 0.54 m，流量减小 1 040 m^3/s。

根据 2019 年 8 月沭阳站实测水位流量关系并作适当外延，可推算出沭阳站现状工况下设计水位 11.40 m 时的流量为 6 200 m^3/s，较设计流量减小 20.5%；反推沭阳站设计流量 7 800 m^3/s 时的相应水位为 12.3 m，较设计水位高 0.9 m。与"1974.8"洪水相比，现状工况下相应于历史最高水位 10.82 m 的行洪流量较"1974.8"洪水减小 24.6%，相应于历

史最大流量6 900 m^3/s时的水位较“1974.8”洪水位高1.03 m。今年的新沂河行洪实践表明,沭阳站设计水位与新沂河该段设计流量不相适应,换言之,新沂河当前设计水位下的行洪流量达不到设计流量要求,对此,设计规划单位应给予充分重视。

4.5 继续加强重要断面测报能力建设

沂沭河上游属山洪性河道,源短流急,对测验的时效性要求较高。目前,沂沭河上中游大多数重要控制站尚未建设测流缆道,多使用桥测方式进行测流,使用桥测方式费时费工且存在安全隐患,需要完善测站基础设施建设,提升测站测报能力。

参考文献

[1] 王溪民. 沂沭河1974年8月暴雨洪水简介[J]. 水文, 1985(6):55-61.
[2] 沂沭泗水利管理局. 沂沭泗防汛手册[M]. 徐州:中国矿业大学出版社,2018.

基于 Python 的沂河流域年径流量预测研究

刘开磊[1]　胡友兵[1]　潘　亚[2]

(1. 淮河水利委员会水文局(信息中心),蚌埠 233001;
2. 安徽财经大学商学院,蚌埠 233000)

摘　要　流域径流量预测是影响水资源规划以及综合开发利用的基本依据,尤其近年来随着国家对跨省河流水量分配、调度工作重视程度的加强,流域径流量预测成果以及其技术革新也被提到更加重要的位置。本研究基于在计算科学、经济学领域中较为热门的 Python 技术,利用开源的 keras、sklearn 等科学计算包,构建深度神经网络(DNN)、长短期记忆网络(LSTM)两类神经网络模型,以沂河重点流域作为试验流域、以 1956—2016 年的年降雨、径流量系列作为试验数据基础,开展年径流量预测研究。试验结果表明两类神经网络模型均能够给出合理的预测结果,标准化后预测误差分别达到 0.021 2、0.004 2,两类神经网络模型均能够避免传统神经网络模型过拟合的问题,可以为流域年径流量预测提供另一种可行的解决方案。

关键词　Python;深度神经网络;长短期记忆网络;径流预测

水文水资源领域存在大量的非平稳时间序列分析的应用场景,其中降雨、径流时间序列分析是衡量流域水资源供应能力的重要手段,准确可靠的径流预报技术是开展水量分配计划、充分合理开发水资源,同时有效地缓解水资源供需矛盾、避免水害灾害损失的重要非工程措施,可以为水资源合理开发利用与保护、水量分配(调度)方案的落实、工农业生产与生活保障提供直接的数据支撑。2018 年 7 月水利部水资源司下发《水利部关于做好跨省江河流域水量调度管理工作的意见》,提出获水利部批复的江河流域应依照水量分配方案,水资源调度应遵循总量控制与断面水(流)量水质控制相结合、统一调度与分级实施相结合的原则,抓紧方案落实。径流预报是其中首当其冲需要提供可靠技术支撑的一环,也是落实水利部要求、保障城乡居民生活与农业、工业、生态的关键一环。

传统常用于径流预报的方法主要集中于降雨径流关系[1,2]、降雨频率推断两类。前者是将当年预报降雨量代入基于水文历史数据的降雨径流关系,直接计算得到当年预报径流量;后者是将预报降雨代入流域年降雨量所服从的 P－Ⅲ频率曲线,以降雨频率代入相应的年径流量所服从 P－Ⅲ频率曲线,反推得到当年径流量数值的预报结果。上述两类方法均基于天气系统、下垫面变化平稳情境的假设,基于稳定的降雨径流关系预测径流量,预报结果与实际情况相距较大。本研究延续上述两类方法中需要预先得到当年降雨量再预测年径流量的做法,重点放在对机器学习领域最新研究成果在径流量预测的创新应用研究。

作者简介:刘开磊(1988—),男,工程师,主要从事水文预报与水资源调配关键技术研究。

随着机器学习、模式识别、高频交易等领域技术不断的迭代更新，深度神经网络(Deep Layer Neural Network, DNN)、支持向量机(SVM)、自编码技术、长短期记忆网络(Long Short Term Me mory Network,LSTM)[3]、分层注意力模型等新算法或算法的革新井喷式涌现，其中如DNN、SVM、LSTM等已经在遥感、气象、统计经济学等领域的时间序列分析应用中获得试验性应用研究，并取得良好的应用效果。水文水资源领域与上述领域存在一定程度上的共通之处，其中水文变量的非平稳时间序列分析，是描述水文变量变化发展规律、分析变化趋势与预报未来变化的重要应用场景，对新技术手段、算法迭代更新提出了较高的要求。然而，水文水资源领域从业者往往更关注专业技术与管理领域，关注技术实现难易程度、开发周期长度等，对于算法、软硬件层次的知识丰富程度则相对较低，因而亟须一种实现方式简捷、算法完善更新迅速的方法。本研究提出基于Python平台调用成熟的keras、sklearn等科学计算包，以模块堆叠的形式迅速实现DNN、LSTM网络建模，进而应用于沂河流域径流量预测的研究思路，为径流量非平稳系列分析提出一种新的解决手段，促进水文水资源领域与数学、算法科学领域的结合，为水文科学的智慧化、智能化发展提供了一种有效的解决方案。

1　背景介绍

简单的神经网络一般包含信号输入层、信号输出层，以及介于两者之间的隐含层。全连接神经网络是指每一层输出结果会发送到下一层所有节点作为输入的特殊神经网络类型。深度神经网络是结合全连接网络层的简单神经网络的进化变体，将简单的单层神经网络拓展出来多层即得到深度神经网络。相对于简单神经网络，深度神经网络随着其网络层数的增加，可以有效地提升神经网络模型的表达能力。

长短期记忆网络模型是循环神经网络模型的改进模型，其在继承循环神经网络记忆功能的同时，通过随机忘记网络节点使网络训练远离局部梯度极小点，避免陷入循环神经网络的梯度消失或梯度爆炸问题。LSTM是深度学习中能有效处理和预测存在未知时长延迟的时间序列的深层网络模型，可用于分析时间序列数据中的关联关系、处理数据的时间依赖性、预测时序数据的趋势。目前LSTM已在众多预测领域得到了相关应用并展现出优势，但在水文时间序列预测研究领域仍处于起步发展阶段[4]。

2　试验流域与数据介绍

2.1　流域简介

本研究选择沂河重点流域作为试验流域(见图1)，流域面积1.18万km^2，1956—2016多年平均径流量29.43亿m^3、多年平均径流深250.35 mm。以流域1956—2016年逐年降雨量、径流量为基础数据：①通过详细描述建立DNN、LSTM两类神经网络模型用于径流预报的操作过程，展示Python在非平稳时间序列分析方面的简捷性能；②并通过分析两类神经网络在径流预报中的收敛速度、模拟结果误差范围等，评价Python所提供的两类科学计算工具的可靠性能与相对优劣程度。

2.2　参数与方案设定

考虑到相邻两年度之间天然径流量具备一定程度的相互影响，因而设计的地表水资

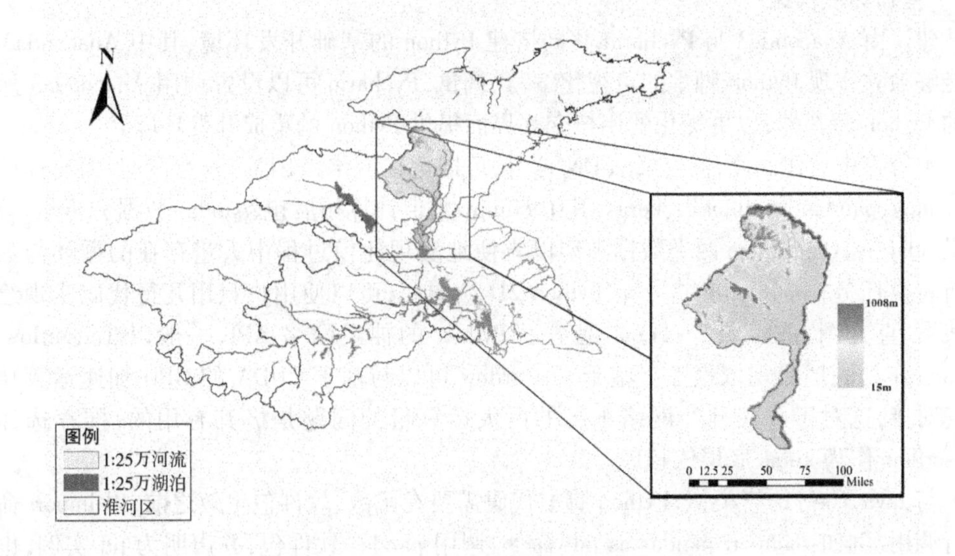

图 1　沂河流域位置示意图

源量模拟预报方案的输入为当年降雨量、前一年的径流量,输出为当年径流量。

$$Q_t = f(Q_{t-1},\ R_t) \tag{1}$$

试验采用 DNN、LSTM 两类神经网络模拟预报地表水资源量,网络输入层的节点数目为 2,输出层的节点数目为 1。模型参数与相关设定见表 1。

表 1　神经网络模型参数设定表

项目	DNN	LSTM
输入层节点数(维度)	2	1×2
隐含层层数	4	4
输出层节点数	1	1
激活函数	relu	relu
损失函数	均方误差	均方误差
优化方法	adagrad	adagrad
训练终止条件	最大训练次数	最大训练次数
训练次数	10 万	10 万

本研究划分现有 61 年数据中的前 75% 作为训练期、后 25% 作为验证期,分别对比 LSTM、DNN 两类模型在训练期、验证期的预报结果。

3　试验环境搭建

Python 是一种面向对象的动态类型语言,其最初被设计用于编写自动化脚本。随着版本的迭代更新和新的功能的不断添加、完善,Python 在保留脚本语言简捷、迅速编写的特征的同时,提供了完备的科学分析、机器学习、模式识别、网络爬虫等相关的扩展包,用户可以使用简单几行代码实现多目标优化、大数据分析等运算,有效地规避了繁复的代码编写、调试等过程,其充分适合于工程技术创新、科学研究、医学影像识别等领域。依据数值模拟试验环境搭建顺序,将试验环境搭建顺序总结为以下四个步骤。

3.1 基础环境构建

建议由 Anaconda3 与 Pycharm 共同搭建 Python 的基础开发环境,其中 Anaconda3 本身能够独立实现 Python 脚本的可视化编写、调试,Pycharm 可以设置调用 Anaconda3 所集成的 Python 解释器,以更优化的用户交互界面提供 Python 的集成开发环境。

本研究中构建深度神经网络(DNN)、长短期记忆网络(LSTM)两类模型,需要提前安装 numpy、pandas、matplotlib、keras,其中 numpy 数值计算拓展包、pandas 数据分析包,分别提供 ndarray、DataFrame 两类数据类型以方便地实现建模过程中大量存在的循环与数据分析转换任务; matplotlib 是一个 Python 2D 绘图库,可以使用户只用几行代码实现绘制折线图、直方图、散点图等;keras 是基于 Python 的神经网络 API,一般以 Tensorflow 或 Theano 作为底层实现依赖库。鉴于 Tensorflow 可以与基于 CUDA 的 GPU 加速运算功能无缝对接,这对于解决神经网络训练的巨大运算量的问题是极其有用的,推荐选择以 Tensorflow 作为 keras 底层依赖库。

与 Java、C#等语言类似,Python 脚本代码需要在函数、软件包生效之前,以 import 命令进行调用,例如:“import pandas as pd”命令,调用 pandas 软件包,并声明为 pd 实例,也可以用“from kears. models import Sequential”命令从 kears 软件包中调用 Sequential 模型,指定从 kears 软件包的 models 模块中调用 Sequential 序贯模型,以层次堆叠的方式建立深度神经网络。

3.2 数据读取

前述已引用的 pandas 包具备完善的跨平台文件读取功能,pandas 支持从剪贴板、csv、excel、html、json、sql、table 等数据来源读取数据,例如读取根目录下名为 Traindatasets. xlsx 的文件,只需要如下一行代码即可实现。

```
dataset = pd. read_excel('Traindatasets. xlsx', index = 'Index')    (2)
```

上述语句所表明的意思是,调用 pd 实例的 read_excel 函数读取根目录下名为 Traindatasets. xlsx 的 excel 文件,默认读取第一张工作表到 dataset 变量中。其中 dataset 的索引号由 excel 文件中的 Index 列来确定。dataset 变量在赋值之前,无须提前声明变量,在赋值后其仅作为 pd 实例的 DataFrame 数值类型的符号化表示。若 tmpDt = dataset,则 tmpDt 与 dataset,则两者共享同一 DataFrame 类型数值,对任一变量进行改变,则另一值也会同步改变。有时我们需要从所读取的数据中分别裁取一定长度的训练集、验证集,就要用到数据分片操作。

```
train_dataset = dataset[ :train_len,1:4]    (3)
```

train_len 表示训练集长度,Python 中的列表索引从 0 开始,因而上述语句是从 dataset 变量中截取 index 为[0,train_len)、第 1 ~ 第 3 列的训练数据,存入 train_dataset 变量。与训练集相对应的,验证数据集可采用与上述相似的代码语句获取。

3.3 构建神经网络层

3.3.1 层次网络构建

在本研究中,DNN、LSTM 网络都基于 keras 包中的 Sequential 模型构建,网络构建一般包括构建输入层、隐含层,指定激活函数、遗忘速率、构建输出层等步骤。以相对复杂的 LSTM 网络构建为例,LSTM 网络构建的关键代码见表 2。

表 2　构建 LSTM 网络构建的关键代码示例

源码示例	功能
model = Sequential()	声明一个顺序神经网络模型
model. add (LSTM (32, input_shape = (1, step_size)))	新增 LSTM 输入层。输入信号维数为 1 * step_size、输出信号维数为 32
model. add(Activation('sig moid'))	指定 s 型激活函数
model. add(Dense(1))	新增全连接层,同时也是输出层。输出信号维数为 1

表 2 中,LSTM 输入层的输出信号维数可以视待解决问题的复杂程度确定,一般不宜取过大值,否则将额外增加网络训练难度。对于全连接层神经网络,相邻神经网络层之间,上一层网络输出节点维数与下一层网络的输入节点维数相同,因而在声明除输入层之外的神经网络层时,往往省略声明网络层输入节点维数。

3.3.2　网络编译、训练

用 keras 搭建好 LSTM、DNN 模型架构后,下一步就是执行编译操作,通过指定 loss、opti mizer、metrics 3 个参数完成 model 的编译。loss、optimizer 是 keras 神经网络装配必须提供的两个函数,loss 是实时用于模型参数优化的损失函数,其内置的损失函数有均方误差、平均绝对误差、相对百分比误差等共 16 个函数;optimizer 是用于模型参数优化的优化器,其内置的优化器包括 sge(随机梯度下降法)、adagrad、adam 等共 8 种。由于 metrics 函数所设定的目标函数值不参与神经网络训练,因此在 keras 神经网络编译时可以不进行显式设定,而当用户需要直接输出每一个训练过程中目标函数的变化情况时,则需要制定 metrics 函数为 binary_accuracy 等 5 个用于分类的内置目标函数中的一个或多个,或自定义目标函数。keras 的网络编译语言典型示例如下。

```
model. compile( loss = 'mean_squared_error',
optimizer = 'adagrad',merics = 'mae','acc')        (4)
```

用 keras 实现神经网络训练的示例代码如下,用户需要指定网络训练的输入、输出数据集、最大训练次数(epochs)、每次梯度更新的样本数(batch_size)、日志显示模式(verbose)、回调函数 callbacks 实例等。其中,结合回调函数可实现网络训练早停止、训练过程可视化等。

```
histories = model. fit( trainX, trainY, epochs = 5, batch_size = 1, verbose = 2)
                                                                              (5)
```

上述公式中等号左侧的内容并非必须的,但是如上述的写法,可以直接返回网络训练过程中的 loss、metrics 函数中指标的在每一个 epoch 变化过程,即训练过程可视化。

通过上述三个步骤,本试验研究的核心代码已经可以实现,除引用 keras 等包的代码之外,只需以式(4) ~ 式(5)为模板按照试验要求修改、增加验证期数据读取,以及后期预报结果显示、统计代码即可完整实现数值模拟试验。基于 Python 开展本研究,代码复杂程度不高、编写效率相对 C#、Java、VB 等语言具有极大优势。

4　模拟结果讨论

4.1　训练、验证期预报结果对比

依据表1设定参数,采用 adagrad 分别独立训练 DNN、LSTM 网络,使两个神经网络拟合训练期45年历史数据的均方误差最小。在训练2万次左右的时候,DNN 的每一次参数寻优所得到最优模型的 loss 函数已经基本稳定,而 LSTM 的 loss 函数值也已进入到平稳期,最终得到 DNN、LSTM 对标准化后训练期样本的均方误差指标分别为 0.021 2、0.004 2。图2、图3 展示的是 DNN、LSTM 两模型在训练期、验证期预报结果对比图。

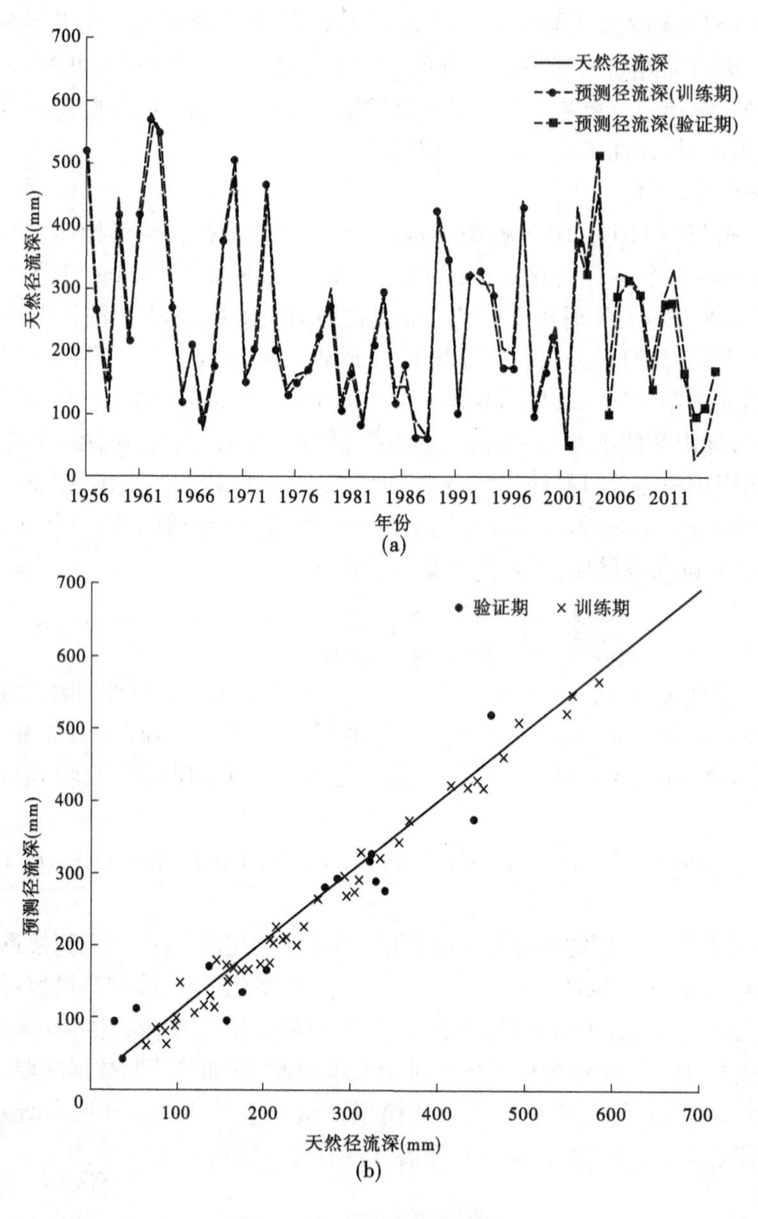

图2　DNN 预报结果示意图

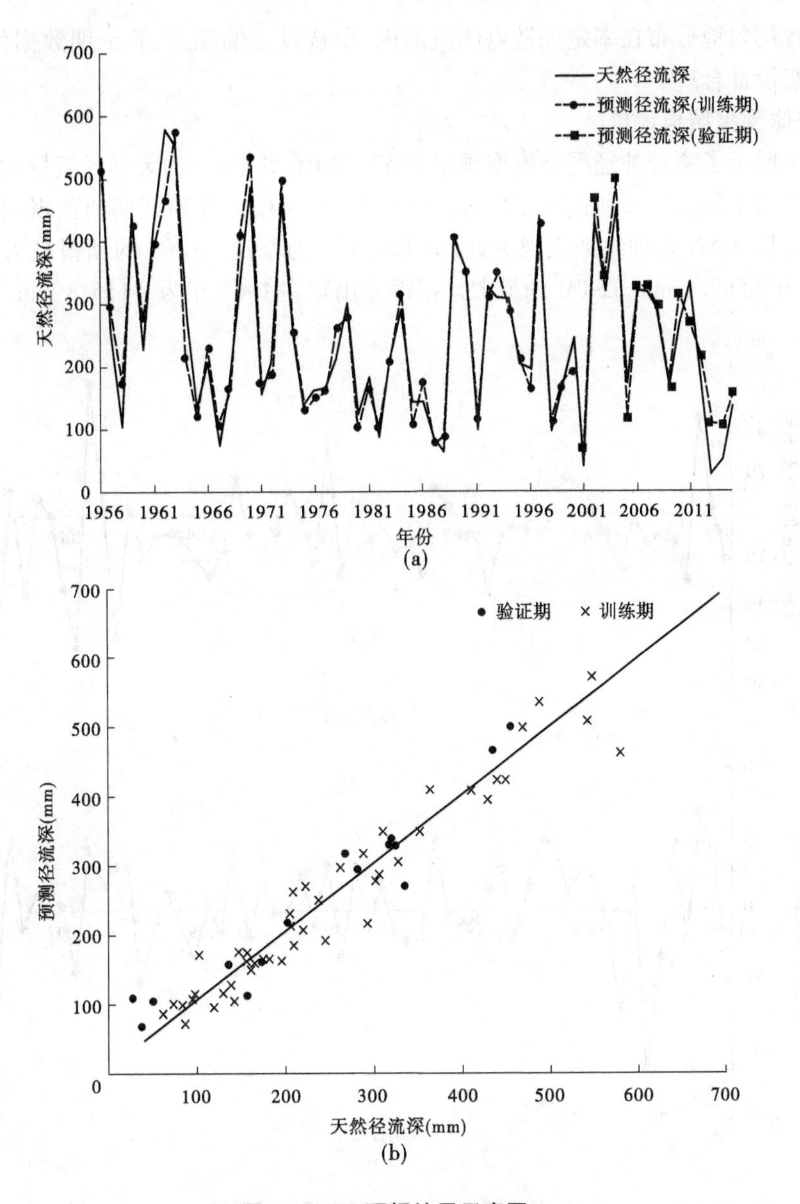

图3　LSTM 预报结果示意图

从图2(a)、图3(a)中两模型在训练期、验证期的预报过程线与实测的比较结果可知,两模型在训练期、验证期预报误差的差异并未出现显著的变化,两模型均未出现明显的过拟合,神经网络训练结果可信、具有一定的泛化能力。具体来说,DNN 模型在训练期、验证期的预报结果均方误差指标分别为18.2、44.7,而 LSTM 的均方误差指标分别为35.2、40.6,在本试验研究中 DNN 对于数据的拟合能力表现相对较优,LSTM 的网络泛化能力相对更强,对于生产实际的参考价值相对较高。

参照图2(b)、图3(b)中两模型在率定期、验证期的散点分布情况,两模型率定、验证期的散点都相对均匀地分布在45°线的两侧,表明:①DNN、LSTM 模型预报结果与实际天然径流量值差别不大,且不存在系统误差;②对于两种神经网络模型来说,各自在验证期散点大致均匀地分布在率定期散点的范围内,所选设定的率定、验证期数据代表性较强,试验方案设计合理。

4.2 整体预报结果评价

图4展示了两种神经网络模型预报1957~2016共60年的天然径流量的预报误差过程图。从图中预报误差的逐年变化过程可以看出,两模型在验证期的预报误差比训练期都有所增长,DNN在训练期表现更好,而LSTM更为稳定。DNN的预报最大误差值出现在2014年为67.4 mm,LSTM的最大预报误差出现在1963年为-115.8 mm。

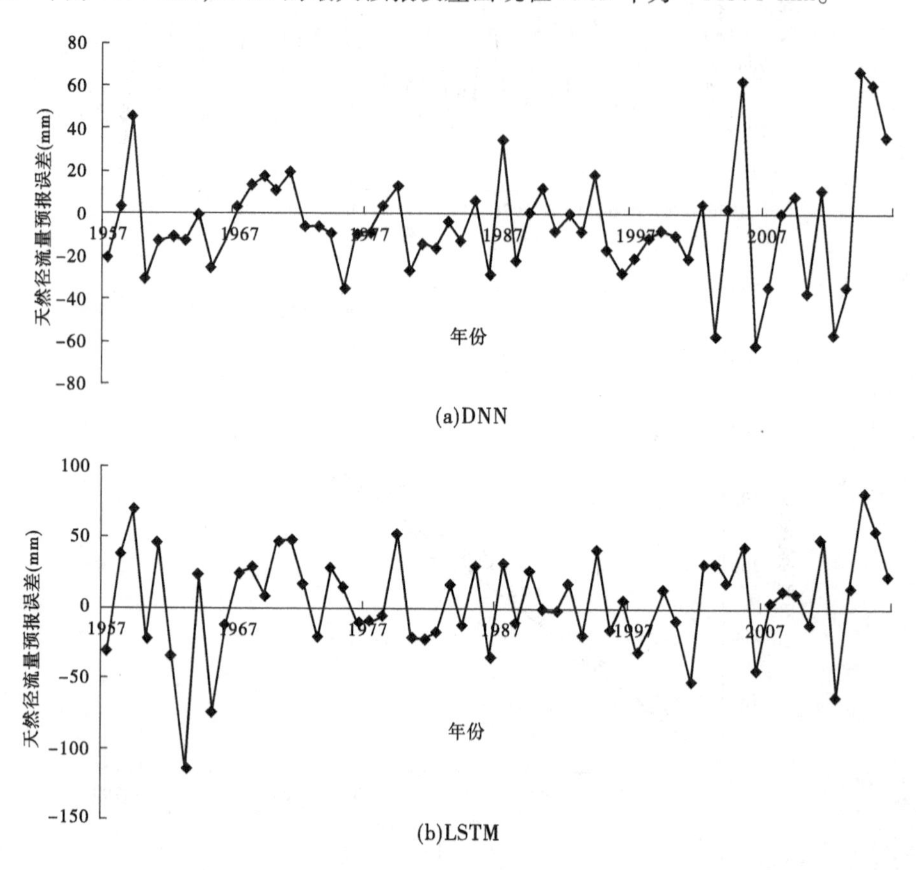

图4　DNN、LSTM预报误差过程图

综合上述两节对DNN、LSTM两类模型的训练期、验证期预报结果比较分析,可以认为:①在充分训练的情境下,两模型均能够提供较为准确的天然径流量预报结果,适用于非平稳时间序列分析;②DNN对数据拟合能力较强,网络泛化能力相对较弱;③LSTM基于时间序列的长短期特征记忆训练神经网络结构,对于非平稳序列的拟合能力相对较弱,但是在验证期所表现出的网络泛化、外延能力相对较强,实际应用推广价值相对更高。

5　结　论

本研究以沂河流域天然径流量预测作为典型的非平稳时间序列分析案例,开展基于Python的数值模拟试验研究。通过对建模过程、模拟试验结果的分析,揭示了Python在水文水资源领域非平稳时间序列分析的广阔应用前景,是传统水文分析计算与相对先进的深度学习、数据挖掘等领域结合的一条高效路径;也利用 1956—2016 年期间的试验模拟结果为基础,揭示了 Python 所提供的 DNN、LSTM 两类典型神经网络模型在非平稳时间序列应用中的良好性能,对于天然径流量分析预测、非平稳时间序列分析具有参考价值。

当然,就目前而言神经网络技术仍然是一只黑箱子,大多数研究只能够做到关注对数据的拟合程度,对于影响数据拟合的因素及其相应的物理机制则并不明确,不能够反映输入、输出以及变量之间的因果关系。近年来,学者们对于图神经网络[5]、贝叶斯推理网络、卷积神经网络等技术的研究,一定程度上使得神经网络技术在因果推理性能方面有了一定的改进。基于 Python 所提供的平台开展水文非平稳时间序列研究,以及开展相关的降雨径流规律等研究,一直也是水文科学的热门研究问题,通过推动开展水文水资源与神经网络、深度学习等热点流域结合的试验性尝试,也将对于丰富水文水资源学科内涵、推动学科发展起到积极作用。

参考文献

[1] 刘开磊,王敬磊,祝得领. 月尺度天然径流量还原计算模型研究[J]. 治淮,2018(4):56-59.

[2] 刘开磊,等. 水文学与水力学方法在淮河中游的应用研究[J]. 水力发电学报,2013,32(6):5-10.

[3] 殷兆凯,等. 基于长短时记忆神经网络(LSTM)的降雨径流模拟及预报[J]. 南水北调与水利科技,2019(6):1-13.

[4] 冯钧,潘飞. 一种 LSTM - BP 多模型组合水文预报方法[J]. 计算机与现代化,2018(7):82-85,92.

[5] 赵朋磊. 基于图神经网络的二进制函数相似度检测算法研究及实现[D]. 杭州:浙江大学,2019.

沂沭泗流域“2019.8.11”暴雨洪水分析

赵艳红　屈　璞　詹道强　于百奎　王秀庆

（沂沭泗水利管理局水文局（信息中心），徐州 221018）

摘　要　受“利奇马”和西风槽共同影响，2019 年 8 月 10—12 日，沂沭泗流域出现连续强降水过程，导致沂河、沭河、新沭河、邳苍分洪道、中运河、骆马湖、新沂河均出现较大洪水过程。本文基于报汛数据对暴雨成因及暴雨、洪水特点进行了分析，并与近年典型洪水进行了比较，认为主雨日流域前期影响雨量、降雨时空分布是洪水过程形态的主要影响因素。

关键词　沂沭泗；暴雨洪水；分析

受“利奇马”和西风槽共同影响，2019 年 8 月 10—12 日，沂沭泗流域出现连续强降水过程，导致沂河、沭河、新沭河、邳苍分洪道、中运河、骆马湖、新沂河均出现较大洪水过程，沂河港上站、中运河运河站洪峰流量均列 1974 年以来第一位，两河洪水在骆马湖汇合，骆马湖出现 1974 年以来的最高水位，新沂河沭阳站出现有实测资料记录以来的最高水位。本文对暴雨成因及暴雨、洪水特点进行了分析，并与近年典型洪水进行了比较。

1　暴雨成因

2019 年第 9 号台风“利奇马”于 8 月 4 日 14 时在菲律宾以东约 1 000 km 的洋面上生成，生成后向西北方向移动，7 日 23 时加强为超强台风，10 日 2 时在浙江省温岭市沿海登陆，登陆时中心最大风力为 16 级，登陆后向偏北方向移动，移经杭州—无锡—盐城—连云港等地，11 日 12 时移出流域入海，11 日 21 时再次登陆山东省青岛市，此后其移入渤海海面并不断减弱，最终于 8 月 13 日 14 时被中央气象台停止编号。

台风“利奇马”北上过程中，与东移的冷空气遭遇，为沂沭泗流域带来了暴雨到特大暴雨天气，暴雨最强时发生在 8 月 10 日 12 时到 11 日 12 时之间。

2　暴雨分析

2019 年 8 月 10—12 日 3 天的强降雨过程中，以 8 月 10 日暴雨雨强为最大，暴雨中心位于沂沭河上游，单站日雨量以沂河上游东里店 309 mm 为最大，50 mm 降雨量笼罩面积为 5.93 万 km^2，占流域总面积的 74.5%，100 mm 降雨量笼罩面积为 4.09 万 km^2，占流域总面积的 51.4%。流域平均降雨量为 104 mm；11 日，降雨强度有所减弱，主雨区西移，南四湖大部地区降暴雨，单站日雨量以沂河上游大张庄 105 mm 为最大，50 mm 降雨量笼罩面积为 3.08 万 km^2，占流域总面积的 38.7%。流域平均降雨量为 40 mm。12 日，降雨强

作者简介：赵艳红（1978—），女，高级工程师，主要从事水文水资源工作。

度进一步减小，渐止。10—12 日 3 日累计，沂沭泗流域平均降水量 146.1 mm，降雨总量大，历时长。除南四湖湖西部分地区降雨偏少外，流域其他地区降雨在空间分布上相对较为均匀，单站以沂河上游东里店 407 mm 为最大。

本次降雨小时雨强相对较为均匀，以 2 h 时段面雨量为例，全流域面雨量超过 8 mm 的有 10 个时段，最大为 11 日 4—6 时的 12.3 mm；沂河临沂以上区间面雨量超过 8 mm 的有 11 个时段，15 mm 以上的时段有 7 个，最大为 11 日 0—2 时的 30.4 mm；沭河大官庄以上区间面雨量超过 8 mm 的也有 11 个时段，15 mm 以上的时段有 5 个，最大为 11 日 0—2 时的 36.4 mm。面雨量柱状图见图 1。

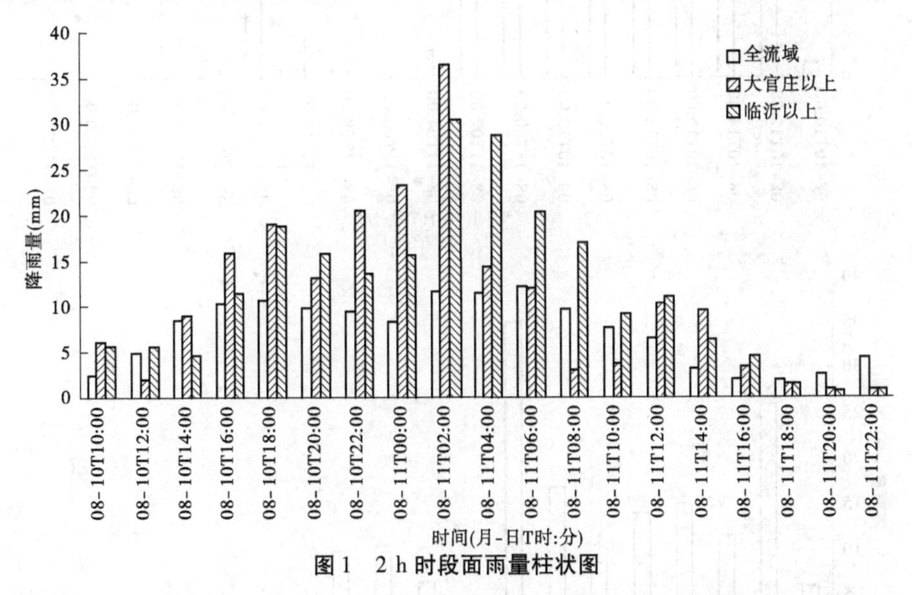

图 1　2 h 时段面雨量柱状图

降雨在时空上遵循自下而上、自东向西的规律。沂沭河暴雨成因及特点与 74.8 暴雨洪水较为相似，降雨均是沿沂、沭河干流自下游开始降雨，随着时间推移，主雨区也向上游逐步移动延伸，致使这次洪水在中下游的区间来水量较大。以沂河主要雨量控制站为例，沂河华沂站最大 6 h 降雨时段为 10 日 10—16 时，港上站为 10 日 12—18 时，临沂站为 10 日 18—13 日 0 时，斜午站为 10 日 20—13 日 2 时，东里店为 10 日 22—13 日 4 时。沂河各站雨量柱状图见图 2、图 3。

3　洪水分析

3.1　沂河洪水过程

沂河洪水为单峰洪水，峰前峰后涨落较陡，沂河各站涨水段受上游拦河闸坝塌坝影响，在 10 日有小的起伏。沂河葛沟站、蒙河高里站、祊河角沂站涨水历时为 13 ~ 24 h，临沂站涨水历时 22 h，港上站涨水历时为 15 h。沂河各站落水段历时 96 ~ 154 h。洪峰传播时间，沂河葛沟站至临沂站为 5 h 左右，角沂站至临沂站为 2 h 左右，临沂站至港上站为 9 h。

沂河葛沟站以上集水面积 5 565 km^2，控制沂河干流及东汶河来水，11 日 10 时 40 分出现洪峰 4 080 m^3/s，葛沟站以上 10 d 洪水总量 5.91 亿 m^3，祊河角沂站以上集水面积

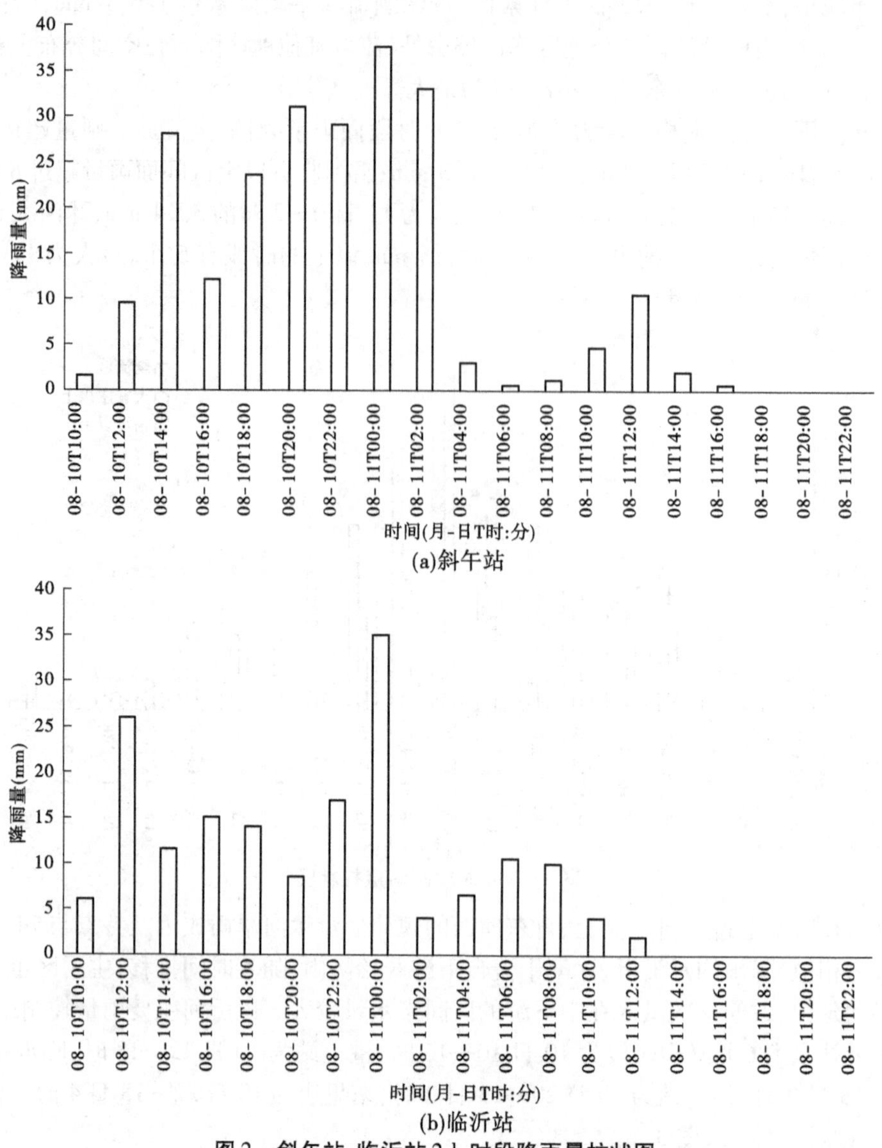

图2　斜午站、临沂站 2 h 时段降雨量柱状图

3 366 km^2，于 11 日 13 时 11 分出现洪峰 3 030 m^3/s，角沂站以上 10 d 洪水总量 3.12 亿 m^3，综合二者及支流蒙河和区间来水，合成临沂 11 日 16 时洪峰流量 7 300 m^3/s，列 1974 年以来第 4 位，临沂站 10 d 洪量为 12.12 亿 m^3。葛沟洪峰流量占临沂洪峰流量的 56% 左右，洪量占 49%，角沂洪峰流量占临沂的 41% 左右，洪量占 26%。根据沂沭泗局沂沭河洪水尽可能东调的意见，彭道口闸于 11 时 30 分开闸，14 时最大下泄流量 1 420 m^3/s，分沂入沭水量 1.12 亿 m^3，家道口闸 11 日 17 时最大下泄流量 5 880 m^3/s，10 d 下泄水量 10.03 亿 m^3，港上站 12 日 1 时出现洪峰流量 5 550 m^3/s，为 1974 年以来最大流量，10 d 总洪量达 11.82 亿 m^3。

3.2　沭河洪水过程

沭河洪水也为单峰洪水，沭河重沟站洪水涨势迅速，涨水历时为 17 h，落水历时 109

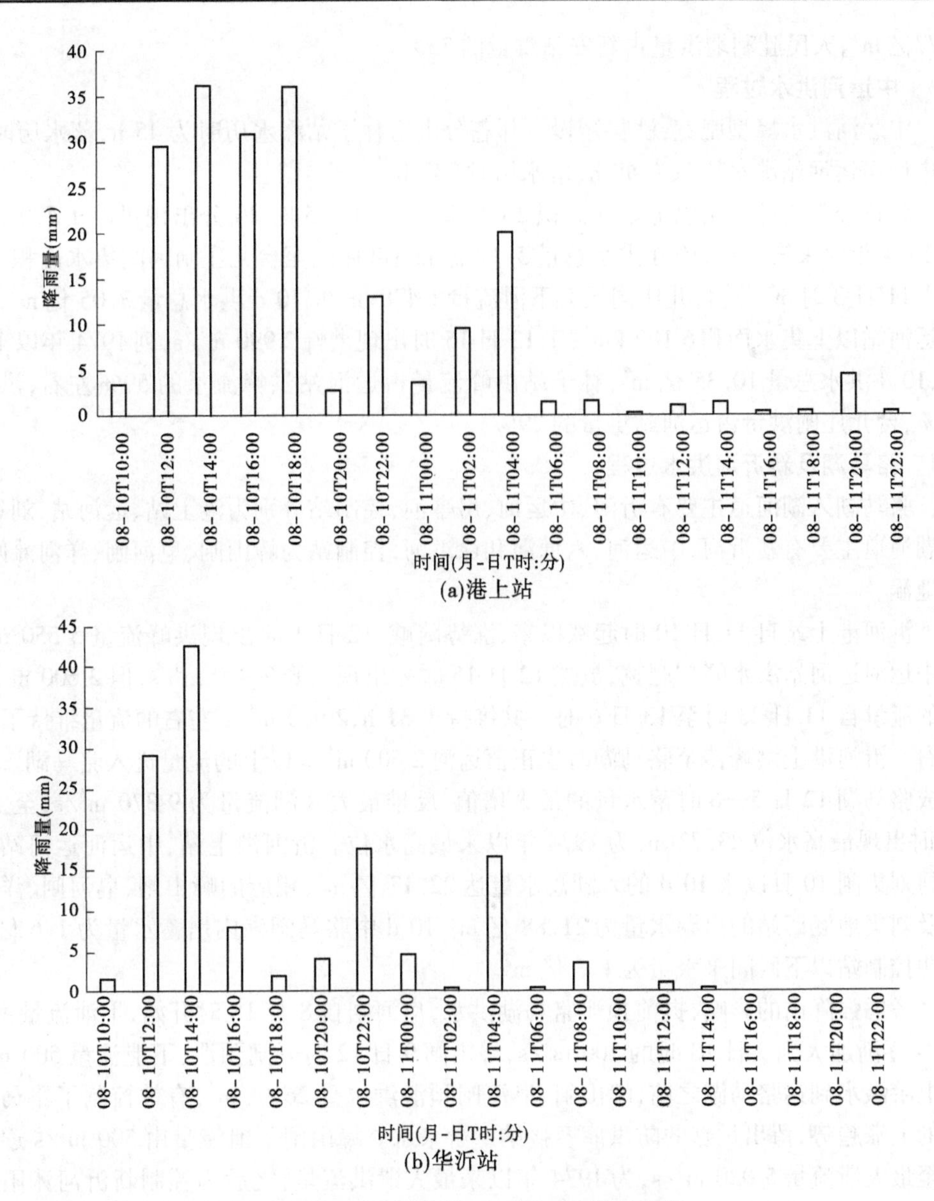

(a)港上站

(b)华沂站

图3 港上站、华沂站2 h时段降雨量柱状图

h;新安站洪水涨势迟缓,退水迅速,涨水历时44 h,落水历时46 h。洪峰传播时间,沭河重沟站至大官庄站为3 h左右,人民胜利堰至新安站为12 h左右。

沭河重沟站以上集水面积4 511 km^2,11日18时52分出现洪峰2 720 m^3/s,重沟站10 d洪量为4.08亿m^3;沭河大官庄以上集水面积4 529 km^2,人民胜利堰闸11日19时最大下泄流量603 m^3/s,总洪量0.59亿m^3;新沭河闸11日21时最大下泄4 020 m^3/s,列建闸以来第3位,总洪量5.49亿m^3。11日22时,大官庄枢纽两个闸合计最大下泄流量4 593 m^3/s,列1974年以来第2位,大官庄枢纽总洪量6.08亿m^3。重沟站和分沂入沭洪量合计占大官庄洪量的86%,12日10时15分新安站出现洪峰流量896 m^3/s,总洪量

1.77亿 m³,人民胜利堰洪量占新安站洪量的33%。

3.3 中运河洪水过程

中运河洪水峰型肥宽,涨势缓慢。邳苍分洪道林子站涨水历时为45 h,落水历时139 h;中运河运河站涨水历时为49 h,落水历时233 h。

邳苍分洪道林子站以上集水面积2 085 km²,12日15时20分出现洪峰1 770 m³/s,列1974年以来第1位,10 d洪水总量5.12亿 m³;韩庄闸至台儿庄闸区间集水面积1 345 km²,11日3时30分,台儿庄闸最大下泄流量1 470 m³/s,10 d洪水总量3.05亿 m³,中运河运河站以上集水面积6 102 km²,于12日15时出现洪峰2 990 m³/s,列1974年以来第1位,10 d洪水总量10.35亿 m³,林子站洪峰流量占运河站洪峰流量的59%左右,洪量占49%,台儿庄闸洪量占运河站洪量的29%。

3.4 骆马湖及新沂河洪水过程

骆马湖入湖河道主要有沂河、中运河、房亭河,控制站分别为港上站、运河站、刘集闸,出湖河道主要有新沂河、中运河、六塘河和徐洪河,控制站为嶂山闸、皂河闸、洋河滩闸、刘集地涵。

沂河港上站自11日10时起涨以来,涨势陡峻,12日1时出现洪峰流量5 550 m³/s,而中运河运河站洪水峰型肥宽,虽然12日15时才出现洪峰2 990 m³/s,但2 600 m³/s以上的流量自11日23时至13日6时一共维持了31 h,2 900 m³/s左右的流量维持了16 h左右。沂河港上洪峰传至骆马湖时也正值运河2 600 m³/s以上的流量进入骆马湖。因而形成骆马湖12日5—6时蓄水量的最大增值,反推最大入湖流量为9 370 m³/s,至13日11时出现最高水位23.72 m,为1974年以来最高水位。沂河港上站、中运河运河站及房亭河刘集闸10日以来10 d的入湖总水量达22.17亿 m³,相应的嶂山闸、皂河闸、洋河滩闸及刘集地涵四站的出湖水量为21.88亿 m³,10 d中骆马湖湖内增蓄水量为1.6亿 m³,表明控制站以下区间来水量为1.3亿 m³。

考虑强降雨的影响,提前预泄骆马湖洪水,皂河闸自8日18时开始,下泄流量由322 m³/s逐渐加大到9日18时的700 m³/s,嶂山闸9日12时开闸预泄,下泄流量500 m³/s,在上游洪水到达骆马湖之前,嶂山闸、皂河闸预泄洪水2.26亿 m³,有效控制了骆马湖水位的上涨趋势,留出足够的防洪库容接纳上游来水。嶂山闸下泄流量由500 m³/s逐步加大至最大泄流量5 020 m³/s,为1974年以来最大泄洪流量,之后为控制新沂河沭阳站流量不超6 000 m³/s,错开沭河南下入新沂河洪峰,嶂山闸流量一度压小至2 000 m³/s,错峰后又重新加大至5 000 m³/s。

新沂河沭阳站自11日3时水位9.10 m开始超警戒水位,12日6时30分出现最高水位11.31 m,为有实测资料记录以来最高水位,超警戒水位2.31 m,超过1974年最高洪水位0.55 m,8时出现最大流量5 900 m³/s,为1974年以来最大流量,相应水位11.30 m。此次洪水期间,沭阳站水位超警戒水位天数为6 d。新安站及嶂山闸10 d下泄总洪量合计17.43亿 m³,相应沭阳10 d洪量为20.17亿 m³,表明区间来水量也相当大,约占沭阳总洪量的14%。

4　暴雨洪水特点

4.1　暴雨覆盖范围广,降水总量大

8 月 10—11 日,沂沭泗水系 2 d 降水量占 8 月常年均值(163 mm)的 88%,仅次于 1993 年 8 月 4—5 日的 156 mm,列 1954 年以来连续 2 d 最大降水量的第 2 位,“利奇马” 2 d在沂沭泗水系降了约 115 亿 m^3的水量;100 mm、200 mm 降水笼罩面积分别为 5.66 万 km^2、1.35 万 km^2,分别占沂沭泗水系面积的 71%、17%。临沂以上 8 月 10—11 日降水量为 231.5 mm,超过 1997 年 8 月 19—20 日的 196 mm,为 1954 年以来连续 2 d 最大降水量。

4.2　小时雨强相对均匀,降雨在时空上遵循自东向西、自下而上的规律

全流域 2 h 面雨量超过 8 mm 的有 10 个时段,最大为 11 日 4—6 时的 12.3 mm,沂河临沂以上区间 2 h 面雨量 15 mm 以上的时段有 7 个,最大为 11 日 0—2 时的 30.4 mm,沭河大官庄以上区间 2 h 面雨量 15 mm 以上的时段有 5 个,最大为 11 日 0—2 时的 36.4 mm。

降雨在时间上是先东部的骆马湖、邳苍、沂沭河地区开始降雨,之后雨区延伸到南四湖地区;沂沭河降雨是沿沂、沭河干流自下游开始降雨,随着时间推移,主雨区也向上游逐步移动延伸。

4.3　洪峰流量大、水位高

沂河、沭河相继发生 2019 年第 1 号洪水,邳苍分洪道、中运河、新沂河均出现 1974 年以来最大洪水,骆马湖出现 1974 年以来最高水位,新沂河水位超历史记录。

沂河临沂站洪峰流量 7 300 m^3/s,列 1974 年以来第 4 位,港上站洪峰流量 5 550 m^3/s,列 1974 年以来第 1 位;新沭河闸最大下泄 4 020 m^3/s,列建闸以来第 3 位,大官庄枢纽最大下泄流量 4 593 m^3/s,列 1974 年以来第 2 位。邳苍分洪道林子站洪峰流量 1 770 m^3/s,列 1974 年以来第 1 位。中运河运河站最大流量 2 990 m^3/s,列 1974 年以来第 1 位;骆马湖最高水位 23.72 m,列 1974 年以来第 1 位;嶂山闸最大下泄流量 5 020 m^3/s,列 1974 年以来第 1 位;新沂河沭阳站最高水位 11.31 m,列有实测资料记录以来第 1 位,最大流量5 900 m^3/s,列 1974 年以来第 1 位。

4.4　水库湖泊拦蓄水量大

在此次洪水过程中,大型水库拦蓄洪水总量为 7.62 亿 m^3,中型水库拦蓄洪水总量为 2.43 亿 m^3、骆马湖、南四湖上级湖、下级湖共拦蓄洪水 11.89 亿 m^3。

5　与近年典型洪水比较

2010 年以来,沂沭泗流域典型洪水有“2012.7.10”洪水和“2018.8.20”洪水。“2012.7.10”洪水,沂河临沂站出现最大洪峰流量 8 050 m^3/s,列有资料以来第 7 位;“2018.8.20”洪水,沭河重沟站出现最大洪峰流量 3 130 m^3/s,列 1957 年以来第 4 位,是沭河 1975 年以来最大洪水。

3 场场次洪水相比(见表 1),主要降雨历时相似,总降雨量、单日最大降雨量均是 2019 年最大,但 2019 年沂河洪峰流量小于 2012 年,沭河洪峰流量小于 2018 年,分析原因

如下：

第一,2012 年、2018 年在主雨日,流域前期影响雨量均达到了饱和状态,2019 年在主雨日,流域前期影响雨量基本在略高于一半的状态。

第二,2012 年暴雨中心主要位于沂河中下游,而 2019 年暴雨中心主要位于沂河上游,200 mm 以上的暴雨中心均位于沂河源头地区。2018 年暴雨中心虽然位于沭河中上游,但在 19 日主雨期,100 mm 以上的暴雨中心基本沿沭河干流呈狭长带状分布。而 2019 年暴雨中心在源头呈横向面状分布。

表 1　近年沂沭泗流域典型洪水特征值表

控制站	洪水编号	降雨开始日（月-日）	降雨结束日（月-日）	最大日降水（mm）	前期影响雨量（Pa）	主雨日（Pa）	总降水量（mm）	洪峰流量时间（月-日 T 时:分）	洪峰流量（m^3/s）
临沂	20120710	07-07	07-10	122	38	60	202	07-10T13:00	8 050
	20180820	08-17	08-20	78	35	60	161	08-20T09:45	3 220
	20190811	08-10	08-13	187	45	44.7	238	08-11T16:00	7 300
重沟	20120710	07-07	07-10	80	44	60	153	07-10T14:12	1 860
	20180820	08-17	08-20	98	46	60	155	08-20T13:00	3 130
	20190811	08-10	08-12	174	37	37.2	212	08-11T19:00	2 720

6　结　论

“2019.8.11”暴雨洪水具有暴雨覆盖范围广,降水总量大,部分河湖水位流量列 1974 年以来最大,有的甚至超历史记录等特点。但是此次过程沂河总的降雨量较“2012.7.10”洪水大,沭河的降雨量较“2018.8.20”洪水大,但其洪水的洪峰均小于相应年次。根据分析,主雨日流域前期影响雨量、降雨时空分布对洪水过程形态影响较大,在今后的洪水预报过程中,需重点加强主雨日前期影响雨量、暴雨中心位置、洪水组成的分析。

参 考 文 献

[1] 詹道强,李沛,赵艳红,等. 201909 号台风“利奇马”影响期间的沂沭泗流域洪水预报工作及思考[J]. 中国防汛抗旱,2019(11):39-42.

[2] 沂沭泗水利管理局. 沂沭泗防汛手册[M]. 徐州:中国矿业大学出版社,2018.

济宁市水资源综合状况及问题对策探讨

汤建军　时延庆

（济宁市水文局，济宁 272019）

摘　要　对济宁市水资源综合状况进行评价，主要是对区域和流域水循环特点、水资源禀赋条件、水资源演变情势、水生态环境状况、水资源开发利用状况及发展趋势等进行总括性评价。分析济宁市水资源自然赋存、开发利用等方面存在的问题，提出针对性应对措施。

关键词　济宁市；水资源；综合状况；问题对策

1　济宁市概况

济宁位于鲁西南腹地，地处黄淮海平原与鲁中南山地交接地带。东邻临沂，西接菏泽，南面是枣庄和江苏徐州，北面与泰安交界，西北角隔黄河与聊城相望。南北长 167 km，东西宽 158 km，总面积 11 187 km^2。

济宁市现辖 2 区 2 市 7 县，即任城区、兖州区 2 区，曲阜、邹城 2 市，微山、鱼台、金乡、嘉祥、汶上、泗水、梁山 7 县。2018 年全市共有街道办事处 48 个、镇 104 个、乡 4 个，村居委会 6 240 个，总人口 834.59 万人。

济宁市属鲁南泰沂山低山丘陵与鲁西南黄泛平原交接地带，全市地形以低山丘陵和平原洼地为主，地势东高西低，地貌较为复杂。京沪铁路以东为山峦绵亘、丘陵起伏的低山丘陵区。京沪铁路以西与南四湖之间为泰沂山前冲积平原，自东向西倾斜。南四湖以西为宽广平坦的黄泛平原，其间嘉祥县南部及金乡县西北部有零星的孤山残丘出露，地面自西向东倾斜。南四湖周围为滨湖洼地。

济宁市属淮河流域，境内河流众多，交叉密布全境，仅流域面积 50 km^2 以上的河流就有 91 条，总长度达 1 516 km，流域面积大于 1 000 km^2 的河流有 7 条，所有河流都注入南四湖。湖东主要有泗河、洸府河、白马河等，属山溪性河流，峰高流急，洪水暴涨暴落；湖西主要有梁济运河、洙赵新河、新万福河、东鱼河等，为平原坡水河流，峰低而量大，洪水涨落平缓。济宁市境内南四湖是我省最大的湖泊，由南阳湖、独山湖、昭阳湖和微山湖串联而成，湖面南北长 126 km，东西宽 5 ~25 km，最大水面面积为 1 266 km^2。

2　济宁市水资源综合状况

2.1　水资源地区分布

济宁市降水量、径流量和水资源量各地区差别较大，分布不均匀。

作者简介：汤建军（1963—），男，高级工程师，主要从事水文水资源监测、评价工作。

根据济宁市最新水资源调查评价成果,济宁市1956—2016年平均降水量等值线总的分布趋势自东南向西北逐减(从微山韩庄的800 mm向西北梁山的600 mm递减)。参见图1。

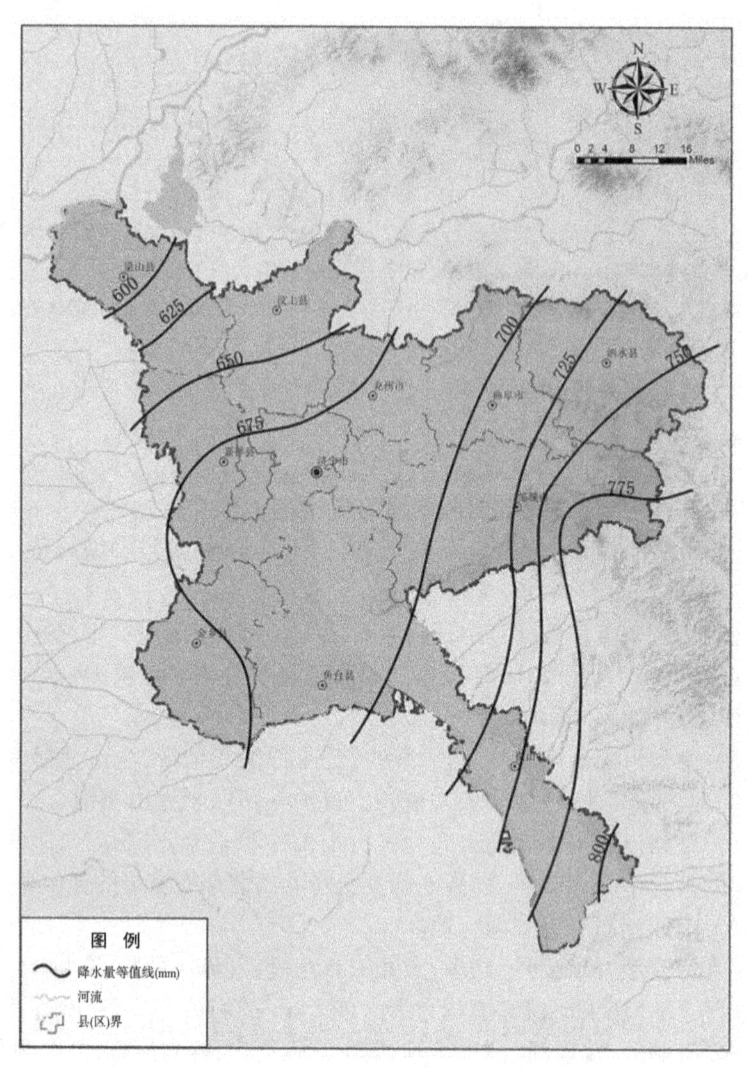

图1　济宁市1956—2016年平均降水量等值线图

济宁市1956—2016年平均天然径流深等值线总的分布与降水量基本一致(见图2),从湖东向湖西递减,但由于径流受下垫面的影响,使年径流分布的不均匀性比年降水量更大。济宁市各地多年平均径流深在50~220 mm,湖西平原区只有50~90 mm,汶宁区在80~120 mm,邹泗区在70~220 mm。

地下水资源的地区分布受地形、地貌、水文气象、水文地质条件及人类活动等多种因素影响,各地差别很大。总体是平原大于山丘区,山前平原大于黄泛平原,岩溶山区大于一般山丘区。济宁市多年平均地下水资源模数为17.1,汶宁区地下水资源模数为19.6,邹泗区地下水资源模数为16.7,湖西平原区地下水资源模数为16.2。

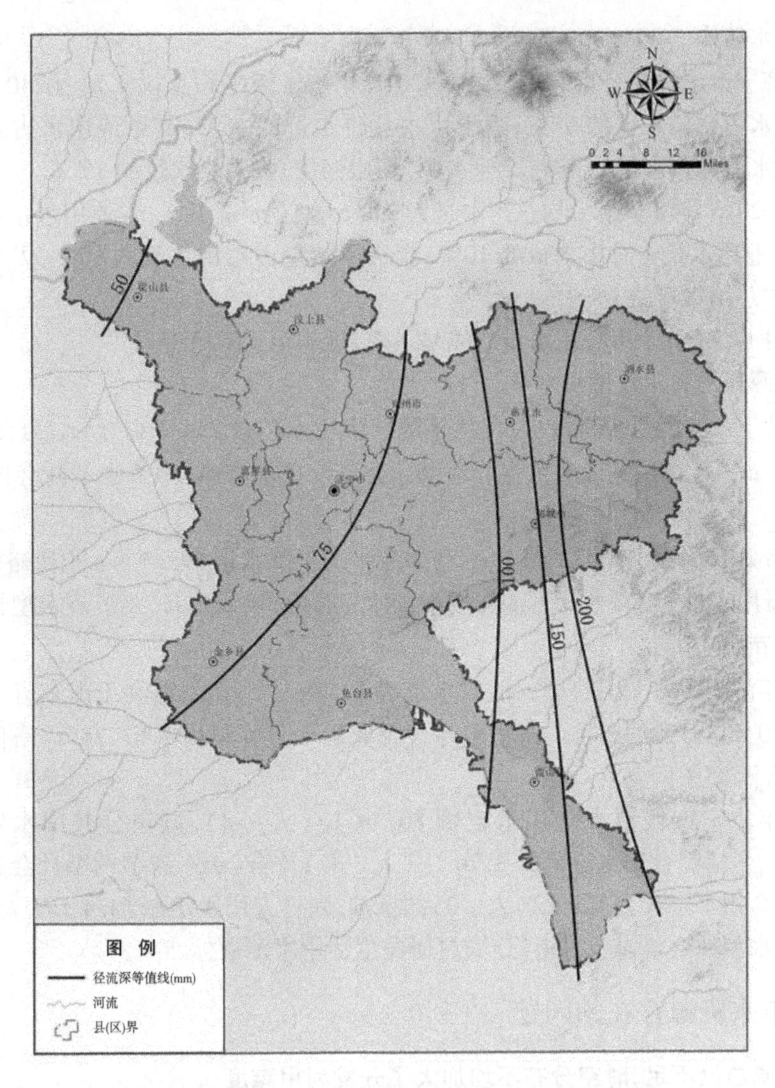

图 2　济宁市 1956—2016 年平均天然径流深等值线图

2.2　水资源年际年内变化

济宁市各地降水量、水资源量的年际变化幅度很大，存在着明显的丰、枯水年交替出现现象，连续丰水年和连续枯水年的出现也十分明显。连丰、连枯以 2 年出现的最多，其次为连续 3 年的，最长的连丰期是 5 年的 2003—2007 年；最长的连枯期为 4 年的 1986—1989 年和 2012—2016 年；1956—1980 年为丰水期，其中有丰水年 12 年，枯水年仅有 5 年；1981—2002 年为枯水期，其中丰水年只有 5 年，枯水年为 13 年。

水资源的年内分配具有明显的季节性。全年的降水量约有 3/4 集中在汛期；全年的天然径流量 70% ~80% 集中在汛期，特别是 7、8 月又占汛期径流量的 60% ~70%。济宁市水资源年际年内变化剧烈这一特点，是造成济宁市洪涝、干旱等自然灾害频繁的根本原因，同时也给水资源开发利用带来很大困难。

2.3 供用水结构

根据济宁市水资源公报数据,2010—2016年济宁市平均总供水量为240 518万m^3。其中,地表水占总供水量的55%;地下水占总供水量的40%,其中浅层水占总供水量的36%,深层水占总供水量的4%;其他水源(污水回用)占总供水量的5%。

2010—2016年济宁市平均总用水量为240 518亿m^3。其中,农业用水量占总用水量的79%;工业用水量占总用水量的10%;生活用水量占总用水量的10%;人工生态与环境补水量占总用水量的1%。

2010年以来,济宁市总用水量总体呈下降,近3年基本稳定。

2.4 水资源开发利用效率和水平

根据济宁市水资源公报数据,现状年济宁市用水总量234 974万m^3,万元GDP用水量为54.62 m^3/万元,大于《山东省节水型社会建设技术指标》中节水型社会控制指标40 m^3/万元。

济宁市2016年降水量739.1 mm,与多年平均年降水量695.3 mm相比略偏丰。现状年农业灌溉用水量为162 819万m^3,灌溉用水量240.06 m^3/亩,大于节水型社会控制指标160 m^3/亩。

2016年济宁市万元工业增加值取水量为13.28 m^3/万元,略高于山东省节水型社会控制指标10 m^3/万元的要求。济宁市综合企业用水重复利用率83.78%,略低于节水型社会控制指标85%的要求。

2016年济宁市城镇人均用水定额80.14 L/(人·d),城镇公共用水定额31.62 L/(人·d),生活综合用水定额为3.76 L/(人·d),符合《山东省节约型社会建设技术指标》生活综合用水定额为120 L/(人·d)的标准,农村人用水定额64.4 L/(人·d),符合《山东省节水型社会建设技术指标》农村居民生活用水定额标准。

3 济宁市水资源存在的问题

3.1 水资源总量不足,时空分布不均加大了开发利用难度

3.1.1 当地水资源总量不足,水资源与人口、耕地资源失衡

济宁市当地水资源总量不足,人均、亩均水资源占有量偏低,水少人多地多,水资源与人口和耕地资源严重失衡,这是造成济宁市水资源供需矛盾十分突出的主要原因。因此,水资源在济宁市是极为珍贵的自然资源,合理开发利用、有效保护和节约使用水资源,解决好济宁市水资源供需矛盾问题,对于国民经济和社会的可持续发展具有十分重要的意义。

3.1.2 水资源地区分布十分不均

济宁市降水量、径流量和水资源量各地区差别较大,分布不均匀。济宁市降水量总的分布趋势自东南向西北逐减。径流深总的分布与降水量基本一致,从湖东向湖西递减,但由于径流受下垫面的影响,使年径流分布的不均匀性比年降水量更大。地下水资源的地区分布受地形、地貌、水文气象、水文地质条件及人类活动等多种因素影响,各地差别很大,总体是平原大于山丘区,山前平原大于黄泛平原,岩溶山区大于一般山丘区。

3.1.3　水资源年际年内变化剧烈,开发利用难度较大

济宁市各地降水量、水资源量的年际变化幅度很大,存在着明显的丰、枯水年交替出现现象,连续丰水年和连续枯水年的出现也十分明显。连丰、连枯以2年出现的最多,其次为连续3年的,最长的连丰期是5年,最长的连枯期为4年。水资源的年内分配具有明显的季节性。全年的降水量约有3/4集中在汛期;全年的天然径流量70%～80%集中在汛期,特别是7、8月又占汛期径流量的60%～70%。济宁市水资源年际年内变化剧烈这一特点,是造成济宁市洪涝、干旱等自然灾害频繁的根本原因,同时也给水资源开发利用带来很大困难。

3.2　济宁市水资源开发利用存在的问题

3.2.1　有限的水资源不能得到合理有效的利用,尚未实现水资源的合理配置

由于投入不足,济宁市现有部分供水工程老化、失修,建筑物存在破损,跑水、漏水现象,滨湖排灌站机械设备老化、退化,供水保证程度低,影响了工程供水效益的发挥,造成了水资源的浪费。

部分地区、部分企业由于认为地表水的可靠性较差,而地下水是取之不尽的、高保证率的水源,而一味地超量开采利用地下水,造成地表水的大量流失,而地下水状况却不断恶化,使有限的水资源不能得到合理利用。

3.2.2　地下水局部超采

济宁市超采区主要集中在兖州区、汶上、邹城及高新区。兖州、汶上、任城、高新区的地下水超采区类别为浅层地下水,超采程度为一般。

地下水超采造成了一系列的生态环境问题和水文地质灾害,主要表现为:①地下水位持续下降,漏斗区不断扩大;②地面沉陷,根据济宁市国土资源局提供的资料,济宁市城区沉降面积达15.5 km^2,最大沉降量达239.7 mm;③地下水质污染,由于地下水位持续下降,为地表水的入渗创造了条件。而近年来地表水体大部分已遭受不同程度的污染,被污染的水体渗入地下,进而造成地下水的污染。地下水质监测表明,地下水已被严重污染,许多有害成分严重超标;地下水的污染,将在相当长时间内都难以消除。地下水质恶化,给当地居民生活造成极大危害,也使可利用的水资源量减少,加剧了水资源供需矛盾。

4　对策探讨

4.1　采取切实有效措施,实现济宁市水资源的合理配置

针对济宁市水资源具有总量不足、时空分布不均、全社会用水量较大。供需矛盾突出、资源性缺水明显、水源较多且配置难度大的特点,应采取切实有效的措施,实现济宁市水资源的合理配置。

水资源合理配置体现在取水和用水两方面,取水即对当地地表水、地下水、黄河水、长江水、非常规水等各类水源从全社会的角度综合考虑,该取什么水,取多少水;用水即根据生活、生产、生态等不同用水需求,区别对待,保证重点,在利用上从质和量两方面实现合理配置。结合济宁市水资源的实际情况,应努力拦蓄地表水,合理开采地下水,用好黄河水和长江水,加大污水处理回用,深度开发雨洪水,根据不同地区、不同用水户的用水特点,结合当地的水源条件,在不同水文年份研究制定相应的水资源合理配置措施。如在地

下水已超采并出现漏斗的地区严禁超采地下水，并应有计划地回补地下水。经济承受能力较强的在南水北调供水区内的工业及城市生活用水尽量利用长江水，当地水和黄河水主要用于农业，把目前挤占的农业和生态用水还给农业和生态；采取分质供水措施，把较优质的水供给居民饮用和对水质要求较高的工业用水，再生水回用对于水质要求不高的工业冷却、除尘等用水、市政杂用水、农业灌溉等。

4.2　树立水资源“以需定供、以水定产”的观念，建立并完善适水性产业结构

济宁市总体上属于资源性缺水，因此各级政府、各部门、各行业应切实树立起水资源“以需定供、以水定产”的观念，根据不同地区的水资源条件，分析当地的水资源与水环境承载能力，进行认真严谨的水资源论证工作，建立并完善适水性产业结构。

4.3　增加节水投入，搞好节水工作，建设节水型社会

要搞好节水必须加大投入，首先应加强用水结构的调整，抑制高耗水、高污染的项目建设，大力发展少用水甚至不用水的项目；其次应推广使用节水的生产工艺，采用节水设备和节水器具，根据不同工艺对水质要求不同的特点，采用分质供水，加大非常规水源的使用量，从而节约优质淡水；最后应增加用水重复利用率，提高水分生产率，使有限的水资源产生更大的经济效益。

4.4　减污治污，加强水资源保护

改善济宁市地表水污染严重的现状，关键在于解决排污量高于纳污能力低之间的矛盾。最直接的办法是减少排污量和提升水体纳污能力，以达到排污与纳污能力平衡；甚至排污小于纳污能力。具体的措施与建议可归纳为以下 5 点：一是调整产业结构，提高第三产业的比例，增加高新技术产值的贡献率，限制高耗水、高污染行业的发展，大幅度提高用水效率，降低工业污水的排放量；二是强调节约用水和科学用水，加强需水管理，提高用水效率，创建节水型社会；三是加快城市污水处理设施建设的步伐，加强和完善污水处理配套管网系统，提高城市污水处理率和污水再生利用率，减少污染物排放量。四是通过水资源优化配置，截污导流、排污口综合整治等措施，科学配置和高效利用有限的水体纳污能力；五是以济宁市水功能区划分为水资源保护与管理的平台。履行水法赋予的职能，科学合理地提出水体的纳污能力。

4.5　建立人与自然相互和谐的生态水利体系

生态水利是人类发展进入更高阶段赋予水利的新使命，是在工程水利、资源水利、环境水利等基础上发展起来的，内容更全面，更符合客观自然规律，更能体现人与自然和谐的一种新型水利发展模式。生态水利要求利用水利工程及其管理运行手段在为经济社会发展提供供水安全保障的同时，也要为生态环境的良性循环提供有效的保障。生态水利的建设是生态市建设的重要组成部分。研究生态水利的内涵，改变传统水利建设观念，进行生态水利建设，才能提供人与自然和谐相处的环境，有效保障济宁市生态系统与经济社会系统的协调，是全面建设和谐社会的重要基础。

连云港市农田灌溉水有效利用系数测算及其变化特征分析

武宜壮

(江苏省水文水资源勘测局连云港分局,连云港 222004)

摘 要 农田灌溉水有效利用系数是衡量灌区灌溉工程状况、管理水平和灌溉技术水平的综合指标之一,是科学评估灌溉水利用效率及农田灌溉节水潜力的基础,本文以连云港市2013—2018年农田灌溉水测算分析成果为基础,分析近年农田灌溉水有效利用系数的变化趋势,并对农田灌溉水有效利用系数测算成果进行相关性分析,提出了提升农田灌溉水有效利用系数测算分析水平的对策措施。成果对连云港市水资源规划利用具有指导意义。

关键词 测算分析;有效利用系数;变化特征;影响因素

0 引 言

农田灌溉水有效利用系数是衡量灌区灌溉管理水平、工程状况和灌溉技术水平的综合指标,也是国家实行最严格水资源管理制度"三条红线"管理目标中的一项重要控制指标。我国水资源总量虽然位居世界第六,但人均水资源量仍不到世界平均水平的1/4,其农业用水就占总用水量的60%以上。我国复杂的自然地理条件、水资源空间分配不均的现状,决定了农业灌溉是我国农业生产发展不可替代的基础条件,也是保障国家粮食安全的重要支撑。开展农田灌溉水有效利用系数测算工作能合理有效地提高水资源利用率,是解决农业用水短缺,促进计划用水,满足社会可持续发展的需要,也是落实建设节水型社会的有力举措。

1 基本情况

连云港市位于江苏省东北部,多年平均降水量897.8 mm,降水量年内分配不均匀,全年60%的降雨量集中在6—8月。全市共有大型灌区4个,中型灌区28个,小型灌区241个,纯井灌区287个,高效节水灌溉11处(隶属于各类型灌区中)。灌溉方式主要为自流引水和提水两种。据统计,2018年全市农田有效灌溉面积508.73万亩(1亩=666.67 m^2,下同),实灌面积341.77万亩,毛灌溉用水量17.84亿m^3,亩均灌溉用水量521.9 m^3。多年平均农业用水量20.56亿m^3,约占全市总用水量的73.9%,其中主要用水为水稻,占多年平均农田灌溉用水量的80.9%;次之为小麦,占多年平均农田灌溉用水量的

作者简介:武宜壮(1981—),男,工程师,主要从事水文测验、基本建设等工作。

10.5%;蔬菜及其他类占多年平均农田灌溉用水量的8.6%。

连云港市不同规模灌区面积及用水情况统计见表1。

表1　连云港市不同规模灌区面积及用水情况统计　（单位:万亩）

序号	灌区规模		有效灌溉面积	实灌面积	取水方式
1	大型	≥30	156.80	116.75	自流
2	中型	1~5	15.10	12.45	提水
			32.47	11.69	自流
3		5~15	37.37	21.25	提水
			10.00	8.50	自流
4		15~30	167.22	102.00	提水
5	小型	<1	81.79	63.05	自流、提水
6	纯井		1.90		
7	高效节水		6.08	6.08	滴灌
合计			508.73	341.77	

2　灌溉水有效利用系数测算

2.1　技术路线

采用点与面、实地观测与调查研究分析相结合的方法进行。通过对全市灌区情况进行整体调查,确定不同规模与类型、不同工程状况、不同水源条件与管理水平的样点灌区数量,构建灌溉水有效利用系数测算分析网络。搜集整理样点灌区的灌溉用水管理、灌区面积、气象信息等资料,进行必要的田间观测,采用首尾测算法,分析计算样点灌区的灌溉水有效利用系数。以样点灌区测算结果为基础,加权计算得到连云港市灌溉水有效利用系数。

2.2　样点灌区及典型田块选择

根据《全国农田灌溉水有效利用系数测算分析技术指导细则》《灌溉水利用率测定技术导则》(SL/Z 699—2015)和《灌溉水系数应用技术规范》(DB32/T 3392—2018)的要求,综合考虑灌区的地形地貌、土壤类型、工程设施、管理水平、水源条件(提水、自流引水)、作物种植结构等因素,尽量使所选的样点灌区能基本反映区域灌区整体特点。全市共选择22个样点灌区,其中4个大型、7个中型、9个小型、2个高效节水,分别占全市各类型样点灌区的100%、25%、3.7%、9.1%,具体见表2。大型灌区上、中、下游分布选取3个典型田块;中型灌区上、下游分布选取3个典型田块;小型灌区和高效节水灌区分布选取2个典型田块。

表2　2018年连云港市样点灌区选择统计表

灌区规模	灌区类型	全市灌区数量	样点灌区数量	样点灌区数量比例（%）	全市灌区有效灌溉面积（万亩）	样点灌区有效灌溉面积（万亩）	样点灌区有效灌溉面积比例（%）
大型	自流	4	4	100	156.80	156.80	100
中型	提水	17	5	29.4	219.69	69.78	31.8
	自流	11	2	18.2	42.47	13.61	32.0
小型	提水	71	3	4.2	27.47	1.21	4.4
	自流	170	6	3.5	54.32	3.18	5.9
小型	高效节水	11	2	18.2	6.08	0.08	1.3

2.3　测算方法

2.3.1　大型灌区

依据各大型灌区样点灌区灌溉水有效利用系数与用水量加权平均后得出市级区域大型灌区灌溉水有效利用系数。计算公式如下：

$$\eta_{市大} = \frac{\sum_{i=1}^{N} \eta_{大i} \cdot W_{样大i}}{\sum_{i=1}^{N} W_{样大i}}$$

式中　$\eta_{市大}$——市级区域大型灌区灌溉水有效利用系数；

$\eta_{大i}$——第 i 个大型灌区样点灌区灌溉水有效利用系数；

$W_{样大i}$——第 i 个大型灌区样点灌区年毛灌溉用水量，万 m^3；

N——市级区域大型灌区样点灌区数量，个。

2.3.2　中型灌区

以中型灌区3个档次样点灌区灌溉水有效利用系数为基础，采用算术平均法分别计算1万～5万亩、5万～15万亩、15万～30万亩灌区的灌溉水有效利用系数；然后将汇总得出的1万～5万亩、5万～15万亩、15万～30万亩灌区年毛灌溉用水量加权平均得出市级区域中型灌区的灌溉水有效利用系数。其计算公式如下：

$$\eta_{市中} = \frac{\eta_{1-5} \cdot W_{市毛1-5} + \eta_{5-15} \cdot W_{市毛5-15} + \eta_{15-30} \cdot W_{市毛15-30}}{W_{市毛1-5} + W_{市毛5-15} + W_{市毛15-30}}$$

式中　$\eta_{市中}$——市级区域中型灌区灌溉水有效利用系数；

η_{1-5}、η_{5-15}、η_{15-30}——1万～5万亩、5万～15万亩、15万～30万亩不同规模样点灌区灌溉水有效利用系数；

$W_{市毛1-5}$、$W_{市毛5-15}$、$W_{市毛15-30}$——市级区域内1万～5万亩、5万～15万亩、15万～30万亩不同规模灌区年毛灌溉用水量，万 m^3。

2.3.3　小型灌区

以测算分析得出的各个小型灌区样点灌区灌溉水有效利用系数为基础，采用算术平均法计算市级区域小型灌区灌溉水有效利用系数。计算公式如下：

$$\eta_{市小} = \frac{1}{n}\sum_{i=1}^{n}\eta_{小i}$$

式中　$\eta_{市小}$ ——市级区域小型灌区灌溉水有效利用系数；

$\eta_{小i}$ ——市级区域第 i 个小型灌区样点灌区灌溉水有效利用系数；

n ——市级区域小型灌区样点灌区数量。

高效节水灌区测算分析方法参照小型灌区。

3　测算成果与合理性分析

3.1　测算成果

通过上述方法计算出 2018 年度连云港市不同规模与类型灌区农田灌溉水有效利用系数，具体见表 3。

表 3　2018 年度连云港市不同规模与类型灌区农田灌溉水有效利用系数成果表

大型		中型		小型		高效节水型		连云港市	
系数	毛水量（万 m^3）	系数	毛水量（万 m^3）	系数	毛水量（万 m^3）	系数	毛水量（万 m^3）	系数	毛水量（万 m^3）
0.583 2	56 964.82	0.603 5	99 789.01	0.619 4	21 219.63	0.927 4	410.32	0.600 0	178 384

3.2　变化趋势及合理性分析

统计 2013—2018 年连云港市不同规模与类型农田灌溉水有效利用系数的变化趋势见图 1。

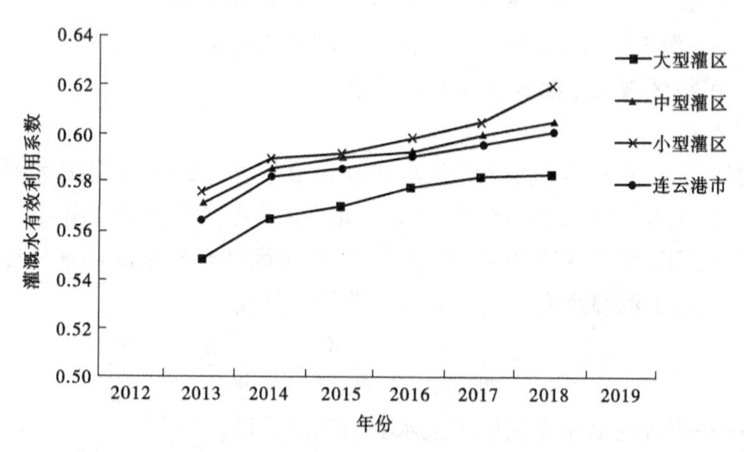

图 1　2013—2018 年连云港市不同规模与类型农田灌溉水有效利用系数的变化趋势

从图 1 可以看出：①从年际变化上来看，前期灌溉水有效利用系数提升快于中后期。在开展灌溉水有效利用系数测算考核后，各县区通过加强灌溉水管理，对排灌设施长效管护进行考核评比，出台灌区灌溉管理制度等，同时对承包责任田农户进行科学灌水宣传，减少了灌溉水跑、冒、滴、漏，大大提高灌溉水使用率，使得前期灌溉水有效利用系数提高较快；中后期随着灌溉水测算考核持续推进，各县区主要通过加大节水投入，减少灌溉水损失率，工程效益慢慢显现，使灌溉水有效利用系数稳步提高。②从灌区类型上来看，灌溉水有效利用系数值 $\eta_{小} > \eta_{中} > \eta_{大}$，增长趋势 $\eta_{小} > \eta_{中} > \eta_{大}$。相比于中型、小型灌区，大型灌区的渠系等级多，渠系长，分布复杂，渠系损失多，农田灌溉水利用系数与灌区规模呈负相关；同样，相比于中型、小型灌区，大型灌区面积大，灌区管理难度大，节水工程效益发挥慢，使得灌溉水有效利用系数增长趋势与灌区规模也呈负相关。

3.3　不同水源类型合理性分析

统计 2018 年连云港市不同规模、不同水源类型灌溉水有效利用系数的成果见图 2。

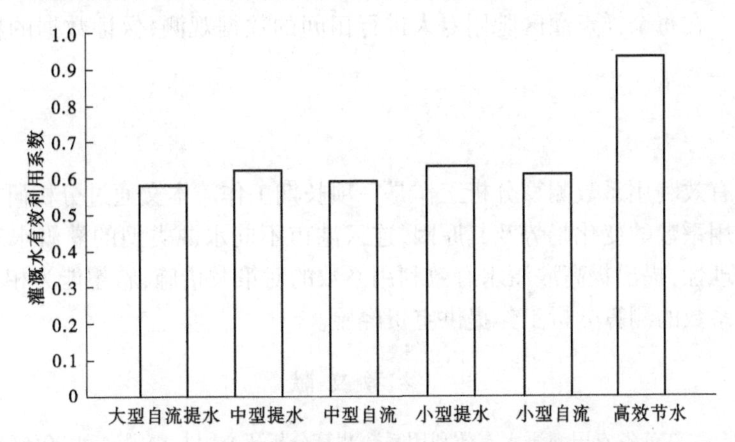

图 2　2018 年连云港市不同规模、不同水源类型灌溉水有效利用系数

从图 2 可以看出：①同一规模灌区的提水灌溉有效利用系数大于自流灌溉的有效利用系数。提水灌区都是通过泵站抽水进行灌溉，相比于自流灌区，成本较高，但管理措施相对完善，同时，灌区收费按用电多少进行收费，避免了过度灌溉的情况。②高效节水灌区（含微灌、管道灌溉）的灌溉水有效利用系数远远高于提水及自流灌溉的灌区。采用管道输水的方式，大大建设输水过程中的水分蒸发和渗漏，进而较大地提高了灌溉水有效利用系数。

4　提高灌溉水有效利用系数的对策分析

连云港市灌溉水有效利用系数持续稳定的提高，主要得益于节水灌溉的推广、防渗渠道的建设，配套水工建筑物的改造及管理水平的不断提高等方面。

4.1　加大资金投入

自 2013—2018 年，各级财政累计投入资金达到 35.91 亿元，进行了大、中、小型灌区节水建设、改造。经过多年投入，建设了 28.06 万亩高效节水示范区，在原有灌区内建设低压管道输水，滴灌、喷灌 9.83 万亩。新建电灌站 335 座，衬砌、维修渠道 2 006 km，配套渠系建筑物 3 660 座，泵站配套改造 221 处，全市灌溉防渗渠道占灌溉渠道的比例稳步提高。

4.2 加强灌溉管理

全市各县区对排灌设施长效管护进行考核评比,出台灌区灌溉管理制度,推广科学的灌溉方法。对承包责任田农户进行科学灌水宣传,部分灌区为了更好地进行用水管理,村级实行了灌水承包,管水员的工资直接与用水量多少挂钩,增强了管水员的责任心,减少了灌溉水跑、冒、滴、漏,大大提高灌溉水使用率。

4.3 提升测算水平

连云港市灌溉水有效利用系数测算由地方水文部门承担,有稳定的技术队伍。能做到定期组织专家进行现场指导,开展技术培训,保障技术人员能熟练掌握测算技术要领,减少人为因素的技术误差。同时有专业的测验设备,能做到熟练操控量测的技术设备,保障测验精度。在每个样点灌区聘用专人进行田间的数据观测,保证数据的精准性和可靠性。

5 结　语

灌溉水有效利用系数测算分析工作是一项长期工作。本文通过分析研究连云港市灌溉水有效利用系数的变化趋势及其原因,连云港市不同水源类型的灌溉水有效利用系数特征及其合理性,提出提高灌溉水有效利用系数的对策及措施,希望能为相似地区的灌溉水有效利用系数的测算分析工作提供宝贵经验。

参 考 文 献

[1] 吉玉高,张健. 江苏省农田灌溉水有效利用系数测算分析研究[J]. 中国水利,2016(11):13-15,29.

[2] 王一腾,蔡焕杰,陈新明. 宝鸡市农田灌溉水利用系数测算分析[J]. 中国农村水利水电,2018(11):5-8,14.

[3] 郭元. 清水河灌区灌溉水有效利用系数影响因素及解决措施[J]. 中国水利,2017(1):42-43.

[4] 蔡长举,徐小燕,付杰. 贵州农田灌溉水有效利用系数年际变化趋势及影响因素[J]. 贵州农业科学,2018,46(10):85-87.

沂沭河近年典型洪水分析比较

陈邦慧　胡友兵　冯志刚　赵梦杰　王井腾

（淮河水利委员会水文局（信息中心），蚌埠 233000）

摘　要　2019年8月11日，受超强台风“利奇马”和西风槽共同影响，淮河流域沂沭泗水系发生强降雨过程，沂河和沭河相继发生了编号洪水，其中，沂河临沂站实测洪峰流量7300 m^3/s，居历史第8位。为分析比较此次沂沭河洪水产汇流特性，选取2012年、2018年沂沭河典型相似洪水，从降水时空分布、前期下垫面条件、水利工程影响等方面进行对比分析，为今后沂沭河地区的洪水预报工作提供参考和借鉴。

关键词　沂沭河洪水；水文预报；历史相似洪水；分析评价

2019年8月11日，沂沭泗水系沂河、沭河相继发生编号洪水（分别称为“2019年沂河第1号洪水”和“2019年沭河第1号洪水”）。该场洪水期间，沂河干流临沂站实测洪峰流量7 300 m^3/s，列历史第8位，沭河重沟站实测洪峰流量2 720 m^3/s。为总结近年来沂沭河洪水形成及变化规律，本文选取了典型历史相似洪水与之进行分析比较。

1　雨水情概述

1.1　雨情

受台风“利奇马”和西风槽共同影响，8月10—11日，淮河沂沭泗水系过程降水量141 mm，仅次于1993年8月4—5日的156 mm降水，位居1954年以来连续2 d最大降水量第2位。其中，临沂以上223.8 mm，大官庄以上202.7 mm，南四湖区97.9 mm，邳苍区171.3 mm，新沂河区138.7 mm。

除降水量大外，本次降水过程中暴雨覆盖的范围也较广，100 mm笼罩面积5.38万 km^2，占沂沭泗水系的69%；200 mm笼罩面积1.33万 km^2，占沂沭泗水系面积的17%。本次降水过程各区间降水情况如图1所示。

1.2　水情

受强降雨过程影响，沂河和沭河出现较大的洪水过程。其中，沂河主要控制站临沂站8月10日22时水位从58.62 m开始起涨，相应流量970 m^3/s，11日16时出现洪峰流量7 300 m^3/s，洪峰水位62.28 m，水位涨幅3.66 m；沭河主要控制站重沟站8月10日20时16分水位从53.06 m开始起涨，相应流量72.5 m^3/s，11日18时52分出现洪峰流量2 720

基金项目：国家重点研发计划（2016YFC0402703）。

作者简介：陈邦慧（1994—），男，助理工程师，主要从事水文情报预报工作。

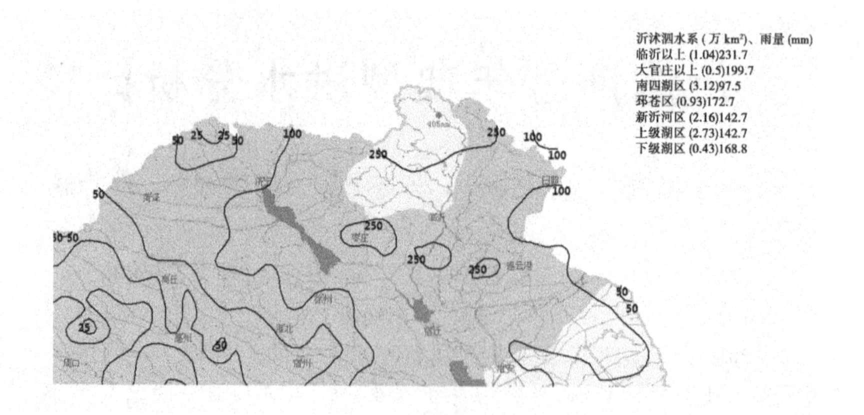

图 1　2019 年 8 月 10—11 日期间沂沭泗水系累积雨量空间分布

m^3/s，洪峰水位 57.13 m，水位涨幅 4.07 m。2019 年 1 号洪水期间，临沂、重沟站洪水过程如图 2 所示。

2　洪水分析

2.1　洪水过程

2012 年 7 月 7—9 日受河套高空槽和西南暖湿气流共同影响，沂沭河流域发生强降雨过程，沂沭河流域面平均雨量 166 mm，其中临沂以上 208 mm，大官庄以上 157 mm。沂河临沂站 7 月 10 日 13 时，出现最大洪峰流量 8 050 m^3/s，列有资料以来第 7 位，沭河重沟站 7 月 10 日 14 时 12 分，出现最大洪峰流量 1 860 m^3/s。

2018 年 8 月 17—19 日，受台风“温比亚”影响，淮河流域大部出现强降水过程，其中，南四湖大部、沂沭河中上游 100 mm 以上，沭河重沟站 20 日 13 时，出现最大洪峰流量 3 130 m^3/s，相应洪峰水位 57.47 m，超过警戒水位 0.07 m，列 1957 年以来第 4 位，是沭河 1975 年以来最大洪水。临沂和重沟站各场次洪水流量过程如图 3 所示。

2.2　洪水基本信息对比

对 2012 年、2018 年和 2019 年 3 场洪水的降雨量、前期影响雨量、洪峰等基本特征进行统计，结果如表 1 所示。

表 1　洪水基本信息对比

控制站	洪水编号	前期影响雨量(Pa)	最大日降水(mm)	总降水量(mm)	洪峰水位(m)	洪峰流量(m^3/s)	起涨到洪峰历时(h)	平均 1 h 涨率(m^3/s)
临沂	20120710	38	125	212	61.73	8 050	17	435
	20180820	35	77	156	60.12	3 220	17	165
	20190811	45	185	234	62.28	7 300	18	350
重沟	20120710	44	82	163	56.26	1 860	22	70
	20180820	46	99	156	57.47	3 130	15	170
	20190811	37	173	220	57.13	2 720	29	91

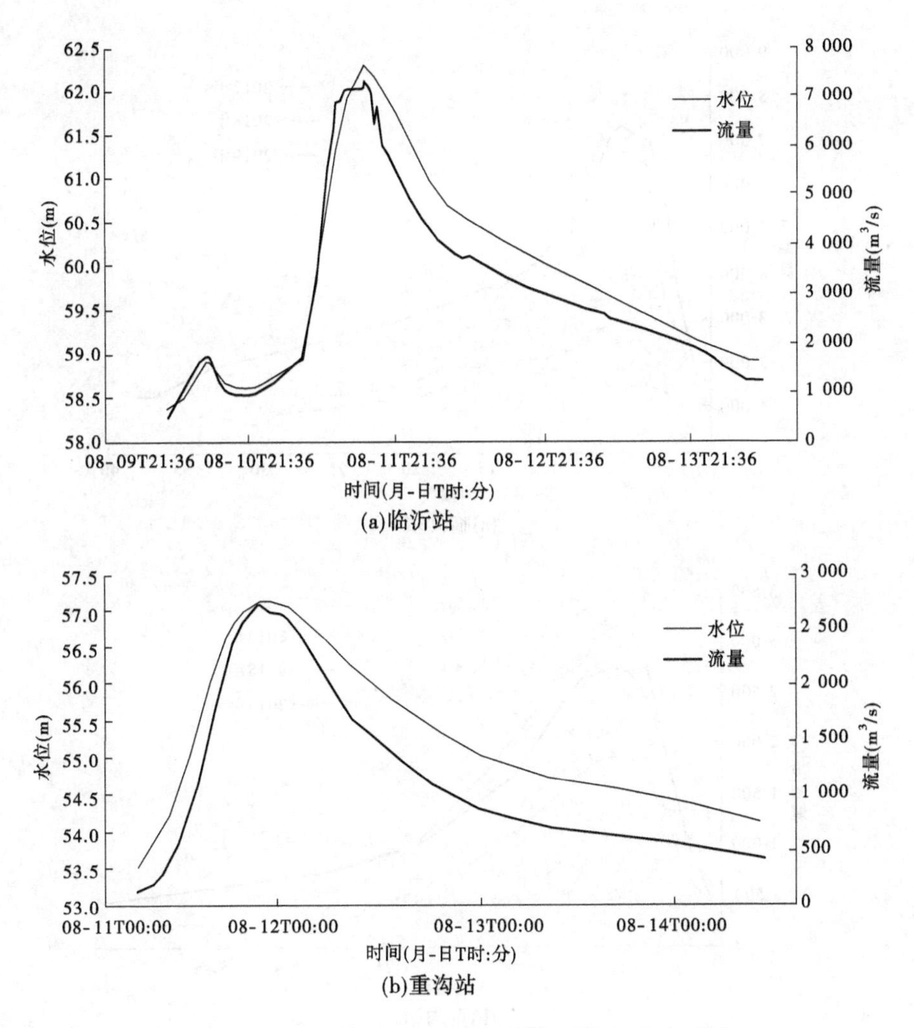

(a)临沂站

(b)重沟站

图2　2019年第1号洪水期间临沂、重沟站洪水过程

从表1可以看出，三场次洪水主要降雨历时均为2～3 d，总降雨量、单日最大降雨量均是2019年最大，但洪峰流量及平均涨率均是第2位，为进一步明确三场洪水的降水情况，绘制如图4～图6所示的主雨日和累积降水分布图。

结合表1及图4～图6可以得出，导致本次临沂洪峰流量较历史相似洪水偏小的原因主要是降水的空间分布。2012年暴雨中心主要位于沂河中下游，特别是在7月9日，200 mm以上的暴雨中心直接位于临沂站左岸支流祊河中下游地区。而2019年降水暴雨中心主要位于沂河上游，200 mm以上的暴雨中心均位于沂河源头地区，洪水在河道演进的过程中更多地受到坦化作用的影响。此外，2012年沂河小时雨强大于2019年洪水，从2 h时段降雨来看，2012年临沂以上2 h最大时段雨量为42 mm，且在其前两个时段已有33 mm和38 mm两个强降雨过程；而2019年洪水过程中，2 h最大时段雨量为33 mm，其前两时段降雨量仅有14 mm和17 mm，因此降雨产生径流的峰值叠加效应要小于2012年的雨型。

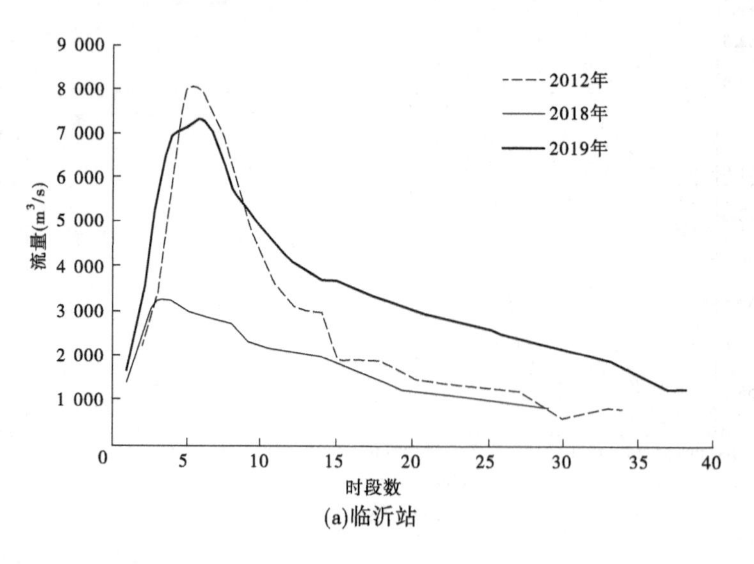

(a)临沂站

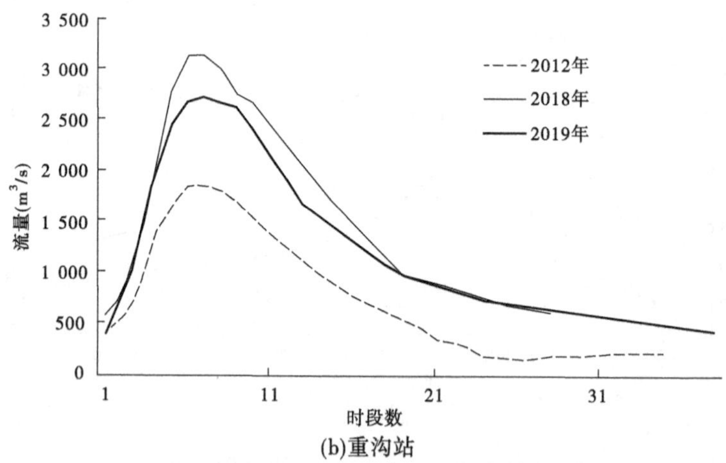

(b)重沟站

图3　临沂、重沟站各场次洪水流量过程

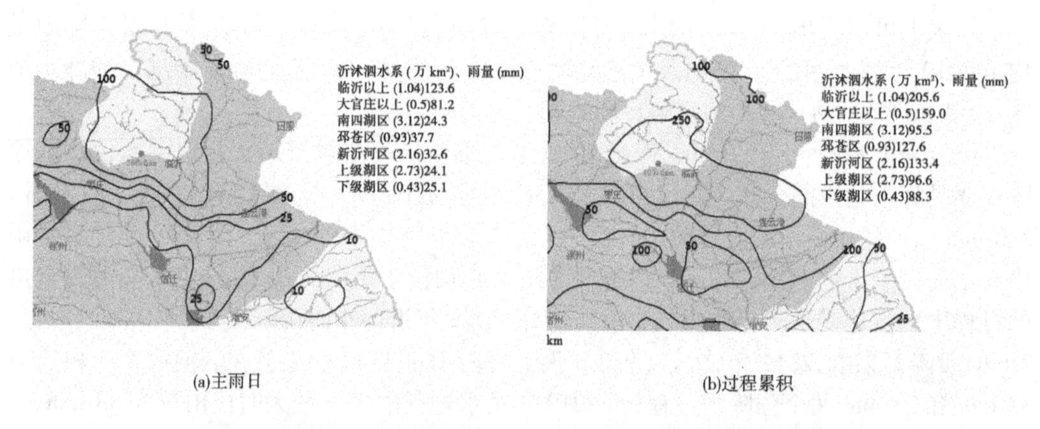

(a)主雨日　　(b)过程累积

图4　2012年7月暴雨期间沂沭河主雨日和累积降雨量分布图

导致此次重沟站洪峰流量较历史相似洪水偏小的原因主要是前期影响雨量。2018

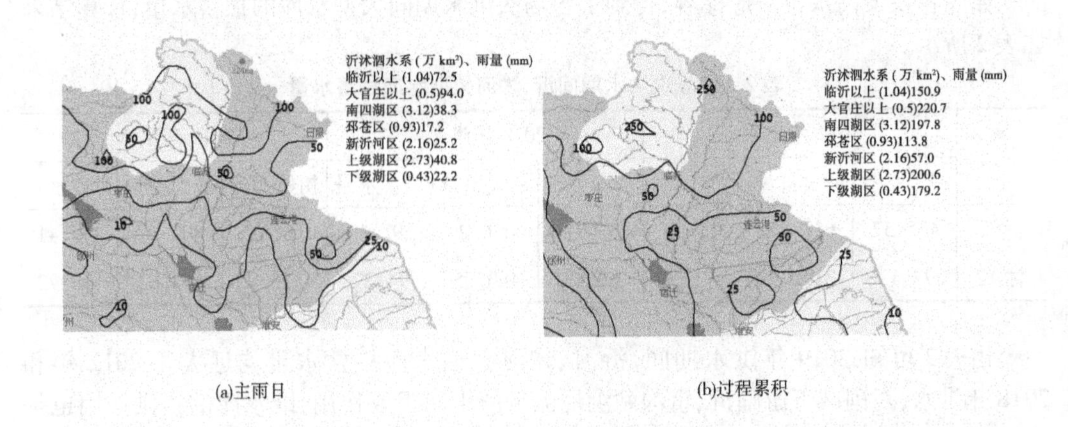

(a)主雨日 (b)过程累积

图 5 2018 年台风“温比亚”期间沂沭河主雨日和累积降雨量分布图

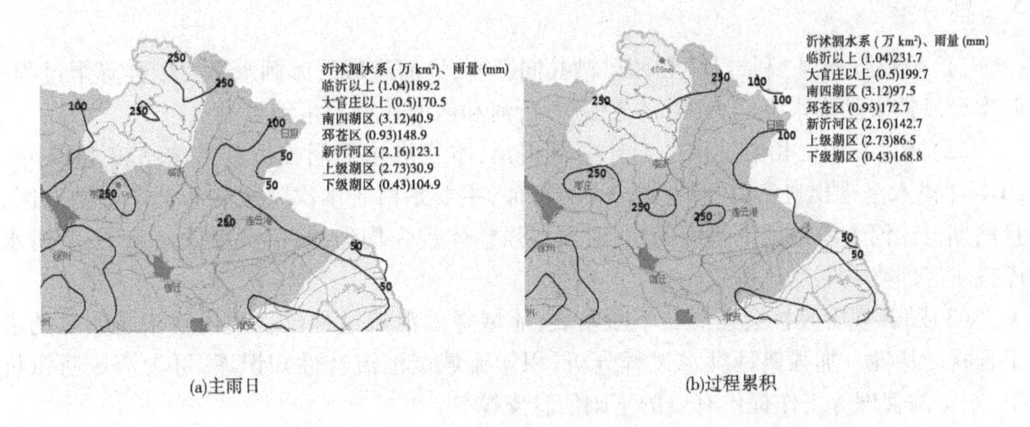

(a)主雨日 (b)过程累积

图 6 2019 年台风“利奇马”期间沂沭河主雨日和累积降雨量分布图

年沭河土壤饱和度大于本次过程。2018 年在 19 日主雨前,17—18 日大官庄以上已连续降雨 11 mm 和 45 mm,流域前期土壤湿度接近饱和。本次在 10 日主雨前,沭河流域前期土壤湿度较小,导致前期降雨未产生直接径流。此外,2018 年台风期间降水的 100 mm 以上暴雨中心,基本沿沭河干流呈狭长带状分布,而本次暴雨中心在源头呈横向面状分布,同样对洪水量级产生了一定的影响。

2.3 水库拦蓄水量分析

水库湖泊拦蓄水量计算由式(1)获得,其最大蓄变量应为最高水位对应库容与初始水位对应库容之差。

$$\begin{cases}\Delta V_1 = V_2 - V_1 = f(Z_2) - f(Z_1)\\ \Delta V_2 = V_3 - V_2 = f(Z_3) - f(Z_2)\\ \qquad\vdots\\ \Delta V_n = V_{n+1} - V_n = f(Z_{n+1}) - f(Z_n)\\ \Delta V = \Delta V_1 + \Delta V_2 + \cdots + \Delta V_n = f(Z_{n+1}) - f(Z_1)\end{cases} \tag{1}$$

选取沭河、沂河上游对防洪影响较大的 9 座大型水库,分别计算各场次洪水期间水库的初始库容及最高水位对应库容，得到了各场次洪水期间大型水库的拦蓄水量，计算结果如表 2 所示。

表 2 各场次洪水期间沂、沭河大型水库拦蓄水量 （单位：$\times 10^6$ m^3）

水系	2012 年洪水			2018 年洪水			2019 年洪水		
	初始蓄量	最大蓄量	拦蓄水量	初始蓄量	最大蓄量	拦蓄水量	初始蓄量	最大蓄量	拦蓄水量
沂河	445.57	658.82	213.25	503.03	696.2	193.17	357.06	802.47	445.41
沭河	272.136	319.79	47.65	392.28	486.55	94.27	313.9	454.62	140.72

由表 2 可知，2019 年洪水期间，沂河、沭河大型水库拦蓄水量均远大于 2012 年和 2018 年洪水，对削减下游临沂、重沟站洪峰流量产生了重要作用，既水库的拦洪作用也是导致 2019 年洪水洪峰流量较历史相似洪水偏小的重要原因之一。

3 总 结

（1）受超强台风“利奇马”和西风槽共同影响，淮河流域沂沭泗水系发生强降雨过程，此次台风带来的降水强度大，覆盖范围广，沂河和沭河相继发生编号洪水。

（2）通过与历史相似洪水的对比分析得出，本次洪水期间临沂和重沟站较 2012 年、2018 年洪水呈现出典型的“雨大峰小”的特征，主要是由于本次降水分布偏向上游地区，且前期沂沭河上游地区下垫面偏旱；时段雨强整体较为均匀，峰值叠加效应偏小；上游水库拦洪等因素共同作用所致。

（3）随着现阶段社会经济的不断发展，流域降雨汇流过程已呈现出越来越明显的水工程扰动特性。加强典型洪水过程分析，积累流域产汇流特性知识库，可为流域防汛抗旱、水资源管理等工作提供有效的基础信息支撑。

参 考 文 献

[1] 水利部淮河水利委员会. 2012 年沂沭河暴雨洪水[M]. 北京：中国水利水电出版社，2014.

[2] 沂沭泗水利管理局编. 沂沭泗防汛手册[M]. 徐州：中国矿业大学出版社，2003.

[3] 李致家，李志龙，孔祥光，等. 沂沭河水系水文模型与洪水预报研究[J]. 水力发电，2005，31(7)：25-27.

[4] 张凤翔，李开峰. 2018 年沂沭泗河水系洪水防御效果分析与思考[J]. 中国防汛抗旱，2019，29(9)：35-37.

[5] 詹道强. 沂沭泗流域汛期降水特征与临沂站洪峰流量的对比分析[J]. 水科学进展，2000(1)：88-91.

沭河2018年“8.20”洪水简析

王秀庆 赵艳红 杜庆顺 于百奎

(沂沭泗水利管理局水文局(信息中心),徐州 221018)

摘 要 受2018年第18号台风“温比亚”影响,沂沭泗流域大范围遭受强降水影响,致使沭河出现1974年以来最大洪水。针对沭河“8.20”雨洪过程,对台风概况、降雨过程、洪水概况进行了简单描述,分析计算了洪水重现期及上游大型水库对主要控制站大官庄站洪峰、洪量的影响,对今后沭河洪水预报及洪水调度提供了基础资料,具有一定的借鉴意义。

关键词 沭河;温比亚;暴雨洪水;重现期;大型水库

1 概 况

1.1 河流水系

沭河发源于沂山南麓,与沂河平行南下,上起青峰岭水库下至新沂市口头入新沂河,流域面积6 400 km²。沭河自源头至临沭大官庄水利枢纽河道长196.3 km,区间流域面积4 529 km²,较大支流有左岸的袁公河、浔河、高榆河和右岸的汤河、分沂入沭水道等汇入。沭河在大官庄水利枢纽分两支,一支南下为老沭河,在新沂市口头入新沂河;另一支东行为新沭河,分沭河及沂河东调洪水经石梁河水库与临洪口入海[1]。

沭河是山洪性河道,洪水多发生在7—8月,沭河上中游为山丘区,洪水陡涨陡落,往往暴雨过后几小时,主要控制站便可出现洪峰。

沭河水系蓄水工程主要包括上游4座大型水库、9座中型水库以及12座河道调蓄工程等。沙沟、青峰岭、小仕阳、陡山等4座大型水库集水面积1 482 km²,设计库容9.27亿m³;石亩子等9座中型水库集水面积334.5 km²,设计库容2.18亿m³;大中型水库控制面积占流域面积的28.4%。庄科橡胶坝等12座拦河闸坝设计蓄水量1.41亿m³。

1.2 测站概况

沭河干流(大官庄以上)主要有3座水文(位)站:莒县站、石拉渊站、重沟站[2]。

莒县水文站位于沭河上游,上游距青峰岭水库26 km,下游距大官庄水利枢纽105 km,断面以上流域面积1 638 km²。自青峰岭水库以下有袁公河、洛河汇入。袁公河上建有小仕阳水库,控制流域面积281 km²,库容1.25亿m³。

石拉渊水位站距大官庄枢纽55 km,断面以上流域面积3 377 km²。区间由浔河、柳清河、鹤河、鲁沟河等河流汇入。浔河上建有陡山水库,控制流域面积431 km²,库容2.90亿m³。

作者简介:王秀庆(1988—),女,工程师,主要从事水文情报、洪水预报及防汛调度工作。

重沟水文站距离大官庄水利枢纽 19 km，断面以上流域面积 4 511 km^2，区间由武阳河、高榆河、汤河、韩村河等河流汇入。该站于 2011 年建成并投入使用，是为保证沭河及大官庄枢纽洪水调度而建设的国家基本水文站，主要测验项目有水位、流量、降水、蒸发等观测项目。

2　暴雨洪水

2.1　降雨成因及台风概况

沂沭泗流域 2018 年 8 月 17—19 日出现连续强降水过程，主要受 2018 年第 18 号超强台风“温比亚”的影响所致。

2018 年第 18 号台风“温比亚”（见图 1）于 8 月 15 日 14 时在浙江象山东偏南方向约 475 km 的海面上生成，生成后向西北方向移动；16 日 21 时加强为强热带风暴；17 日 4 时 5 分前后在上海浦东新区南部沿海登陆，登陆时中心附近最大风力 9 级（23 m/s），中心最低气压 985×10^2 Pa；登陆后向西偏北方向缓慢移动，强度缓慢减弱；18 日 14 时减弱为热带低压；19 日 5 时转向东北方向移动；20 日 5 时变性为温带气旋并移入渤海湾；21 日 2 时在黄海北部停止编号。

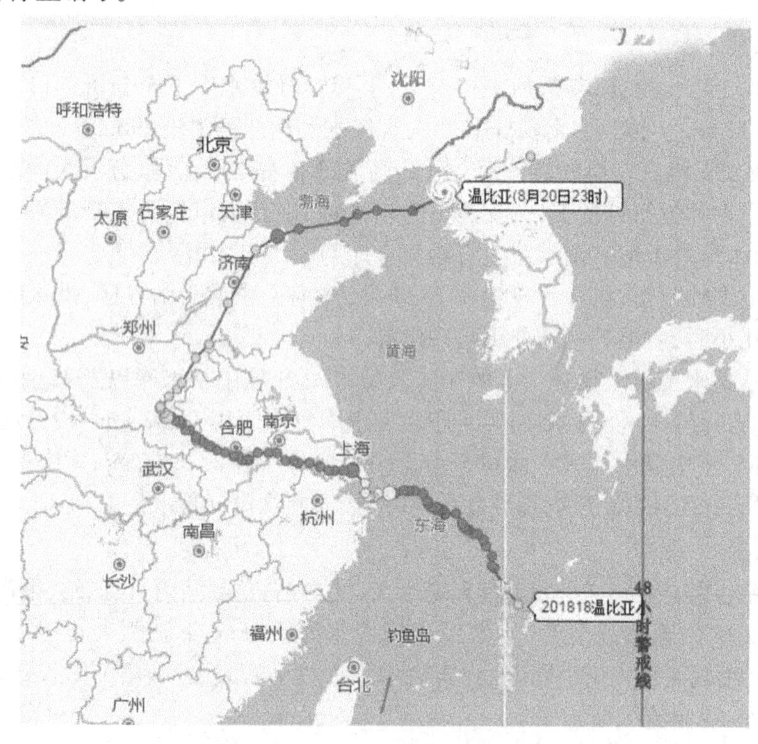

图 1　2018 年第 18 号超强台风“温比亚”路径图

2.2　降雨过程

2018 年第 18 号台风“温比亚”8 月 17 日 4 时左右登陆上海浦东，受其影响，沂沭泗流域自南向北、先东后西再到东的顺序出现连续降水过程。降水主要从 8 月 16 日 22 时在新沂河南北地区。新沭河及滨海地区等流域东南部地区开始，18 日 4 时左右雨区扩大至沂沭河及邳苍地区,10 时以后扩大到南四湖湖西,至此,流域降雨全面展开。沭河大官庄以上主要降雨时段(2 h 累计雨量大于 10 mm 或者 6 h 累计雨量大于 25 mm)集中在 19 日,约 16 h。主要降雨在 20 日凌晨结束。

台风水汽含量充沛,风雨强度大,8 月 17—19 日,沭河大官庄以上平均降水量 155 mm,最大雨量站点为上游马站 278 mm,8 月 18 日和 19 日,沭河大官庄以上降水量分别为 44 mm 和 98 mm。

2.3　洪水概况

2018 年 8 月中下旬,第 14 号台风"摩羯"和 18 号台风"温比亚"先后影响沂沭泗流域,流域大范围遭受强降水影响,致使沭河出现 1974 年以来最大洪水,石梁河水库泄洪流量超历史。14 号台风"摩羯"过境,8 月 13—14 日沭河大官庄以上平均降水量 109 mm,使沭河流域土壤含水量达到饱和,为后续降雨产流提供条件。

沭河重沟站 8 月 18 日 8 时水位从 53.73 m 开始起涨,相应流量 194 m^3/s,20 日 13 时出现洪峰流量为 3 130 m^3/s,洪峰水位 57.47 m,低于警戒水位 0.03 m,水位涨幅 3.74 m。新沭河闸 8 月 20 日 18 时最大下泄流量 5 040 m^3/s(1974 年建闸以来最大);人民胜利堰闸 20 日 18 时最大下泄流量 249 m^3/s。2018 年 8 月 20 日沭河洪水洪峰流量列 1957 年以来第三位,是沭河 1974 年以来最大洪水。

该场洪水主要特点:①洪水水位流量陡涨陡落。重沟水文站 19 日 22 时水位 54.55 m,相应流量 546 m^3/s,20 日 13 时达到洪峰水位 57.47 m,相应流量 3 130 m^3/s,水位上涨 2.92 m,流量涨幅 2 584 m^3/s,洪峰水位维持了 1 h 左右,属于典型的山洪型河道。②洪水传播速度慢,石拉渊距离重沟站 36 km,洪峰水位从石拉渊站到重沟站传播时间 7 h。2012 年"7.10"洪水,洪峰水位从石拉渊站到重沟站传播时间只用了 2 h。

3　洪水重现期计算

重现期是反映降雨出现机遇的指标[1]。根据淮委规划处 1980 年提出的《沂沭泗流域骆马湖以上设计洪水报告》中的分析计算方法,对沭河大官庄以上洪水进行洪峰流量和水量的还原计算,并采用当时确定的频率曲线,对还原计算的结果进行重现期计算。

依据 2018 年沭河大官庄以上各种水文局资料,对 2018 年沭河大官庄以上洪水重现期进行计算。大官庄站洪峰流量还原计算。首先将人民胜利堰和新沭河闸下泄流量之和,扣除分沂入沭彭家道口流量作为大官庄站实测流量,其次将上游四座大型水库(沙沟、青峰岭、小仕阳、陡山)拦蓄的洪水过程演算至大官庄站,与大官庄站实测流量过程相加,即为还原后的流量过程,其最大值即为所求的最大洪峰流量,并计算相应的重现期。河道流量演算采用马斯京根分段连续流量演算法进行,计算时段取 2 h。沭河各河段汇流参数 x、n 见表 1。大官庄站 8 月 20 日 20 时实测洪峰流量为 4 506 m^3/s,还原洪峰流量 6 127 m^3/s。

表1 沭河各河段 x、n 值选用表

汇流参数	沭河各大型水库至大官庄站			
	沙沟	青峰岭	小仕阳	陡山
x	0.25	0.25	0.25	0.25
n	11	10	10	8

大官庄站洪量还原计算。将上游四座大型水库逐日平均拦蓄的流量分别错开相应的传播时间平移至大官庄站,再加上大官庄站实测逐日平均流量过程,求得还原后的大官庄站逐日洪水过程,从中选取最大 3 d、7 d、15 d、30 d 洪量,并计算相应的重现期。经计算,沭河大官庄以上最大 3 d、7 d、15 d、30 d 洪量分别为 4.8 亿 m^3、6.7 亿 m^3、7.7 亿 m^3、9.5 亿 m^3。大官庄(总)站洪峰流量重现期为 12 年;最大 3 d、7 d 洪量重现期分别为 7 年、6 年;最大 15 d 和 30 d 洪量重现期均为 4 年。

2018 年沭河大官庄以上洪水重现期成果见表 2。

表2 2018 年沭河大官庄以上洪水重现期成果

站名	资料系列(年份)	洪水要素	均值(亿 m^3)	C_v	C_s	2018 年洪水	
						流量或洪量(m^3/s,亿 m^3)	重现期(年)
沭河大官庄(总)	1730、1881、1918—1921、1923—1924、1926、1931—1937、1939、1947、1950—1975	Q_m	2 700	0.85	$2.5C_v$	6 127	12
		W_{3d}	2.7	0.85	$2.5C_v$	4.8	7
		W_{7d}	4	0.85	$2.5C_v$	6.7	6
		W_{15d}	5.5	0.85	$2.5C_v$	7.7	4
		W_{30d}	7	0.85	$2.5C_v$	9.5	4

4 水库对沭河主要控制站的影响

沭河大官庄站上游建有 4 座大型水库,分别为沭河干流沙沟水库、青峰岭水库、袁公河小仕阳水库、浔河陡山水库,大型水库合计控制流域面积 1 482 km^2,占沭河大官庄以上流域面积的 32.7%。其中沙沟水库在青峰岭水库上游,为梯级水库。4 座大型水库的总库容为 9.27 亿 m^3,防洪库容为 3.64 亿 m^3。

2018 年汛期沭河大型水库出现了明显的入库洪水过程。沙沟水库 6 月 26 日 4 时最大入库流量 1 050 m^3/s,青峰岭水库 8 月 19 日 23 时最大入库流量 2 680 m^3/s,小仕阳水库 8 月 20 日 1 时 10 分出现最大入库流量 658 m^3/s,陡山水库 8 月 19 日 23 时 30 分出现最大入库流量 1 120 m^3/s。各大型水库均有效地削减了洪峰流量,沙沟水库削峰率为 90.6%,青峰岭水库削峰率为 76.7%,小仕阳水库削峰率为 51.7%,陡山水库削峰率为 88.4%,详见表 3。

表3　沭河大型水库最大入、出库流量和削峰率统计表

水系	河名	水库名	时间（月-日T时）	最大入库流量（m^3/s）	最大入库流量出现时间（月-日T时:分）	最大出库流量（m^3/s）	最大出库流量出现时间（月-日T时:分）	削峰率（%）
沭河	沭河	沙沟	06-25T08—06-27T00	1 050	06-26T04:00	98.9	06-26T09:00	90.6
	沭河	青峰岭	08-19T06—08-21T08	2 680	08-19T23:00	625	08-20T6:00	76.7
	袁公河	小仕阳	08-18T20—08-21T09	658	08-20T01:10	318	08-20T6:00	51.7
	浔河	陡山	08-19T08—08-20T20	1 120	08-19T23:30	130	08-20T09:00	88.4

2018年8月中下旬，第14号台风“摩羯”和18号台风“温比亚”先后影响沭河流域，沭河大官庄出现2次洪峰超过500 m^3/s的洪水过程，时间比较接近，此次主要分析洪水期间上游水库对沭河大官庄的影响。

8月14日11时—8月26日6时，4座大型水库共拦蓄洪水总量为1.85亿m^3。沭河大官庄实测（扣除彭家道口闸流量）洪水总量5.88亿m^3，如无大型水库拦蓄，大官庄站本次洪水总量为7.73亿m^3，大型水库拦蓄了洪水总量的23.9%。由于各大型水库的调蓄作用，大官庄站8月20日20时实测洪峰流量为4 506 m^3/s，若无上游大型水库调蓄，还原洪峰流量6 127 m^3/s，大型水库削减了洪峰流量的26.5%。

2018年沭河大官庄站实测和还原入库流量过程以及水库影响流量过程线见图2和表4。

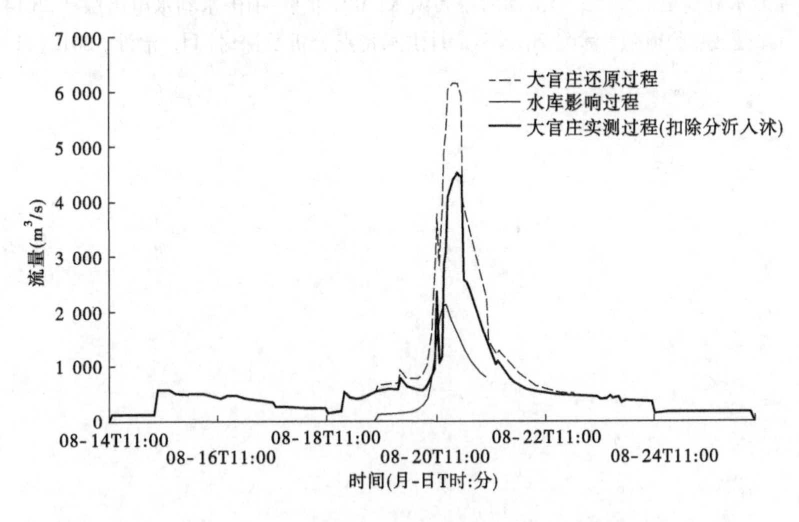

图2　沭河大官庄站实测和还原流量及水库影响过程线

表4 2018年沭河大官庄以上大型水库拦蓄洪水对大官庄影响统计表

场次洪水	项目	大官庄实测(扣除彭家道口闸流量)	大型水库拦蓄洪水对大官庄反推入库的影响					合计
			小仕阳	陡山	青峰岭	沙沟	小计	
8.14~8.26	洪水总量(亿 m^3)	5.88	0.32	0.39	0.93	0.21	1.85	7.73
	所占比例(%)	76.1	4.1	5.1	12.0	2.7	23.9	100
	最大流量(m^3/s)	4 506	266	587	1 355	258		
	最大流量出现时间(月-日T时:分)	08-20 T20:00	08-20 T21:00	08-20 T17:00	08-20 T14:00	08-21 T19:00		

5 小 结

沭河是山洪性河道,洪水的产生受降雨影响大;同时,沭河上拦河闸坝工程较多,洪水类型、洪水大小不但受降雨强度、暴雨中心、降雨历时等方面的影响,拦河闸坝的调度运行对洪水的影响也很大[2]。沭河洪水预报尤其是中小洪水预报难度较大。合理分析洪水成因和掌握工程调度,对沭河的洪水预报、大官庄的调度提供依据。

本文通过简析降雨成因、台风路径、降雨过程,对沭河2018年洪水重现期、大型水库对大官庄站的影响等方面进行了分析探讨,对研究沭河洪水预报及洪水调度提供了基础资料,具有一定的借鉴意义。

参考文献

[1] 水利部淮河水利委员会.2012年沂沭河暴雨洪水[M].北京:中国水利水电出版社,2014.
[2] 沙正保,郭爱波,詹道强.沭河2012年7月洪水特点分析及探讨[J].治淮,2012(11):10-12.

2019年新沂河沭阳站行洪能力分析研究

于百奎 屈 璞 王秀庆

（水利部淮委沂沭泗水利管理局，徐州 221009）

摘 要 新沂河是沂沭泗水系泄洪入海的主要河道，沭阳站是新沂河干流主要水文监测站。本文通过比较该站历年断面变化情况、对不同高水位下影响河道过流能力的各种因素进行详细分析，提出了水位流量关系成果，探讨了河道行洪能力演变规律以及对主要控制站历年洪峰传播时间变化的影响。本文可为流域洪水预警、防汛决策调度等提供重要依据。

关键词 断面面积；水位流量关系；行洪能力

1 基本情况

沭阳水文站位于新沂河干流，该站设立于1950年7月，1963年6月1日断面上迁3 192 m，1975年6月1日断面再次上迁647 m。

沭阳站距上游嶂山闸43 km，距离下游入海口101 km。

沭阳站测验断面为双复式断面，宽为1 300 m。南北主泓宽分别为260 m和190 m，中泓滩地有多处积沙、串沟、沙塘。

沭阳站历史实测最大洪水为1974年8月16日，最大流量为6 900 m^3/s，相应的历史最高水位为10.82 m（采用比降法将老断面水位改正到现断面，下同）；2019年沭阳站出现最高水位为8月12日，最高水位为11.31 m。

2006年开始新沂河整治，沭东段主要是疏浚扩挖南北偏泓，南偏泓的整治起点刚好位于沭阳站测流断面，从测流断面向东逐渐扩挖；北偏泓的整治起点则位于测流断面上游大约100 m向东扩挖，整治后与整治前的北偏泓断面变化明显。中间滩地部分的变化主要是采砂取土所致。2007年（汛前）的河底高程为8.78 m，到2012年汛前为4.55 m，2018年汛前为3.04 m。

测站基面为废黄河口高程。

2 断面变化分析

新沂河自建成以后，受人类活动和泥沙淤积等因素的影响，河道逐年退化，河床抬高，1950—2006年，过水断面有逐年减少的趋势。2006年新沂河开始整治，至2008年断面有所扩大。分析计算新沂河整治前历年不同水位下的断面面积，可以看出，各级水位下的断面面积呈逐年减少的趋势。水位11.0 m时，1976年、1990年、2003年、2006年、2007年断

作者简介：于百奎（1991—），男，助理工程师，主要从事水文情报、洪水预报及防汛调度工作。

面面积分别为5 545 m^2、4 500 m^2、5 370 m^2、5 270 m^2、5 250 m^2；2007年与1976年比较，断面面积减少了5.32%，其他各级水位下也有不同程度地减少。

新沂河整治后，各级水位下的断面面积呈逐年增大趋势，水位11.0 m时，2008年、2012年、2018年断面面积分别为5 930 m^2、6 020 m^2和6 210 m^2。比较新沂河整治前后的断面，同水位下整治后比整治前断面有所增加，水位11.0 m时，2008年较1976年，断面面积增加了7.5%，2018年较1976年，断面面积增加了12%。

沭阳站典型年实测大断面对照见图1；沭阳站历年断面面积变化统计见表1。

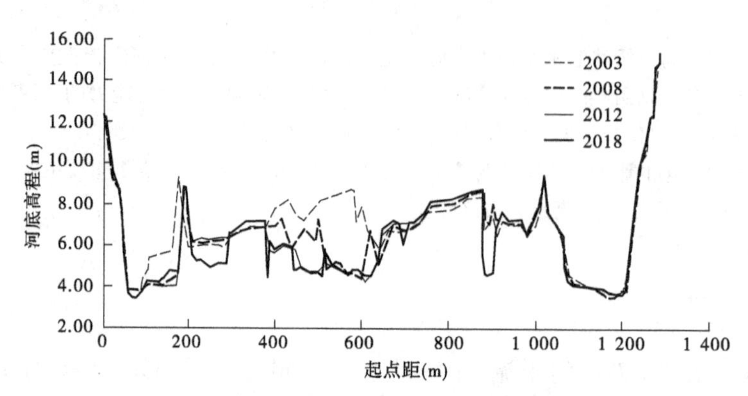

图1 沭阳站典型年实测大断面对照图

表1 沭阳站历年断面面积变化统计

水位(m)	断面面积(m^2)							
	1976年	1990年	2003年	2006年	2007年	2008年	2012年	2018年
9.0	3 050	3 000	2 910	2 810	2 790	3 480	3 570	3 761
9.5	3 660	3 600	3 520	3 420	3 400	4 080	4 180	4 368
10.0	4 284	4 210	4 130	4 030	4 010	4 700	4 790	4 977
10.5	4 913	4 830	4 750	4 650	4 630	5 310	5 400	5 590
11.0	5 545	5 450	5 370	5 270	5 250	5 930	6 020	6 210

3 水位流量关系分析

3.1 不同断面水位改正

由于各年代测验断面位置不一致，为便于对比分析，将1974年水位资料采用比降法改正到现在断面。沭阳站下游设有小赵庄水位站（距离沭阳3 000 m）。可根据水面比降和距离计算水位改正数。断面水位改正数见表2。

表2 断面水位改正数

水位级(m)		8.50	9.00	9.50	10.00	10.50	峰顶
改正数(m)	涨水段	0.11	0.10	0.08	0.07	0.06	0.06
	落水段	0.03	0.04	0.04	0.05	0.06	—

3.2　水位流量关系分析

与河道断面变化相对应，沭阳站的水位流量关系变化也可以划分为3个阶段。第一阶段自1950年新沂河开挖建成到2007年新沂河整治前；第二阶段为2008年新沂河整治后到2012年；第三阶段河道退化为2012年至今。

第一阶段沭阳站的水位流量关系变化主要表现为同水位下的流量逐年下降。依据沭阳站水位流量关系，沭阳站警戒水位9 m时，1974年和2003年涨水段流量分别为2 570 m^3/s 和2 040 m^3/s；落水段流量分别为2 440 m^3/s 和1 860 m^3/s。2003年和1974年相比，涨水段流量减少20.6%，落水段流量减少23.8%。水位10.5 m时，1974年和2003年涨水段流量分别为6 380 m^3/s 和4 500 m^3/s；落水段流量分别为5 830 m^3/s 和4 090 m^3/s。2003年和1974年相比，涨水段流量减少29.5%，落水段流量减少22.1%。其他各级水位下的情况相类似。

第二阶段沭阳站的水位流量关系变化主要表现为治理效果上显现。依据沭阳站水位流量关系，沭阳站警戒水位9 m时，2003年和2008年涨水段流量分别为2 040 m^3/s 和2 230 m^3/s；落水段流量分别为1 860 m^3/s 和1 980 m^3/s。2008年和2003年相比，涨水段流量增加9.3%，落水段流量增加6.5%。水位10.5 m时，2003年和2008年涨水段流量分别为4 500 m^3/s 和4 680 m^3/s；落水段流量分别为4 090 m^3/s 和4 580 m^3/s。2008年和2003年相比，涨水段流量增加4%，落水段流量增加12%。

第三阶段沭阳站的水位流量关系变化主要表现为治理后退化过程。第三阶段依据沭阳站水位流量关系，沭阳站警戒水位9 m时，2012年和2018年涨水段流量分别为2 180 m^3/s 和2 428 m^3/s；落水段流量分别为1 840 m^3/s 和2 033 m^3/s。2018年和2012年相比，涨水段流量增加11.4%，落水段流量增加10.5%。水位9.5 m时，2012年、2018年和2019年涨水段流量分别为3 420 m^3/s、3 363 m^3/s 和3 000 m^3/s；落水段流量分别为2 780 m^3/s、2 880 m^3/s 和2 564 m^3/s。2018年、2019年和2012年相比，涨水段流量分别减少1.7%、12.3%，落水段流量分别增加3.6%、减少7.8%。

沭阳站历年洪水水位流量关系对比见图2；沭阳站2008—2019年洪水水位流量关系对比图3；沭阳站各级水位下流量比较计算见表3。

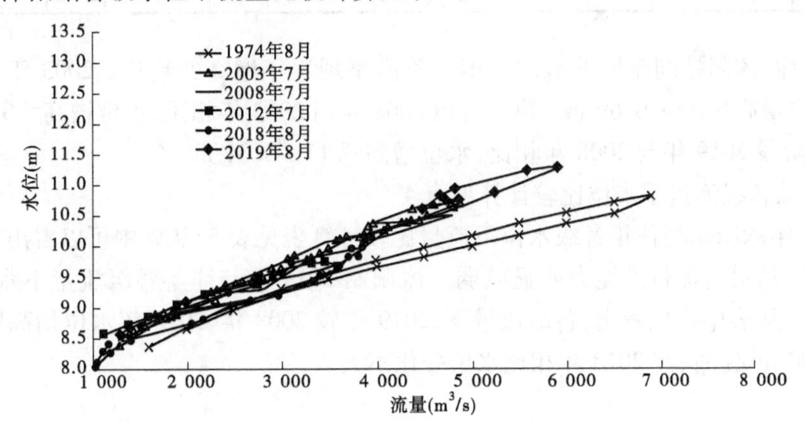

图2　沭阳站历年洪水水位流量关系对比图

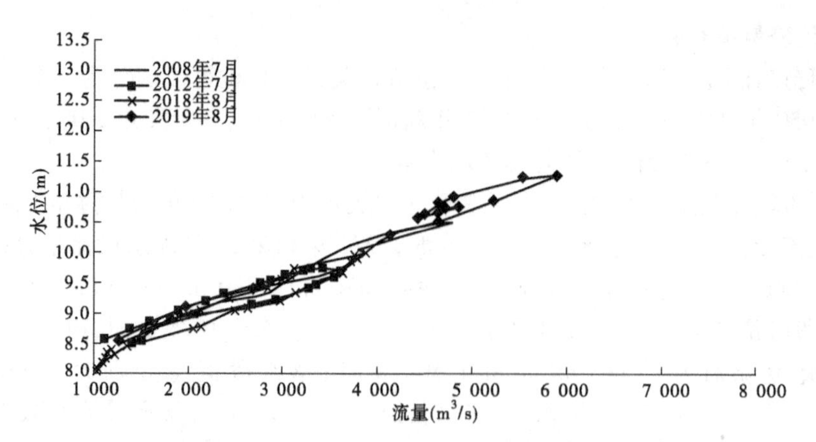

图 3　沭阳站 2008—2019 年洪水水位流量关系对比图

表 3　沭阳站各级水位下流量比较计算表

水位(m)		流量(m³/s)						2008 年与2003 年相比		2019 年与2012 年相比		2018 年与2012 年相比	
		1974年	2003年	2008年	2012年	2018年	2019年	流量变量(m³/s)	%	流量变量(m³/s)	%	流量变量(m³/s)	%
9.0	涨	2 570	2 040	2 230	2 180	2 428	1 927	190	9	-253	-11.6	248	11.4
	落	2 440	1 860	1 980	1 840	2 033	1 848	120	6	8	0.4	193	10.5
9.5	涨	3 620	2 930	3 400	3 420	3 363	3 000	470	16	-420	-12.3	-57	-1.7
	落	3 430	2 700	3 000	2 780	2 880	2 564	300	11	-216	-7.8	100	3.6
10.0	涨	4 970	3 560	3 820	—	—	3 860	260	7	—	—	—	—
	落	4 580	3 360	3 560	—	—	3 338	200	6	—	—	—	—
10.5	涨	6 380	4 500	4 680	—	—	4 626	180	4	—	—	—	—
	落	5 830	4 090	4 580	—	—	4 360	490	12	—	—	—	—

类似地,沭阳站同流量下水位在第一阶段呈现逐年增高的趋势。2003 年与 1974 年相比,水位增高 0.33～0.69 m。第二阶段 2008 年与 2003 年相比,水位增高 -0.05～0.39 m。第三阶段 2019 年与 2008 年相比,水位增高 0.11～0.31 m。

沭阳站各级流量下水位比较计算见表 4。

2019 年沭阳站与往年各级水位下流量比较计算表见表 5,从表中可以看出,各级水位下,2019 年河道整体行洪能力明显减弱。沭阳站 2019 年与往年各级流量下水位比较计算见表 6。从表中可以看出,各级流量下,2019 年较 2008 年、2012 年水位抬高明显,流量小于 4 000 m³/s 时,与 2018 年相比水位变化不大。

表4　沭阳站各级流量下水位比较计算表

流量(m^3/s)		水位(m)						2003年与1974年相比	2008年与2003年相比	2019年与2008年相比
		1974年	2003年	2008年	2012年	2018年	2019年	水位相差(m)	水位相差(m)	水位相差(m)
3 000	涨	9.23	9.56	9.26	9.25	9.64	9.44	0.33	0.30	0.18
	落	9.31	9.74	9.50	9.60	9.75	9.81	0.43	0.24	0.31
3 500	涨	9.45	9.97	9.58	9.48	9.77	9.74	0.52	0.39	0.16
	落	9.53	10.07	9.95	9.72	10.06	10.12	0.54	0.12	0.17
4 000	涨	9.65	10.26	10.14	—	—	10.26	0.61	0.12	0.12
	落	9.76	10.21	10.26	—	—	10.37	0.45	-0.05	0.11
4 500	涨	9.83	10.50	10.37	—	—	10.48	0.67	0.13	0.11
	落	9.97	10.66	10.46	—	—	10.62	0.69	0.20	0.16

表5　沭阳站2019年与往年各级水位下流量比较计算表

水位(m)		流量(m^3/s)				2019年与2008年相比		2019年与2012年相比		2019年与2018年相比	
		2008年	2012年	2018年	2019年	流量变量(m^3/s)	%	流量变量(m^3/s)	%	流量变量(m^3/s)	%
9.0	涨	2 230	2 180	2 428	1 927	-303	-14	-253	-11.6	-501	-20.6
	落	1 980	1 840	2 033	1 848	-132	-7	8	0.4	-185	-9.1
9.5	涨	3 400	3 420	3 363	3 000	-400	-12	-420	-12.3	-363	-10.8
	落	3 000	2 780	2 880	2 564	-436	-15	-216	-7.8	-316	-11.0
10.0	涨	3 820	—	—	3 860	40	1	—	—	—	—
	落	3 560	—	—	3 338	-222	-6	—	—	—	—
10.5	涨	4 680	—	—	4 626	-54	-1	—	—	—	—
	落	4 580	—	—	4 360	-220	-5	—	—	—	—

表6　沭阳站2019年与往年各级流量下水位比较计算表

流量(m^3/s)		水位(m)				2019年与2008年相比	2019年与2012年相比	2019年与2018年相比
		2008年	2012年	2018年	2019年	水位相差(m)	水位相差(m)	水位相差(m)
3 000	涨	9.26	9.25	9.64	9.44	0.18	0.19	-0.20
	落	9.50	9.60	9.75	9.81	0.31	0.21	0.06
3 500	涨	9.58	9.48	9.77	9.74	0.16	0.26	-0.03
	落	9.95	9.72	10.06	10.12	0.17	0.40	0.06
4 000	涨	10.14	—	—	10.26	0.12	—	—
	落	10.26	—	—	10.37	0.11	—	—
4 500	涨	10.37	—	—	10.48	0.11	—	—
	落	10.46	—	—	10.62	0.16	—	—

4　行洪能力分析

沭阳站行洪能力变化可按照水位流量关系划分为3个阶段。第一阶段自1950年新沂河开挖建成到2007年新沂河整治前，这一阶段受人类活动和泥沙淤积等因素的影响，河道退化，行洪能力逐年下降；第二阶段为2008年新沂河整治后到2012年，这一阶段新沂河整治的作用明显，行洪能力较整治前有明显提高；第三阶段为2012年至今，随着时间推移，河段退化，行洪能力不断减弱。

第一阶段选择来水较大的1974年和2003年进行比较，根据沭阳站水位流量关系，沭阳站保证水位10.75 m(改正到现断面为10.82 m)时，1974年和2003年流量分别为6 900 m^3/s和5 100 m^3/s，2003年比1974年行洪能力下降26%。

第二阶段选择2003年和2008年进行比较，沭阳站水位10.82 m时，2003年和2008年流量分别为5 100 m^3/s和5 500 m^3/s，2008年比2003年行洪能力提高7.8%。

第三阶段选择2008年和2019年进行比较，沭阳站水位10.82 m时，2008年和2019年流量分别为5 500 m^3/s和5 167 m^3/s，2019年比2008年行洪能力降低6.1%。

根据东调南下续建工程新沂河治理工程相关设计，沭阳站20年一遇设计水位为11.20 m(废黄河口基面)，设计流量为7 000 m^3/s。根据2019年沭阳站水位流量关系线，并作适当外延，可推算沭阳站水位11.20 m时的流量约为5 660 m^3/s，较设计流量小1 340 m^3/s；流量7 000 m^3/s时，水位约为11.89 m，较设计水位高0.69 m。

沭阳站50年一遇设计水位为11.55 m，设计流量为7 800 m^3/s。同理可得，沭阳站水位11.55 m时，流量约为6 360 m^3/s，较设计流量小1 440 m^3/s；流量7 800 m^3/s时，水位约为12.34 m，较设计水位高0.79 m。

5　洪水传播时间分析

新沂河整治工程通过对行洪通道的整理、扩挖、疏浚，加快了洪水波的传播速度，缩短了洪水(洪峰)的传播时间。新沂河上游的控制站嶂山闸至沭阳水文站距离 43 km，本次主要分析嶂山闸站至沭阳站的洪峰传播时间。采用统计分析的方法，分别计算新沂河整治前后的洪水传播时间。1990—2006 年间，19 场洪水洪峰传播时间为 8 ~ 19 h，平均传播时间为 12.2 h。整治后的 2007—2019 年 9 场洪水，洪峰传播时间为 8.5 ~ 13 h，平均传播时间为 10 h，整治后比整治前的洪峰传播平均时间缩短 2.2 h，其中，2018 年、2019 年洪水传播时间分别为 13 h、9 h。

6　影响因素分析

新沂河沿线自 20 世纪 60 年代开始，陆续兴建了沭阳枢纽、送清水截污导流工程、海口枢纽及盐河、小潮河、通榆河等控制工程。2008 年后增加较多拦水建筑物，其中漫水公路及桥梁共 8 处，其中 7 座分布于沭阳段，漫水公路多数高于原状河床 0.5 ~ 1.0 m，路面宽 4 ~ 8 m，在行洪过程中一定程度上造成阻水。

根据对沿线的农用生产桥实地调查，自沭阳水文站测流断面(43K)起至下游入海口(146K)农用生产桥共有 120 座，部分生产桥桥孔内存在淤堵现象，局部桥墩间全部堵塞，自宿连两市交界处下游生产桥多数设有 0.5 m 高左右实心护栏，北泓生产桥护栏多数挂有大量水草。

2008 年以后，新沂河上修建了多座大型桥梁，其中高速公路桥 3 座、国道公路桥 3 座、高铁桥梁 2 座，例如青盐铁路初步测量桥墩跨径约 50 m，桥墩宽约 4 m，桥梁布设总长 3 km 左右。

6.1　农作物影响

糙率是反映河道河床、岸壁形状的不规则性和表面粗糙程度的一个重要参数，在水流运动过程中，它直接影响沿程能量损失的大小。查东调南下防洪标准规划成果可知，新沂河嶂山闸—沭阳段主槽糙率 0.028，滩地糙率 0.038，基于 2019 年沭阳站实测水位流量数据，根据曼宁公式推求沭阳断面糙率为 0.017 ~ 0.031，整体较规划成果偏小。新沂河作为平地筑堤束水漫滩行洪的宽浅河道，其河床大面积的滩地受农耕等人为活动影响较大，河床表面形状、粗糙度也随时间、季节而变化的，年内河道的水位流量关系可说明，首次洪水过后第二场洪水则水位流量关系曲线明显右移，说明河床的影响因素减少，行洪能力较首场洪水有所增大。

河道南北泓两侧迎水坡附近均种植有 20 m 左右的杨树带，连云港境内部分河段种植柳树、灌木丛等植物，部分河段自生杂乱植物密集，子堤上种植有零星带状杨树带，整治后此类树木、植被长大后行洪时缠绕漂浮物形成阻水。

6.2　临时挡水设施及其他阻水设施的影响

沿线 2 条高铁建设后在新沂河南北偏泓设置的临时便桥均未拆除，其中南泓 2 处、北泓 1 处，在调查过程中发现，新沂河南堤 78K + 450 m、北堤 95K + 700 m 处南偏泓、北偏泓内有较明显浅滩或高地，部分河段内有农户搭建临时棚房，圈网养殖牲畜；特别是在上游段周边农户拦河围网养殖渔业，上述情况的发生均对河道的行洪能力产生影响。

6.3 供电线路钢架影响

沿线电力设施供电线路共22处，过河高压钢架基础多为灌注桩，部分桩体缠绕围网护栏，部分过河电缆采用水泥杆架空，水泥杆设有地锚拉线，行洪期间水草、树木等漂浮物缠绕后，形成阻水带，影响河道的行洪能力。

7 结论与建议

1950—2007年新沂河逐年退化，沭阳段河底高程呈逐年增高的趋势；2008—2018年新沂河整治后河底高程降低明显。

东调南下续建工程新沂河整治的效果明显，较整治前行洪能力有明显提高。但是，随着时间推移，新沂河上建设了大量的公路桥、铁路桥、生产桥以及漫水公路、供电线路铁塔基础，以及部分滩地种植农作物等，造成新沂河行洪能力在不断减弱。

新沂河为人工宽浅河道，易受人类活动和泥沙淤积等影响而退化。

参考文献

[1] 沂沭泗水利管理局. 沂沭泗防汛手册[M]. 徐州：中国矿业大学出版社，2018.
[2] 沂沭泗水利管理局. 2003年沂沭泗暴雨洪水分析[M]. 济南：山东省地图出版社，2006.
[3] 水利部淮河水利委员会. 2007年沂沭河暴雨洪水[M]. 北京：中国水利水电出版社，2010.
[4] 水利部淮河水利委员会. 2012年沂沭河暴雨洪水[M]. 北京：中国水利水电出版社，2014.

沭河重沟站水位流量及糙率分析

邱岳阳　王　建　相冬梅

（沂沭河水利管理局沭河水利管理局，临沂 276700）

摘　要　根据沭河重沟站建站以来3场编号标准以上洪水的水文资料，分析不同橡胶坝状态下洪峰特征、水位流量关系和水位糙率关系的异同，得出水利工程对洪水传播及各要素之间关系的影响，为洪水预报、防洪抢险、洪水调度工作提供参考。

关键词　沭河；重沟；橡胶坝；对比；分析

1　基本情况

1.1　沭河基本情况

沭河发源于山东沂山南麓，大致呈南北走向，流经临沂的沂水、莒县、莒南、临沭、郯城和江苏的新沂6个县(市)，于新沂的口头入新沂河，全长约300 km，流域面积9 260 km^2。沭河是山溪性河道，冬、春两季少水，夏秋两季往往山洪暴发，峰高流急。

1.2　重沟水文站基本情况

重沟水文站位于山东省临沭县郑山街道，沭河中泓桩号18 +660(东经118°32′，北纬34°57′)，控制流域面积4 511 km^2，为国家基本水文站。于2011年6月开始运行，测验项目主要有降水、蒸发、水位、流量等，主要测流设备为跨河缆道，使用流速仪或牵引ADCP进行测流。基本水尺断面兼作比降下断面，其上游1 340 m处为比降上断面，比降上、下断面之间无支流和分流。测验河段基本顺直，断面稳定。基本水尺断面下游18.6 km为大官庄水利枢纽，上游36 km处有石拉渊水位站；上游440 m有华山橡胶坝，流量测验受水利工程影响较大。

2　沭河重沟站3次编号标准以上洪水情况

根据2013年4月19日国家防汛抗旱总指挥部印发的《全国主要江河洪水编号规定》：当沭河重沟水文站流量达到2 000 m^3/s时，进行洪水编号。2011年以来沭河发生了3次编号标准以上洪水过程，重沟水文站实测洪峰流量分别为2 070 m^3/s、3 130 m^3/s、2 720 m^3/s。

2.1　“20120723”洪水

2012年7月22日夜间，沭河上游发生强降雨，最大点雨量夏庄站198.5 mm，流域平均降雨72.8 mm，重沟站未降雨。

作者简介：邱岳阳(1989—)，男，工程师，主要从事水文测验工作。

受降雨影响23日15:18沭河重沟站实测洪峰流量2 070 m^3/s,相应水位56.32 m。

在这场洪水中,上游华山橡胶坝处于完全塌坝状态,重沟站1 h水位最大涨幅达到1.14 m,洪水水位上涨速度较快;洪峰维持时间较短,最高水位只维持约0.5 h;洪水传递速度慢。洪峰从石拉渊传递至重沟站用了6 h左右;实测最大流量2 070 m^3/s,对应水位56.32 m;最高水位56.33 m时实测流量1 970 m^3/s,最大流量出现在最高水位之前。

2.2 2018年1号洪水

受2018年第18号台风"温比亚"影响,沭河流域8月17—19日发生了暴雨到特大暴雨。在此期间,流域平均降水量151.9 mm,最大点雨量马站站177.5 mm。降水分布由上游向下游逐渐减少,重沟站实测降水量76.2 mm。

重沟水文站20日8:14流量涨至2 250 m^3/s,为沭河2018年第1号洪水。13时洪峰水位57.47 m,相应流量3 130 m^3/s。洪水过程中,华山橡胶坝未塌坝,处于坝顶溢流状态,洪峰到来前开始紧急塌坝泄洪;重沟站最大1 h水位涨幅0.44 m,上涨速度较慢;13时最高水位57.47 m,至14:30才开始回落,洪峰持续时间较长;洪水传递速度慢,石拉渊遥测站洪峰水位出现时间与重沟站最高水位出现时间相差约4 h;11:54水位57.44 m,实测流量3 130 m^3/s,13:00达到最高水位时,流量仍为3 130 m^3/s,最大流量出现在最高水位之前。

2.3 2019年1号洪水

受2019年9号台风"利奇马"影响,沭河流域8月10—12日普降大暴雨到特大暴雨。在此期间,流域平均降水量193.5 mm,最大点雨量辉泉站366.5 mm,重沟站实测降水量134.1 mm,降雨分布较为均匀。

重沟站11日14:10流量为2 060 m^3/s,达到编号标准,18:52实测最高水位57.13 m,最大流量2 720 m^3/s。石拉渊水位站15:00出现最高水位,与重沟站相差约4 h;重沟站最大1 h水位涨幅0.47 m,上涨速度较慢;洪水期间沭河干流所有橡胶坝均处于完全塌坝状态。

3 洪水对比分析

沭河流域的这3次编号标准以上洪水,都是受大范围高强度降水所引发的暴雨洪水。3次洪水的最主要的区别是行洪时上游华山橡胶坝运行状态不同。

3.1 洪峰特征分析

2018年1号洪水中,11:54水位57.44 m,实测流量3 130 m^3/s, 13:00水位达到57.47 m,流量仍为3 130 m^3/s,最大流量出现在最高水位之前,两者相差1个多小时。与2019年1号洪水相比,最高水位持续时间2018年小于2019年,最大流量持续时间2018年大于2019年,平均流速相差较大。综合3场洪水分析(见表1),原因为华山橡胶坝紧急塌坝,形成人工洪水,与自然洪水相叠加,使重沟站最大流量出现时间提前,最高水位出现时间推迟,并相应延长和缩短了最大流量和最高水位的持续时间。

表1　重沟站3次洪水部分特征统计

洪水名称	洪峰时间	最高水位(m)	最大流量(m^3/s)	最高水位持续时间(h)	最大流量持续时间(h)	洪峰时平均流速(m/s)	华山橡胶坝状态
2012年"7.23"洪水	07-23 15:18	56.33	2 070	0.5	0.7	1.25	完全塌坝
2018年1号洪水	08-20 13:00	57.47	3 130	1.5	3.7	1.36	洪峰前紧急塌坝
2019年1号洪水	08-11 18:52	57.13	2 720	2.1	1.3	1.27	完全塌坝

3.2　水位—流量关系分析

点绘3场洪水的水位—流量关系曲线，如图1所示。

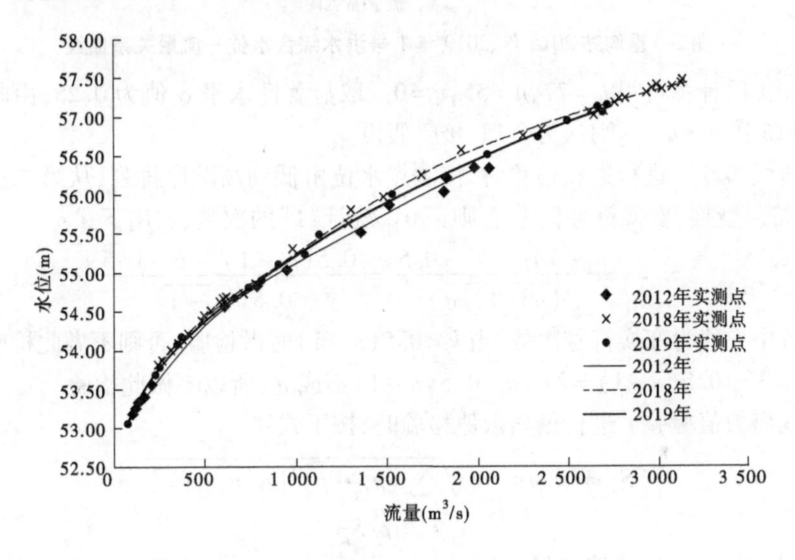

图1　重沟站3场洪水水位—流量关系曲线

从图1中可以看出，在3场洪水中，重沟站水位—流量关系稳定。相同水位下，由于汇流时间短、河道淤积等原因，2012年流量偏大；2018年与2019年相比，相对误差在4%以内，在400~1 200 m^3/s区间和2 000 m^3/s以上区间基本重合，可以进行合并定线，见图2。

进行符号检验、适线检验、偏离数值检验和标准差的计算：将2018年和2019年实测资料按照测点水位由低至高排列，根据图2得出其测点水位对应的线上流量，并求出流量的相对误差，分别统计测点偏离曲线的正、负号个数及偏离正负号变换次数。

(1)符号检验。进行符号检验时，应分别统计测点偏离曲线的正负号的个数，利用下式：

$$u=\frac{|k-np|-0.5}{\sqrt{npq}}=\frac{|k-0.5n|-0.5}{0.5\sqrt{n}} \tag{1}$$

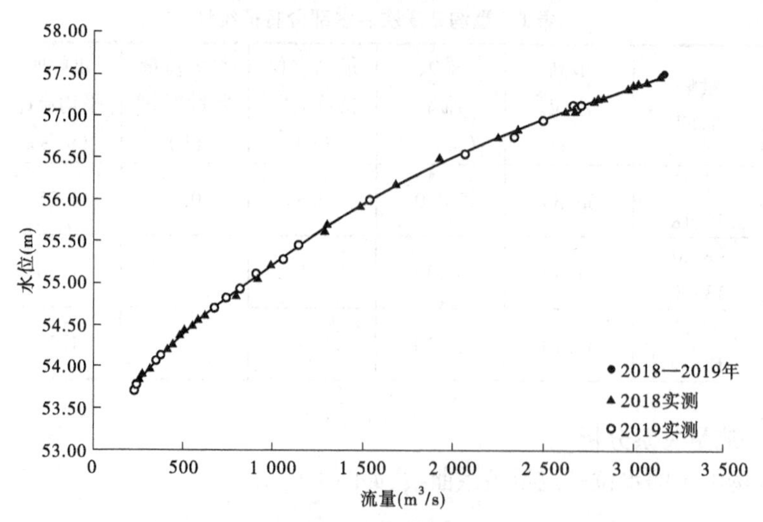

图 2　重沟站 2018 年、2019 年 1 号洪水综合水位—流量关系曲线

根据式(1)计算可得 $k=27$, $n=55$, $u=0$。取显著性水平 α 值为 0.25,由临界值表得 $u_{1-n/2}=1.15$ 因 $u<u_{1-n/2}$则认为合理,接受假设。

(2)适线检验。进行适线检验时,按测点水位由低到高顺序排列,从第二点开始统计偏离正负符号变换,变换符号记 1,否则记 0。统计“1”的次数,利用下式:

$$u = \frac{(n-1)p - k - 0.5}{\sqrt{(n-1)pq}} = \frac{0.5(n-1) - k - 0.5}{0.5\sqrt{n-1}} \tag{2}$$

式(2)中 k 值为变换符号次数,当 $k<0.5(n-1)$时做检验,否则不做此检验。根据计算结果, $k=37$, $0.5(n-1)=27$, $k<0.5(n-1)$不成立,所以不做此检验。

(3)偏离数值检验。进行偏离数值检验时,按下式:

$$S_{\bar{p}} = s/\sqrt{n} = \sqrt{\sum (p_1 - \bar{p})^2 [n(n-1)]} \tag{3}$$

$$t = \bar{p}/S_{\bar{p}} \tag{4}$$

根据式(3)、式(4)计算可得 $S_{\bar{p}}=0.529$、$t=-1.13$。取显著性水平 α 值为 0.10,由临界值表得 $t_{1-\alpha/2}=1.67$。因 $|t|<t_{1-\alpha/2}$则认为合理,接受假设。

(4)标准差/随机不确定度和系统误差计算。测点标准差的计算公式为:

$$S_e = \sqrt{\frac{1}{n-2}\sum\left(\frac{Q_i - Q_{ci}}{Q_{ci}}\right)^2} \tag{5}$$

随机不确定度计算公式为:

$$X'_Q = 2S_e \tag{6}$$

系统误差取用实测点对关系线相对误差的平均值。

根据计算可得 $S_e=4.01\%$, $X'_Q=8.02\%$, $\bar{p}=-0.6\%$,均满足规范中对一类精度站的指标要求。

3.3　水位—糙率关系分析

河道糙率是衡量壁面粗糙情况的一个综合性系数,影响因素复杂,主要受河道河床组成、床面特征、平面形态、水流特征及岸壁特征等河段特征要素控制。山区天然河道稳定状态河段的流态主要有近似恒定均匀流和恒定非均匀渐变流。当流态按恒定均匀流处理时，可据河道实测或调查资料用曼宁公式推算糙率。

如果为某一典型河段，根据实测的水位 Z、流量 Q、断面面积 A、湿周 X 等，应用谢才公式及曼宁公式可得：

$$n = \frac{R^{2/3} J^{1/2} A}{Q} \tag{7}$$

$$R = \frac{A}{X} \tag{8}$$

将以上 3 场洪水均分为涨水段和落水段，通过上式分别计算得出不同水位各自对应的糙率，除去 2018 年涨水段外，并将其点绘在坐标系上，定出 5 条光滑的曲线，见图 3。

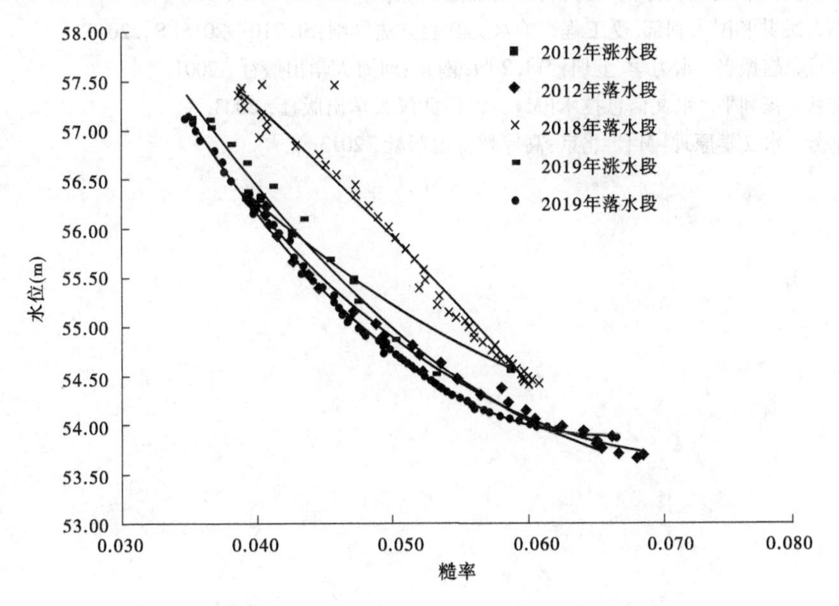

图 3　重沟站水位—糙率关系曲线

通过分析水位—糙率曲线可以得出：除去 2018 年涨水段外，上游橡胶坝均塌坝运行，可以看出，点子均匀地分布在曲线的两侧，水位—糙率曲线关系良好，且水位与糙率成反比关系；其中 2012 年落水段、2019 年涨水段和落水段受工程影响最小，水位—糙率也最为接近。

4　结　论

通过对洪峰特征、水位流量关系以及水位糙率关系的分析，发现重沟站上游华山橡胶坝对重沟站测验具有一定影响：

（1）行洪过程中，橡胶坝坝高变动时引发的人工洪水会干扰自然洪水波传递。2018 年 1 号洪水中重沟站最大流量受人工洪水波影响，出现时间相比最高水位提前了 1 h，平均流速偏大。

（2）水位—流量关系在中高水位级时受橡胶坝影响较小，达到编号标准的洪水水位—流量关系稳定，基本不受工程影响。

(3)水位—糙率关系受橡胶坝坝高影响较大,由于比降上断面设置在橡胶坝上游,不同坝高情况下水位被人为壅高的程度也不同,使糙率失去代表性。

在实际工作中,应当提高水文预报时效性和准确性,沭河干流各橡胶坝应根据预报流量的大小提前调整坝高,预估流量较大时应腾空库容,尽量减小人工洪水对水文测验的影响。

参考文献

[1] 沭河 重沟站 2004—2010 年水文资料汇编,2015.
[2] 水利部淮河水利委员会沂沭泗水利管理局. 沂沭泗河道志[M]. 北京:中国水利水电出版社,2003.
[3] 中华人民共和国水利部. 水文资料整编规范:SL 247—2012[S]. 2013.
[4] 中华人民共和国水利部. 受工程影响水文测验方法导则:SL 710—2015[S]. 2015.
[5] 李家星, 赵振兴. 水力学. 上册[M]. 2 版. 南京:河海大学出版社, 2001.
[6] 魏文秋, 张利平. 水文信息技术[M]. 武汉:武汉大学出版社, 2003.
[7] 芮孝芳. 水文学原理[M]. 北京:高等教育出版社, 2013.

回归分析在测速垂线精简中的应用

程虎成　杨翠翠

（江苏省水文水资源勘测局淮安分局，淮安 223001）

摘　要　传统的测速垂线精简方法是将中泓及附近的几条测速垂线平均流速取平均值与断面平均流速建立公式关系，因此各测速垂线平均流速权重相同。回归分析是确定两种或两种以上变量间相互依赖的定量关系的一种统计分析方法，可以用于确定断面平均流速与各垂线平均流速之间的定量关系。本文先理论推导精简公式，再选用不同垂线利用线性回归分析方法对朱码闸2013—2015年流量测次进行垂线精简分析并比较精简精度。然后用2016年流量测次检验精简方案，取得了很好的效果。

关键词　回归分析；垂线精简

1　精简原理

如图1所示，一般河道流速仪测流流量计算公式是：

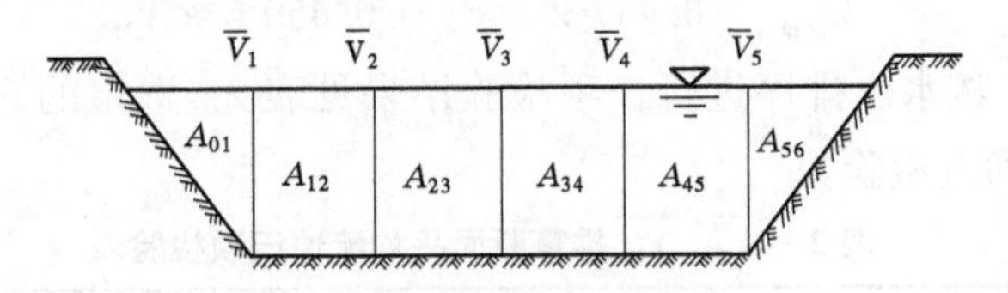

图1　断面测速垂线示意图

$$Q = 0.7A_{01}\overline{V_1} + \frac{1}{2}A_{12}(\overline{V_1} + \overline{V_2}) + \frac{1}{2}A_{23}(\overline{V_2} + \overline{V_3}) + \frac{1}{2}A_{34}(\overline{V_3} + \overline{V_4}) + \frac{1}{2}A_{45}(\overline{V_4} + \overline{V_5}) + 0.7A_{56}\overline{V_5}$$（假定岸边系数是0.7）

对于稳定河床借用断面测流的河道站，公式中面积A只与水位相关，测流时水位是已知量，因此可以认为面积A是已知量。将公式变换为单独的以垂线平均流速$\overline{V_n}$为变量的形式

$$Q = A\overline{V_{断}} = (0.7A_{01} + 0.5A_{12})\overline{V_1} + (0.5A_{12} + 0.5A_{23})\overline{V_2} + (0.5A_{23} + 0.5A_{34})\overline{V_3} + (0.5A_{34} + 0.5A_{45})\overline{V_4} + (0.5A_{45} + 0.7A_{56})\overline{V_5}$$

即 $$\overline{V_{断}} = (0.7A_{01} + 0.5A_{12})/A\,\overline{V_1} + (0.5A_{12} + 0.5A_{23})/A\,\overline{V_2} + (0.5A_{23} + 0.5A_{34})/A\,\overline{V_3} + (0.5A_{34} + 0.5A_{45})/A\,\overline{V_4} + (0.5A_{45} + 0.7A_{56})/A\,\overline{V_5}$$

以2013年朱码闸测次为例考察各垂线平均流速前面的系数$(0.7A_{01} + 0.5A_{12})/A$、

作者简介：程虎成（1988—），男，工程师，主要从事水文测验工作。

$(0.5A_{12}+0.5A_{23})$等的数值,可以看出各垂线平均流速 $\overline{V_n}$ 前面的系数$(0.7A_{01}+0.5A_{12})/A$等的数值变幅不大。

2013—2015 年朱码闸水文站 68 测次各垂线平均流速与断面平均流速的相关系数见表 1。

表 1　朱码闸水文站测流各垂线与断面平均流速相关系数表

垂线(起点距,m)	20	25	30	35	40	45	50
相关系数	0.943	0.977	0.992	0.993	0.990	0.979	0.904

各垂线平均流速与断面平均流速的相关性非常好,从高到低依次是垂线 35、30、40。

因此可将公式精简为以下的形式:

$$\overline{V_{断}} = a\,\overline{V_{n1}} + b\,\overline{V_{n2}} + c \tag{1}$$

式(1)中 a,b,c 为数字(依据相关性采用回归分析方法确定),$\overline{V}_n$ 为选取的垂线平均流速。

2　精简方案及检验

2.1　选用 $\overline{V_{30}}$、$\overline{V_{35}}$ 精简及检验

$\overline{V_{30}}$、$\overline{V_{35}}$ 与 $\overline{V_{断}}$ 的相关性最好,因此优先选 $\overline{V_{30}}$、$\overline{V_{35}}$ 推算 $\overline{V_{断}}$。多次回归分析[1]、去掉干扰后得出的以下公式:

$$\overline{V_{断推}} = 0.447\,2 \times \overline{V_{30}} + 0.450\,6 \times \overline{V_{35}} \tag{2}$$

将 $\overline{V_{断推}}$ 与 $\overline{V_{断}}$ 按水位排序进行三项检验结果见表 2。选定的 68 个测次中有 14 次 $\overline{V_{断推}}$ 与 $\overline{V_{断}}$ 相等,通过检验。

表 2　$\overline{V_{30}}$、$\overline{V_{35}}$ 推算断面平均流速三项检验表

符号检验	$U=$	1.091 41	<1.15	通过
适线检验	$U=$	−0.733 02	<1.28	通过
偏离数值检验	$\|t\|=$	0.396 665	<1.72	通过
标准差	5.138 496			

用 2016 年测次检验关系线结果见表 3。12 次中有 3 次 $\overline{V_{断推}}$ 与 $\overline{V_{断}}$ 相等。

表 3　$\overline{V_{30}}$、$\overline{V_{35}}$ 推算断面平均流速 2016 年测次检验关系线表

符号检验	$U=$	−0.288 68	<1.15	通过
适线检验	$U=$	−2.412 09	<1.28	通过
偏离数值检验	$S_{P平均}=$	1.240 477		通过
	$\|t\|=$	0.579 418	<1.36	
t 检验	$S=$	4.99		通过
最小二乘法	$\|t\|=$	0.30	<1.96	
标准差	4.506 877			
不确定度	9.013 753			

2.2　选用 $\overline{V_{30}}$ 、$\overline{V_{40}}$ 精简及检验

多次回归分析、去掉干扰后得出的公式如下：

$$\overline{V_{断推}} = 0.514\,1 \times \overline{V_{30}} + 0.379\,3 \times \overline{V_{40}} + 0.016\,4 \tag{3}$$

将 $\overline{V_{断推}}$ 与 $\overline{V_{断}}$ 按水位排序进行三项检验表格及结果见表4。选定的68 个测次中有13 次 $\overline{V_{断推}}$ 与 $\overline{V_{断}}$ 相等，通过检验。

表4　$\overline{V_{30}}$ 、$\overline{V_{40}}$ 推算断面平均流速三项检验表

符号检验	$U=$	0.121 268	<1.15	通过
适线检验	$U=$	−1.221 69	<1.28	通过
偏离数值检验	$S_{P平均}=$	0.509 081		
	$\mid t \mid =$	0.396 564	<1.72	通过
标准差	4.229 671			
不确定度	8.459 341			

用2016 年测次检验关系线结果见表5。12 次中有2 次 $\overline{V_{断推}}$ 与 $\overline{V_{断}}$ 相等。通过比较标准差可知选用 $\overline{V_{30}}$ 、$\overline{V_{40}}$ 精简比选用 $\overline{V_{30}}$ 、$\overline{V_{35}}$ 精简效果好，精度高。

表5　$\overline{V_{30}}$ 、$\overline{V_{40}}$ 2016 年测次三项检验表

符号检验	$U=$	0.866 025	<1.15	通过
适线检验	$U=$	−0.603 02	<1.28	通过
偏离数值检验	$S_{P平均}=$	1.062 248		
	$\mid t \mid =$	0.198 393	<1.36	通过
t 检验	$S=$	6.37		
最小二乘法	$\mid t \mid =$	0.21	<1.96	通过
标准差	3.859 338			

2.3　选用 $\overline{V_{30}}$ 、$\overline{V_{40}}$ 回归效果的检验

在给定显著性水平 α 为0.05 时，计算出 $R=0.997$，$R>R_{0.05}=0.553$ 回归方程通过了 R 检验；$F=5\,675.759>F_{0.01}=4.18$，回归方程通过了 F 检验，这说明回归是显著的，$\overline{V_{断推}}$ 与 $\overline{V_{断}}$ 的相关系数是0.997 1。2016 年朱码闸测流断面单断速关系见图2。

3　结　论

分析选用 $\overline{V_{30}}$ 、$\overline{V_{40}}$ 精简比选用 $\overline{V_{35}}$ 、$\overline{V_{30}}$ 精简效果好的原因有两个：一是流量计算过程中 $\overline{V_{35}}$ 、$\overline{V_{30}}$ 两条垂线相邻，计算部分流量都用到垂线间部分面积，两条垂线代表的平均流速互相有干扰。$\overline{V_{40}}$ 、$\overline{V_{30}}$ 两条垂线不相邻，代表的部分面积没有重复部分，相互独立性比 $\overline{V_{35}}$ 、$\overline{V_{30}}$ 好；二是朱码闸 $\overline{V_{35}}$ 是中泓附近，上游10 m 处有两条支流（节制闸和越闸分别控制）汇流。不同开闸情况可能导致 $\overline{V_{35}}$ 代表性不太好。分析别的河道，选用中泓流速精简

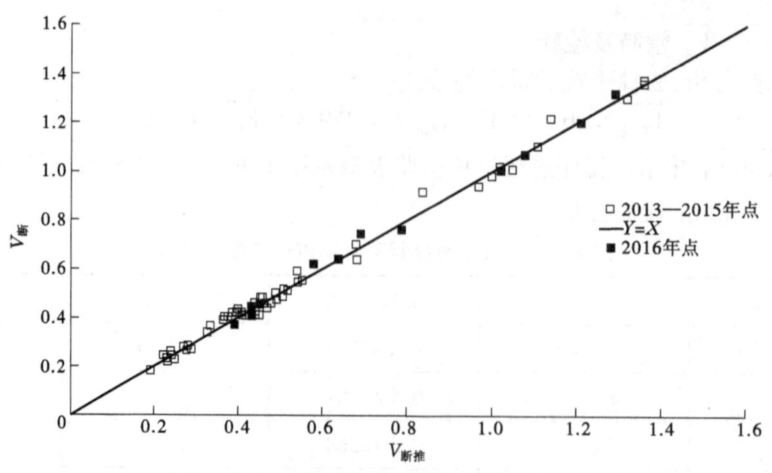

图 2　2016 年朱码闸测流断面单断速关系线

方案也不是最好的方案。

本次精简结果是多次回归分析去除噪声后得出的，检验是将所有测次都参与检验，最大相对误差是 10.5%。相对误差的算术平均值是 0.202%。49 个测次推算结果相对误差小于 5%，占 72.0%。37 个测次推算结果相对误差小于 3%，占 54.4%。2013—2015 年 68 次推算的标准差 4.23%，2016 年推算的标准差 3.86%。用两条垂线推算 7 条（高水时是 8 条、2016 年高水时是 9 条）垂线的计算结果精度已经很高。可见此方法反映的规律可靠。若想提高精度可以用三条垂线推算断面平均流速。此精简方法在稳定河床借用断面流速仪测流测次中多次验证可靠，理论上认为稳定河床流速仪测流断面都可以将测速垂线精简到现有的垂线数目的一半以下，较好的情况可以精简至 2 ~ 3 条垂线。非稳定河床如果流速分布较稳定，也应可以应用。

得出精简公式的测次水位从 2.68 ~ 5.50 m，未划分高中低水位。若精简精度不够可划分高中低水位分别精简。

参 考 文 献

[1] 范钟秀. 中长期水文预报[M]. 南京：河海大学出版社，1999：1-3，4-6，46-58.

沈丘沙河大桥工程对河道行洪的影响研究

徐雷诺[1]　吴广昊[2]

(1. 淮河水利委员会水文局(信息中心),蚌埠 233001;
2. 中水北方勘测设计研究有限公司,天津 300000)

摘　要　利用二维水动力数值模型研究了沈丘沙河大桥工程建设对河道行洪的影响,得出了工程建设对河道水位、流速的影响。结果表明,工程建成后,以桥址处为界,上游水位壅高,下游水位下降,水位受桥墩阻水作用影响明显,影响程度随流量的增加而缓慢增大。流速变幅较大的区域主要集中在桥墩前沿,沿主流线方向的两桥墩之间区域流速下降最为剧烈。工程建设对河道行洪的影响主要表现为阻水,对河势稳定影响较小。研究成果对于衡量工程建设对河道行洪影响具有重要意义,同时亦可为工程建成后的运行管理提供依据。

关键词　防洪影响;数值模拟;水动力;桥墩壅水

0　前　言

桥梁工程建设会减少桥址处河道断面的过水面积,改变河道流场条件,并引起局部水位壅高。国内外学者针对桥墩壅水问题已总结出大量经验公式[1,2],经验公式法虽然方法简便,但精度较低,主要用于对断面平均壅水值进行估算,局限性较大。相对而言,数值模拟目前已发展到具有成熟的理论体系,得到越来越多的应用[3-6]。

本文拟采用数值模拟方法,针对沈丘沙河大桥工程这一工程案例开展桥墩壅水效应及对河道行洪影响方面的研究,成果可对分析评价工程建设对河道行洪影响及日后工程运行管理提供参考。

1　模型建立

1.1　工程概况

沈丘沙河大桥为沈丘县兆丰大道跨沙颍河大桥,位于沈丘槐店闸下游 1.3 km 处,距下游新蔡河口 11.87 km,是沈丘县连接沙颍河南北的主要交通干道。沈丘沙河大桥全长 645.08 m,由北引桥、主桥、南引桥 3 部分组成,全桥共分 5 联,主桥宽 40 m,引桥宽 35 m,桥面横坡均为 1.5%,防洪标准为 100 年一遇。

1.2　控制方程

本文基于 Deflt3D 软件建立工程区域的二维水动力数值模型,控制方程为浅水方程。

连续性方程:

作者简介:徐雷诺(1991—),男,工程师,主要从事流域规划和水文监测方面的工作以及计算水力学方面的研究。

$$\frac{\partial h}{\partial t}+\frac{\partial h\overline{u}}{\partial x}+\frac{\partial h\overline{v}}{\partial y}=hS \tag{1}$$

X 方向动量方程：

$$\frac{\partial h\overline{\mu}}{\partial t}+\frac{\partial h\,\overline{u}^2}{\partial x}+\frac{\partial h\,\overline{v\mu}}{\partial y}=hf\overline{v}-gh\frac{\partial \eta}{\partial x}-\frac{h}{\rho_0}\frac{\partial p_a}{\partial x}-\frac{gh^2}{2\rho_0}\frac{\partial \rho}{\partial x}+\frac{\tau_{sx}}{\rho_0}-\frac{\tau_{bx}}{\rho_0}-\frac{1}{\rho_0}\left(\frac{\partial S_{xx}}{\partial x}+\frac{\partial S_{xy}}{\partial y}\right)+\frac{\partial}{\partial x}(hT_{xx})+\frac{\partial}{\partial y}(hT_{xy})+h\mu_s S \tag{2}$$

Y 方向动量方程：

$$\frac{\partial h\overline{v}}{\partial t}+\frac{\partial h\,\overline{\mu v}}{\partial x}+\frac{\partial h\,\overline{v}^2}{\partial y}=hf\overline{\mu}-gh\frac{\partial \eta}{\partial y}-\frac{h}{\rho_0}\frac{\partial p_a}{\partial y}-\frac{gh^2}{2\rho_0}\frac{\partial \rho}{\partial y}+\frac{\tau_{sy}}{\rho_0}-\frac{\tau_{by}}{\rho_0}-\frac{1}{\rho_0}\left(\frac{\partial S_{yx}}{\partial x}+\frac{\partial S_{yy}}{\partial y}\right)+\frac{\partial}{\partial x}(hT_{xy})+\frac{\partial}{\partial y}(hT_{yy})+hv_s S \tag{3}$$

$\overline{\mu}$ 和 $\overline{v}$ 的表达式如下：

$$h\overline{\mu}=\int_{-d}^{n}\mu\mathrm{d}z,h\overline{v}=\int_{-d}^{n}v\mathrm{d}z \tag{4}$$

上四式中 t——时间；
d——静水深；
η——水位；
$h=\eta+d$——总水深；
μ,v——流速在 x，y 方向上的分量；
f——科氏力系数；
ρ_0——水密度；
p_a——当地的大气压；
T——水平黏滞应力项；
S——源汇项；
τ_{sx},τ_{sy}——风摩擦应力分量；
τ_{bx},τ_{by}——河床摩擦应力分量。

有多种方法求解方程(1)～方程(3)[7,8]，本文将一个时间步长分作两个时间层，每一层上分别交替改变方向隐式求解控制方程。

1.3 网格划分

为更好地贴合天然河道的不规则边界，本文采用正交曲线网格[9]，网格单元数为414×54，共计22 356个网格，结合计算区域的面积，本模型具有较高的计算精度。为保证计算精度，本次计算对桥墩区域采用了干点处理，即将桥墩所在网格设置为不过水网格，来进行计算。

1.4 模型验证

根据工程河段的地质资料可知河床的土质主要为粉质黏土，依据《水工手册》糙率取值范围，将河道的糙率设置为0.022 5，滩地的糙率设置为0.027 5。本次计算采用20年一遇洪水工况验证，通过对比工程河段桥址处水位的模型计算值和设计值，来对模型的合理性进行验证。

根据《沙颍河周口至省界航道升级改造工程沈丘枢纽工程规划同意书论证报告》，沈丘沙河大桥桥址处河道在20年一遇洪水条件下的水位为40.86 m，与模型计算值的对比如图1所示。由图1可知，桥址处各测点处水位的计算值与设计值的最大误差为0.01 m左右，误差率0.024%，表明本模型基本合理，满足本次计算的需求。

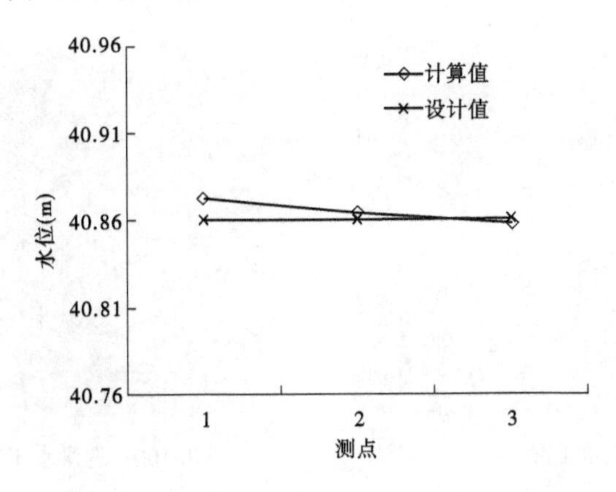

图1　20年一遇洪水工况下桥址处水位分布图

2　计算工况及结果分析

本文采用20年一遇洪水工况验证，分别计算50年和100年一遇洪水工况下工程建成前后水动力场的变化情况，以研究分析工程建设对河道行洪的影响。20年和50年一遇洪水工况对应的流量、水位根据《沙颍河周口至省界航道升级改造工程沈丘枢纽工程规划同意书论证报告》中的成果取值，100年一遇洪水流量采用人民交通出版社2009年出版的《桥涵水力水文》[10]中的经验公式法计算。

本文的计算工况如表1所示。

表1　计算工况

序号	工况说明	上游边界	下游边界	说明
		流量 Q(m³/s)	水位 H(m)	
工况1	50年一遇洪水	4 150	41.98	工程建设前
工况2	50年一遇洪水	4 150	41.98	工程建设后
工况3	100年一遇洪水	4 780	42.94	工程建设前
工况4	100年一遇洪水	4 780	42.94	工程建设后

2.1　水位影响分析

图2为50年和100年一遇洪水工况下工程建成前后的水位差分布云图，本节所述的水位差（水位变化）定义为：水位差 = 工程建成后水位 - 工程建成前水位。由图2可知，工程建设对所在河道水位的影响表现为：以桥址处为界，桥址上游水位壅高，桥址所在断

面及其下游水位下降；受桥墩阻水作用影响，桥址上游一侧桥墩前沿区域水位壅高最为明显，两种工况下的水位壅高极值均出现在该区域，最大水位壅高值分别达到 0.041 m 和 0.047 m；受桥墩所在断面过水面积减小，流速增大影响，桥墩断面所在区域水位下降最为明显，沿水流流向两桥墩之间区域的水位下降幅度最大；两种工况下，最大水位降幅分别达到 0.021 m 和 0.029 m。

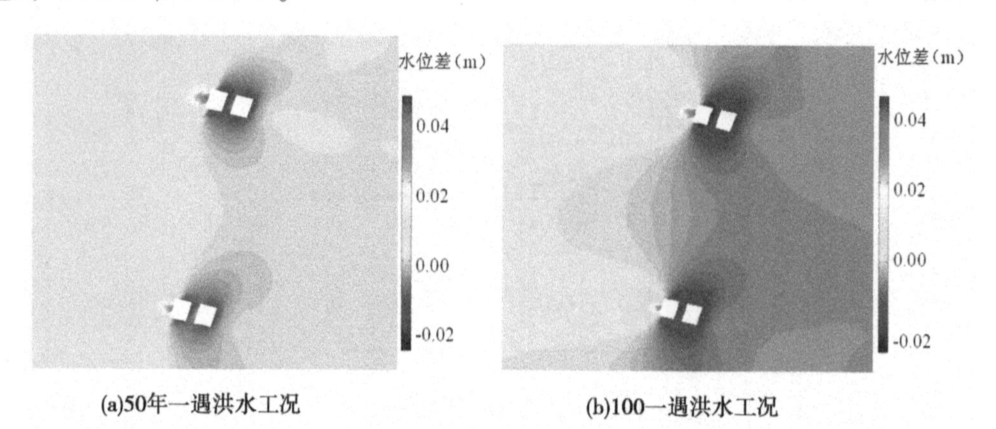

(a)50年一遇洪水工况　　(b)100一遇洪水工况

图 2　工程建成后桥址处水位差分布

2.2　流场影响分析

图 3、图 4 分别为两种洪水工况下，工程建设前后桥址处的流速分布图。由图 2 可知，桥墩处产生的水流扰动范围较小，未对水流流态产生明显影响。受桥墩阻水作用影响，流速变幅较大的区域主要集中在桥墩前沿，沿主流线方向的两桥墩之间区域流速下降最为剧烈。

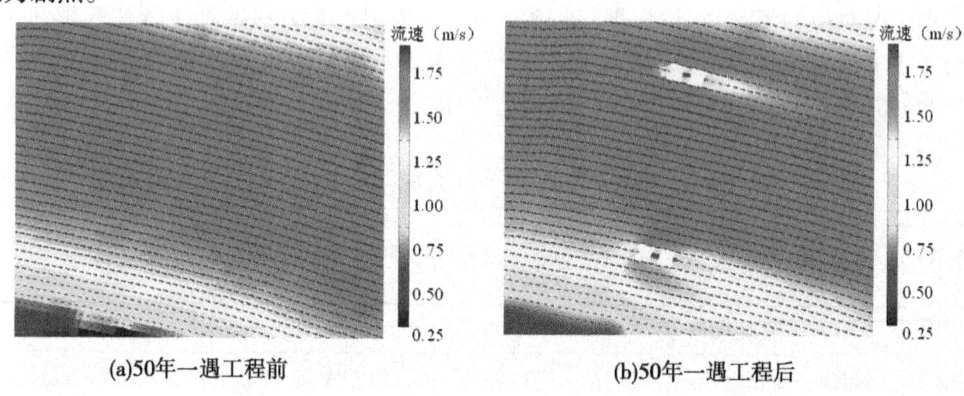

(a)50年一遇工程前　　(b)50年一遇工程后

图 3　50 年一遇洪水工况下工程建成前后桥址处流速分布

由计算结果(见表 2)可以发现，两种洪水工况下，流速最大变幅分别为 1.29 m/s 和 0.37 m/s，受桥墩阻水作用影响明显；100 年一遇洪水工况下，流速最大变幅减小，主要是受过水断面扩大，流速减小影响。相较于最小流速，工程建设前后，桥址处最大流速的变化幅度相对较小，两种洪水工况下，变幅均小于 0.1 m/s，表明工程建设对河道行洪的主要影响表现为阻水，对河势稳定影响较小。

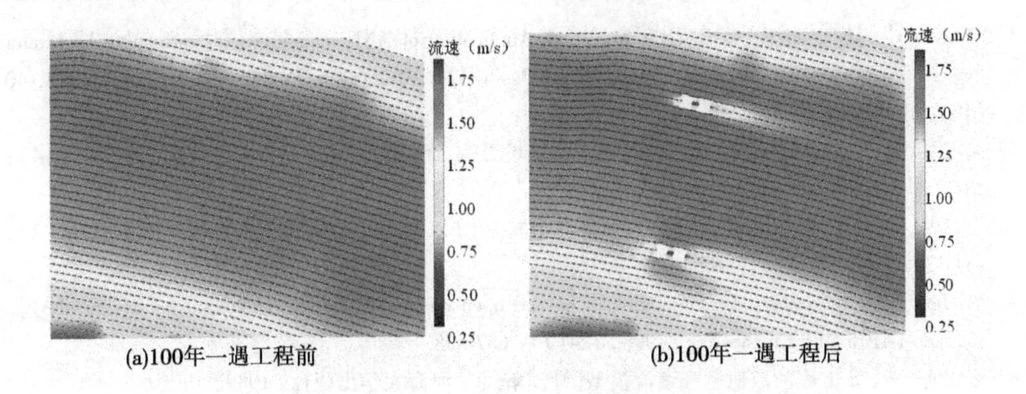

(a)100年一遇工程前　(b)100年一遇工程后

图4　100年一遇洪水工况下工程建成前后桥址处流速分布

表2　流场计算结果

序号	工况说明	平均流速(m/s)	最大流速(m/s)	最小流速(m/s)
工况1	工程建设前,50年一遇洪水条件下,桥址处流场情况	1.72	1.85	1.48
工况2	工程建设后,50年一遇洪水条件下,桥址处流场情况	1.70	1.95	0.19
工况3	工程建设前,100年一遇洪水条件下,桥址处流场情况	1.62	2.06	0.56
工况4	工程建设后,100年一遇洪水条件下,桥址处流场情况	1.62	2.07	0.19

3　结　论

本文采用二维数值模型研究了沈丘沙河大桥工程建设对河道行洪的影响,得出如下结论:

(1)以桥址处为界,上游水位壅高,下游水位下降,桥墩前沿区域水位壅高最为明显,最大值可达0.41~0.47 m;桥墩断面所在区域水位下降最为明显,最大降幅可达0.021~0.028 m,水位受桥墩阻水作用影响明显,影响程度随流量的增加而缓慢增大。

(2)受桥墩阻水作用影响,流速变幅较大的区域主要集中在桥墩前沿,沿主流线方向的两桥墩之间区域流速下降最为剧烈,最大变幅可达0.37~1.29 m/s。工程建设对河道行洪的影响主要表现为阻水,对河势稳定影响较小。

参考文献

[1] BRADLEY J N. Hydraulics of bridge waterways[M]. US Federal Highway Administration, 1978.
[2] 陆浩,高冬光. 桥梁水力学[M]. 北京:人民交通出版社,1991.
[3] HUNT J, BRUNNER G W, LAROCK B E. Flow transitions in bridge backwater analysis[J]. Journal of Hydraulic Engineering, 1999, 125(9): 981-983.

[4] SECKIN G, AKOZ M S, COBANER M, et al. Application of ANN techniques for estimating backwater through bridge constrictions in Mississippi River Basin[J]. Advances in Engineering Software, 2009, 40(10): 1039-1046.

[5] 张细兵,余新明,金琨. 桥渡壅水对河道水位流场影响二维数值模拟[J]. 人民长江, 2003, 34(4): 23-24,40.

[6] 王玲玲,徐雷诺. 周口港弯道码头工程水动力特性[J]. 河海大学学报(自然科学版), 2018(2): 134-139.

[7] Ye Jian, McCorquodale J A. Simulation of curved open channel flows by 3D hydrodynamic model[J]. Journal of Hydraulic Engineering, 1998, 124(7): 687-698.

[8] 金忠青. N－S 方程的数值解和紊流模型[M]. 南京: 河海大学出版社, 1989.

[9] 汪德爟. 计算水力学理论与应用[M]. 南京: 河海大学出版社, 1989.

[10] 舒国明. 桥涵水力水文[M]. 北京: 人民交通出版社, 2009.

分沂入沭水道彭道口闸分洪情况变化分析

詹道强[1] 陶大伟[2]

(1.沂沭泗水利管理局水文局(信息中心),徐州 221018;
2.沂沭泗水利管理局,徐州 221018)

摘　要　分沂入沭水道彭道口闸是沂河洪水东调的重要控制工程。刘家道口节制闸2010年4月竣工以后,枢纽具备常年蓄水条件,改变了过去不分洪黄庄桥以上河道常年无水的状况。由于常年有水,生长环境有利,造成分沂入沭水道彭道口闸下至黄庄段约12 km河槽内生长有大量芦苇、蒲草等湿地植被,由于这些芦苇多年未被清理,生长愈发茂密,对河道行洪带来阻碍,加之多座跨河桥墩的阻水作用以及河道淤积影响,造成了分沂入沭水道的行洪能力,不能满足设计分洪流量要求。本文对彭道口闸分洪变化情况进行了初步分析。

关键词　分沂入沭;彭道口闸;分洪;2019年

1　工程概况

刘家道口枢纽位于沂河临沂水文站以下10 km处,枢纽主要由彭道口闸和刘家道口闸等组成。彭道口闸位于分沂入沭水道进口处,建成于1974年4月,2002年4月完成了加固改造。彭道口闸设计洪水标准50年一遇,设计流量为4 000 m^3/s,相应闸上水位60.76 m、闸下水位60.41 m;校核洪水标准100年一遇,校核流量为5 000 m^3/s,相应闸上水位61.73 m、闸下水位61.25 m,该闸共19孔,平面钢闸门尺寸为10 m×7.5 m(宽×高),底板高程为53.79 m。刘家道口闸设计洪水标准50年一遇,设计流量为12 000 m^3/s,相应闸上水位61.07 m、闸下水位60.89 m;校核洪水标准100年一遇,校核流量为14 000 m^3/s,相应闸上水位61.69 m、闸下水位61.48 m,该闸共36孔,弧形钢闸门尺寸为16 m×8.5 m(宽×高),底板高程为52.29 m,闸门下驼峰堰顶高程为52.79 m。

分沂入沭水道上起彭道口闸,流经临沂市河东区、郯城县、临沭县至大官庄枢纽入沭河,河道全长20 km,区间流域面积为256.1 km^2。1957年7月20日行洪流量3 180 m^3/s,为历史最大流量。现状防洪标准为50年一遇,设计流量为4 000 m^3/s,相应控制站水位分别为:彭家道口(中泓桩号19+940)为60.41 m,大墩(中泓桩号12+534)为58.01 m,后河口桥(中泓桩号1+736)为56.48 m。

分沂入沭水道中泓桩号0+000~1+600段为大官庄枢纽广场段,其中0+000~0+200段河底高程为46.0~47.0 m,底宽310 m;桩号0+200~1+600段河底高程为47.0 m,河底宽由310 m渐变至594 m。中泓桩号1+600~11+500段河底高程由47.0 m渐

作者简介:詹道强(1962—),男,教授级高级工程师,主要从事水文情报、洪水预报及防汛调度工作。

变至 50.42 m,河底宽 180 ~ 210 m,河底比降为 0.4‰。中泓桩号 11 + 500 以上段河道底宽 200 ~ 210 m,比降为 0.4‰。

2　彭道口闸分洪资料分析

20 世纪 90 年代以前彭道口分洪基本为自由分洪,90 年代以后采用闸门控制调度,尤其是刘家道口节制闸 2010 年 4 月竣工以后,刘家道口枢纽具备了调控分洪的条件。

对彭道口闸 1974 年以来的几次调度情况进行分析,可以得出以下几点初步结论:

(1)1991—1998 年期间的彭道口闸调度,当彭道口闸采用闸门全开调度,彭道口闸分洪流量占上游来水的比例较 20 世纪 70 年代没有明显改变,一般为 20% ~30%。

(2)2010 年 4 月刘家道口节制闸建成竣工以后,改变了之前的自然分流比。以 2012 年 7 月洪水为例,临沂站洪峰流量 8 050 m^3/s,调度指令要求 10 日 9 时 30 分彭道口闸分洪 1 000 m^3/s,实际执行时闸门调整了 4 次,于 14 时才达到分洪要求,最大分洪流量 983 m^3/s。

(3)2018 年分洪调度,临沂站洪峰流量 3 220 m^3/s,彭道口闸调度下泄 2 000 m^3/s,19 孔闸门全开提出水面,实际下泄 1 560 m^3/s,该调度为控制南下流量为 2 000 m^3/s,向东彭道口闸全开所致。

(4)2019 年分洪调度,临沂站 8 月 11 日 16 时洪峰流量 7 300 m^3/s,11 日 13 时调度彭道口闸下泄 2 000 m^3/s,14 时彭道口闸 19 孔闸门全开提出水面,实际下泄 1 420 m^3/s,14 时刘家道口闸下泄流量 5 820 m^3/s,彭道口闸分洪占比为 19.6%。虽然后来又调度彭道口闸 15 时下泄 3 500 m^3/s,由于闸门已经全开提出水面,调度已不具备实质性响应的条件。刘家道口闸 17 时出现最大下泄流量 5 880 m^3/s 的时候,彭道口闸闸门全开状态下的分洪流量只有 1 110 m^3/s,分洪占比只有 15.9%。

在彭道口闸闸门全开的情况下,2018 年 8 月彭道口闸最大分洪流量 1 560 m^3/s,2019 年 8 月最大分洪流量只有 1 420 m^3/s,而彭道口闸闸前水位 2019 年较 2018 年升高了 1.8 m,可见,2019 年彭道口闸出现了分洪困难的情况,一定程度上影响了沂沭泗洪水东调的目标实现与调度效果。

3　原因分析

3.1　分沂入沭河道内水生植被密集阻洪碍洪,是造成彭道口闸分洪困难的主要原因

2010 年刘家道口节制闸建设完成,枢纽具备常年蓄水条件,改变了过去不分洪黄庄桥以上河道常年无水的状况。由于常年有水,生长环境有利,造成分沂入沭水道彭道口闸下至黄庄段约 12 km 河槽内生长有大量芦苇、蒲草等湿地植被,面积近 2 000 亩(1 亩 = 666.67 m^2,下同)。这些芦苇多年未被清理,生长愈发茂密,平均高度 2 ~ 3 m,较高的能达到 4 m,其中大墩桥上下至黄庄段生长尤为密集。这些植被在保护生物多样性、改善水质的同时,也加大了河床糙率,减小了水流流速,缩窄了过水断面,给河道行洪带来阻碍,降低了河道的行洪能力。

3.2　分沂入沭彭道口闸上下游河道淤积,也是造成行洪不畅的原因之一

从彭道口闸上下游断面监测资料可知,闸区上下游均有淤积,从 2010 年清淤至今已

近10年,上游每年有冲有淤,总体趋势为淤积,变化相对较小;下游淤积较快,与芦苇多年旺盛生长有很大关系。刘家道口枢纽水利管理局2010年、2018年、2019年对彭道口闸上、下游5个断面进行了监测(见表1),对监测资料进行分析,结果表明:彭道口闸上、下游断面2019年较2010年均有不同程度的淤积,闸上断面淤高0.14~1.41 m,闸下断面增高0.47~1.35 m,受芦苇及水生植物影响,闸下游淤积较闸上更为严重。根据实地调查,分沂入沭上中段(彭道口闸至黄庄穿涵)约11 km范围内,河道内芦苇、杂草以及其他阻水生物长势茂密,部分芦苇高度高达2~4 m,也是使得分洪不能及时下泄,彭道口闸上、下水位壅高的主要原因。

表1　彭道口闸上下游断面冲淤变化监测成果　(单位:m)

项目	闸上140 m		闸上100 m		闸上60 m		闸下160 m		闸下280 m	
	最低点	最高点	最低点	最高点	最低点	最高点	最低点	最高点	最低点	最高点
原高程	53.36		53.36		53.36		52.99		53.36	
2010年	53.44	54.31	53.62	54.22	53.30	54.34	—	—	—	—
2018年	53.75	54.58	53.72	54.48	53.46	54.52	—	—	—	—
2019年	53.60	54.50	53.83	54.77	53.50	54.20	53.66	54.18	53.83	54.71
高差	0.24	1.14	0.47	1.41	0.14	0.84	0.67	1.19	0.47	1.35

3.3　彭道口闸以前的自然分洪条件发生了改变

2005—2010年建设刘家道口闸,拆除了过去位于闸前的实际起壅水作用的拦河闸坝,使得沂河上游来水能够更加顺畅地南下。另外,刘家道口枢纽泄(分)洪闸闸底板高程,彭道口闸较刘家道口闸高1.0 m,使得沂河上游来水更容易从刘家道口闸下泄。

3.4　跨河桥梁也对分沂入沭行洪造成一定不利影响

分沂入沭水道20 km河道内共有跨河桥梁10座,特别是上游彭家道口闸下5 km多的河道内即有5座公路、铁路桥和交通桥(岚罗高速跨分沂入沭水道大桥2018年11月开工建设),由于分沂入沭水道为人工河道,河道断面窄,多座桥梁桥墩客观上减小了行洪断面,造成了阻水的叠加效应,对行洪产生了一定的不利影响。

4　初步结论与建议

4.1　彭道口闸分洪流量占比有逐渐减小的趋势,现状工况下的分沂入沭行洪能力不能满足设计行洪要求

20世纪50—90年代,彭道口闸分洪流量占上游来水的分水比一般为20%~30%;进入21世纪,彭道口闸分洪流量占比减小为20%左右。由于河道内水生植物茂盛生长,加之河道淤积以及多座跨河桥梁桥墩阻水的叠加作用,目前工况情况下的分沂入沭行洪能力不能满足设计行洪要求。

4.2　水生植被密集以及河道断面淤积是造成分沂入沭行洪不畅的最主要原因,建议通过工程治理的方法加以解决

分析结果表明,分沂入沭河道内水生植被密集是造成分沂入沭行洪不畅的最主要原

因,其次,分沂入沭水道也存在着河道断面淤积退化的问题,分沂入沭河道近10年未进行清淤也是造成行洪能力下降的原因之一。建议针对分沂入沭河道水生植物涨势旺盛阻碍行洪以及河道淤积等问题,采取河道清淤疏浚等工程措施进行针对性整治,以减小对分沂入沭河道行洪的不利影响。

参考文献

[1] 水利部淮河水利委员会沂沭泗水利管理局. 沂沭泗河道志[M]. 北京:中国水利水电出版社,1996.

[2] 沂沭泗水利管理局. 沂沭泗防汛手册[M]. 徐州:中国矿业大学出版社,2018.

淮河区地下水评价类型区与评价单元划分

樊孔明[1]　曹炎煦[1]　王聪聪[2]

（1. 水利部淮河水利委员会，蚌埠 233000；
2. 江苏省水文水资源勘测局，南京 210029）

摘　要　按照《全国水资源调查评价技术细则》要求，在第二次全国水资源调查评价、第一次全国水利普查的基础上，考虑下垫面条件变化，采用新资料开展了淮河区地下水评价类型区和评价单元的划分。本文总结分析了各省的变化情况及原因，梳理了本次地下水评价类型区划分的不同及特点，得出了淮河区总面积 33.08 万 km^2，平原区面积 20.70 万 km^2，山丘区面积 12.38 万 km^2，平原区和山丘区占比分别为 63%、37%。

关键词　地下水评价类型区；评价单元；淮河区

2017 年 3 月，水利部、国家发展和改革委员会联合印发了《关于开展第三次全国水资源调查评价工作的通知》（水规计〔2017〕139 号），2017 年 4 月 19 日，水利部在北京召开第三次全国水资源调查评价工作启动视频会议，全面启动和部署第三次全国水资源调查评价工作。2017 年 8 月，水利部组织水规总院编制了《全国水资源调查评价技术细则》，明确了技术要求。经过 3 年工作，目前淮河区地下水资源数量评价成果基本形成，现将第三次淮河区地下水评价类型区与评价单元划分的划分技术方法及成果介绍如下。

1　基础资料

按照《全国水资源调查评价技术细则》的要求，本次应在第二次全国水资源调查评价、第一次全国水利普查的基础上，考虑下垫面条件变化，采用新资料开展地下水评价类型区和评价单元的划分。本次评价淮河区湖北、河南、安徽、江苏、山东五省采用的水文地质基础资料情况如下：地形地貌水文地质资料各省均采用本省比例尺 1:20 万的水文地质图；地下埋深资料本次收集到各省 1980 年、2001 年和 2016 年 3 年共计 841 眼浅层地下水监测站埋深监测资料，矿化度资料本次收集到各省近年来平原区矿化度资料共计 1 300 眼监测井资料；土地利用资料采用各省比例尺 1:1万基本地理信息数字地图；淮河区一级、二级、三级水资源分区 shp 图层以及五省区省级、地市、县级 shp 图层。

2　划分方法

按照《全国水资源调查评价技术细则》的要求，淮河区地下水类型区划分是在复核第二次水资源调查评价地下水资源量评价类型区（以下简称类型区）的成果基础上，全面收

作者简介：樊孔明（1987—），男，工程师，主要从事水文水资源分析、河流水量分配与调度等工作。

集地形地貌以及水文地质资料，采用更高精度更新的地理信息数字地图，利用 ARCGIS 专业软件，以水资源三级区套省级行政区为基础按Ⅰ～Ⅲ级依次划分类型区。

2.1　Ⅰ级类型区

根据地形地貌特征，将Ⅰ级类型区划分为平原区、山丘区两类。平原区地下水类型以松散岩类孔隙水为主，山丘区地下水类型以基岩裂隙水、碳酸盐岩类岩溶水为主。

2.2　Ⅱ级类型区

2.2.1　平原区

根据次级地形地貌特征，将平原区划分为一般平原区、内陆盆地平原区、山间平原区（包括山间盆地平原区、山间河谷平原区和黄土台塬区，下同）、沙漠区共四类Ⅱ级类型区，其中沙漠区可不进行地下水资源量评价。淮河区平原区主要为一般平原区、山间平原区两种。

本次评价规定，被山丘区围裹、连续分布面积大于 200 km^2 或连续分布面积不大于 200 km^2 但 2012—2016 年年均实际开采量大于 1 000 万 m^3 的地势较低、相对平坦区域，一般应单独划分为平原区。各省（自治区、直辖市）可根据需要，将面积、实际开采量较小的地势较低、相对平坦区域从山丘区中单独划分为平原区。

2.2.2　山丘区

根据地下水类型，将山丘区划分为一般山丘区（以基岩裂隙水为主）和岩溶山区（以碳酸盐岩类岩溶水为主）两类Ⅱ级类型区。当某一山丘区内一般山丘区和岩溶山区相互交叉分布时，可按其中分布面积较大者确定Ⅱ级类型区。

本次评价规定，被平原区围裹、连续分布面积大于 1 000 km^2 的残丘，可单独划为山丘区。

2.3　Ⅲ级类型区

2.3.1　平原区

一般可按下述方法划分Ⅲ级类型区：在水资源三级区套省级行政区内，绘制包气带岩性分区图、矿化度分区图，将两张图相互切割的区域作为Ⅲ级类型区，即同一Ⅲ级类型区具有基本相同的包气带岩性、矿化度值；当两张图相互切割的区域面积小于 50 km^2 时，可将其并入相邻的Ⅲ级类型区。包气带岩性可按以下 8 级划分：卵砾石、粗砂、中砂、细砂、粉砂、粉土、粉质黏土、黏土。

各省（自治区、直辖市）也可在保证计算精度的前提下，采用其他方法确定Ⅲ级类型区。

各Ⅲ级类型区总面积扣除水面面积和其他不透水面积后，称计算面积。

2.3.2　山丘区

参照水文站分布情况等，将山丘区中各Ⅱ级类型区分别划分为若干个Ⅲ级类型区，Ⅲ级类型区的面积一般控制在 300～5 000 km^2。

2.4　计算面积

平原区和山丘区总面积扣除水面和不透水面积后为计算面积。

3　主要成果

第三次调查地下水类型区划分，淮河流域各省均复核了第二次调查评价地下水平原区和山丘区的界线,其中河南省、湖北省没有变化。安徽省、江苏省和山东省本次划分均对平原区和山丘区的界线进行了调整,相较于第二次调查评价,本次划分采用了精度更高的底图,使用了更加专业的制图软件 ArcGIS,成果更加精细。

3.1　Ⅰ级地下水类型划分成果

第三次调查淮河区总面积 33.08 万 km^2,淮河流域总面积为 26.94 万 km^2,山东半岛为 6.14 万 km^2,分别比第二次调查增加了 868 km^2、502 km^2、366 km^2。淮河区湖北、河南、安徽行政区划面积不变,江苏、山东分别增加 693 km^2、175 km^2。具体分布情况统计见表 1。

表 1　本次评价淮河区Ⅰ级地下水类型区分布情况统计表　（单位:万 km^2）

行政区划名称	本次水资源调查评价数据					
	行政区面积	平原区面积			山丘区面积	
		小计(平原区的总面积)	其中:地下水资源量评价计算面积(所有矿化度)	其中:地下水资源量评价计算面积($M<2$ g/L)	小计	其中:地下水资源量评价计算面积
湖北省	0.14	0.00	0.00	0.00	0.14	0.14
河南省	8.64	5.52	4.85	4.72	3.13	3.13
安徽省	6.66	4.50	3.92	3.91	2.17	2.17
江苏省	6.41	5.77	4.55	4.25	0.65	0.65
山东省	11.23	4.92	4.55	3.63	6.30	6.30
淮河流域	26.94	18.42	15.76	15.06	8.52	8.52
山东半岛	6.14	2.28	2.10	1.44	3.86	3.86
淮河区	33.08	20.70	17.86	16.50	12.38	12.38

淮河区平原区面积 20.70 万 km^2,比第二次调查的 19.98 万 km^{2}增加了 0.72 万 km^2。淮河流域平原区面积为 18.42 万 km^2,山东半岛平原区面积为 2.28 万 km^2,分别比第二次调查增加 0.37 万 km^2、0.35 万 km^2。淮河区湖北省均为山丘区。淮河区河南、安徽、江苏、山东平原区面积分别为 5.52 万 km^2、4.5 万 km^2、5.77 万 km^2、4.92 万 km^2。

淮河区山丘区面积 12.38 万 km^2,比第二次调查的 13.01 万 km^{2}少了 6 315 km^2,其中淮河流域山丘区面积为 8.52 万 km^2,山东半岛山丘区面积为 3.86 万 km^2,分别比第二次调查减少 0.32 万 km^2、0.31 万 km^2。湖北、河南、安徽、江苏、山东分别为 0.14 km^2、3.13 km^2、2.17 km^2、0.65 km^2、6.30 万 km^2。

平原区和山丘区占比分别为 63%、37%。

平原区和山丘区总面积扣除水面和不透水面积后为计算面积,淮河区地下水资源量计算面积共 30.24 万 km^2,比第二次调查的 30.89 万 km^{2}少了 0.65 万 km^2。其中平原区地下水计算面积 17.86 万 km^2(所有矿化度),山丘区计算面积 12.38 万 km^2。淮河区地下水Ⅰ级类型区划分图见图 1。

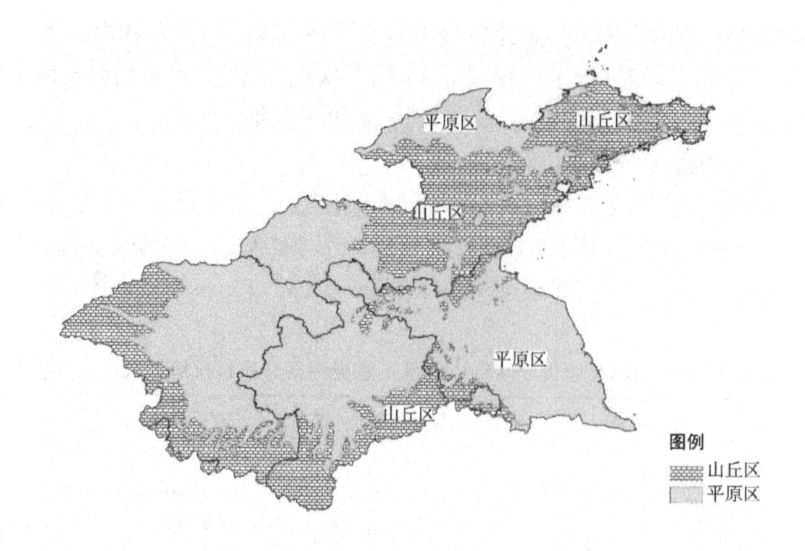

图1　淮河区地下水Ⅰ级类型区分布图

3.2　Ⅱ级地下水类型区划分成果

本次评价淮河区一般平原区面积为18.85万 km^2，计算面积为16.18万 km^2，山间平原区面积为1.85万 km^2，计算面积为1.68万 km^2，一般山丘区面积为11.01万 km^2，计算面积为11.01万 km^2，岩溶山丘区面积为1.37万 km^2，计算面积为1.37万 km^2。本次评价淮河区Ⅱ级地下水类型分布情况统计见表2；淮河区地下水Ⅱ级类型区分布见图2。

表2　本次评价淮河区Ⅱ级地下水类型区分布情况统计表　（单位：万 km^2）

行政区划名称	总面积				计算面积			
	一般平原区	山间平原区	一般山丘区	岩溶山区	一般平原区	山间平原区	一般山丘区	岩溶山区
湖北省	0	0	0.14	0	0	0	0.14	0
河南省	5.09	0.42	2.88	0.25	4.47	0.37	2.88	0.25
安徽省	4.50	0	2.09	0.08	3.92	0	2.09	0.08
江苏省	5.77	0	0.65	0	4.55	0	0.65	0
山东省	3.50	1.43	5.26	1.05	3.23	1.31	5.26	1.05
淮河流域	17.72	0.70	7.47	1.05	15.12	0.63	7.47	1.05
山东半岛	1.13	1.15	3.54	0.32	1.05	1.05	3.54	0.32
淮河区	18.85	1.85	11.01	1.37	16.18	1.68	11.01	1.37

3.3　Ⅲ级类型区划分成果

本次将Ⅲ级类型区作为地下水资源量评价的计算单元，将Ⅱ级类型区套水资源三级区套地级行政区、Ⅱ级类型区套县级行政区分别作为地下水资源量评价的分析单元，将县级行政区、水资源三级区套地级行政区分别作为汇总单元（见表3）。

平原区计算单元共213个，湖北、河南、安徽、江苏、山东省数量分别为0个、32个、53

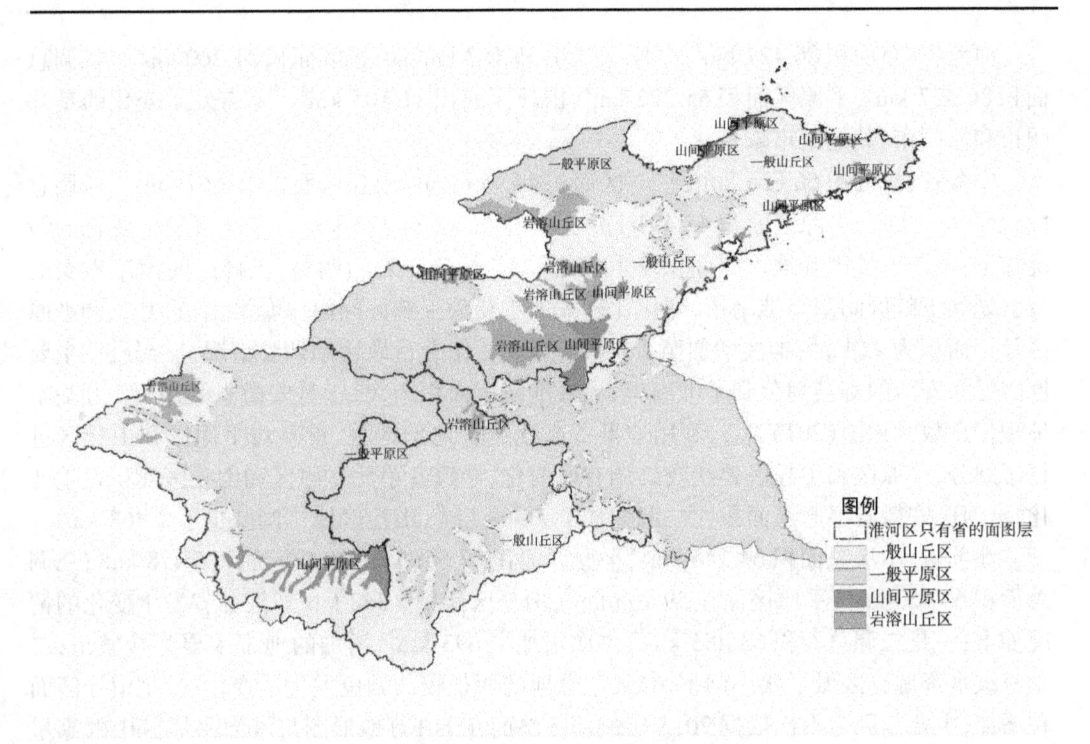

图2　淮河区地下水Ⅱ级类型区分布图

个、59个、69个；山丘区计算单元共118个，湖北、河南、安徽、江苏、山东分别为3个、10个、33个、4个、68个，具体统计见表3。

表3　地下水资源量评价Ⅲ级类型区数量统计表

水资源一级区名称	省级行政区名称	平原区（填写各Ⅱ级类型区内Ⅲ级类型区的数量）				山丘区	
		一般平原区	内陆盆地平原区	山间平原区	沙漠区	一般山丘区	岩溶山区
淮河区	湖北省	0				3	
淮河区	河南省	30		2		10	
淮河区	安徽省	53				27	6
淮河区	江苏省	59				4	
淮河区	山东省	35		34		39	29
合计		177		36		83	35

4　各省变化情况及原因分析

湖北省：总面积1 355 km^2，本次全部为山丘区，面积为1 355 km^2，与第二次调查（简称二调）一致。

河南省:总面积86 427 km^2,平原区面积55 167 km^2,山丘区面积31 260 km^2。二调总面积86 427 km^2,平原区面积55 322 km^2,山丘区面积31 105 km^2。略有发生变化的是郑州市和洛阳市,其他地市未变化。

安徽省:总面积66 626 km^2,平原区面积44 959 km^2,山丘区面积21 667 km^2。二调总面积66 626 km^2,平原区面积42 491 km^2,山丘区面积24 135 km^2。安徽省发生变化的情况如下:一是三级区套地市的面积发生变化;二是行政区划的调整,王蚌区间南岸六安的寿县划到王蚌区间南岸淮南市,变化比较大的主要为王蚌区间南岸套淮南市,其二调平原区计算面积为22 km^2,本次增加至2 711.33 km^2。结合行政区划调整情况进行分析,主要原因是六安市的寿县划分到了淮南市,导致淮南市面积增大;三是安徽省利用1:1万基本地理信息数字地图(2015年),利用地形等高线结合地形地貌,重新对平原区和山丘区进行了划分,平原区和山丘区界线较二调有所变化,导致各单元平原区和山丘区面积发生变化,淮河区安徽省平原区面积比二调增加了2 468 km^2,山丘区比二调减少了2 468 km^2。

江苏省:本次总面积64 146 km^2,平原区面积57 668 km^2,山丘区面积6 478 km^2;二调总面积63 453 km^2,平原区面积59 105 km^2,山丘区面积4 348 km^2。江苏省发生变化的情况如下:一是二调总面积63 453 km^2,本次增加了693 km^2,增加的地方主要为盐城市;二是三级水资源分区做了微小调整,导致三套地的面积较二调也发生了变化;三是山丘区面积增加,主要是因为本次依据2015年最新下垫面在1:1万地形图将淮海平原区中的零星山丘本次单独划分出来为山丘区,二调时该部分类型区均划分为平原区,主要涉及的地市为徐州、宿迁等。

山东省:本次总面积112 275 km^2,平原区面积49 228 km^2,山丘区面积63 047 km^2;二调总面积112 100 km^2,平原区面积42 922 km^2,山丘区面积69 178 km^2。山东省变化的情况如下:一是淮河区总面积增加了175 km^2,主要是水资源分区进行了微调,淄博在淮河区增加175 km^2;二是本次评价山东省根据第三次调查新要求,在二调山东省水资源调查评价及各市原有划分成果的基础上,根据新资料,对二调山区平原界线重新进行了复核调整,扩大了胶莱大沽河区、沂沭河区等山间河谷(或盆地)平原范围、增加了胶东地区独流入海河流河谷平原范围,使淮河流域山东省各水资源三级区的平原区面积均较二调有所增加,其中胶东诸河区、沂沭河区增加较多,分别增加3 479 km^2、1 802 km^2;增加较多的地市有临沂、青岛、潍坊、烟台等市,分别增加1 676 km^2、1 101 km^2、848 km^2、824 km^2。

5　总　结

本次淮河区地下水类型区划分总的来说有以下几点变化。

5.1　划分标准发生变化

本次平原区的划分标准为被山丘区围裹、连续分布面积大于200 km^2或连续分布面积不大于200 km^2,但2012—2016年年均实际开采量大于1 000万 m^3 的地势较低、相对平坦区域,一般应单独划分为平原区(当然省区也可根据需要,将面积、实际开采量较小的地市较低、相对平坦区域从山丘区中单独划分为平原区。而二调的规定相对简单直接,将山丘区中连续面积小于1 000 km^2的山间平原,并入附近的山丘区,没有再去区分200 km^2这一等级的划分。

5.2　采用了新资料、新方法、新技术

本次评价采用了最新的水文地质以及土地利用资料，精度更高。采用了专业的绘图软件 ArcGIS 对图件进行处理，不仅提高效率同时提高了精度。

5.3　水资源三级分区发生了调整

本次评价安徽、江苏、山东省水资源三级分区界线省内均发生了微调，三级区面积及三级区套地市单元面积也发生了变化。

5.4　行政区划进行了调整

安徽省六安市的寿县划分到了淮南市，导致淮南市面积增大，王蚌区间南岸套淮南市面积发生变化。江苏省行政区划面积增加了 693 km^2，增加的地方主要为沿海滩涂盐城等地市。山东省由于水资源分区进行了微调，淄博在淮河区增加 175 km^2。

参考文献

[1] 安徽省·水利部淮委水利科学研究院. 安徽省淮北地区浅层地下水资源调查评价报告[R]. 2004. 10.

[2] 周荣. 基于 GIS 的地下水及其环境问题分析[J]. 城市建设理论研究(电子版)，2017，0(36)：104.

[3] 淮河水利委员会. 淮河流域含山东半岛水资源评价[R]. 蚌埠：淮河水利委员会，2004.

淮安市主要河道防汛特征水位研究与实践

范荣书　于文祥　刘松涛　周　鑫

（江苏省水文水资源勘测局淮安分局，淮安 223005）

摘　要　针对淮安市主要河道水文特征、河道特性及防洪特点，探讨了防汛特征水位确定的原则、机制、方法和标准。在河道现状的基础上，通过基础资料收集和调研，摸清现状工程防洪能力；然后通过水文分析（包括年最高水位频率分析、水位变化趋势分析等）与多年防汛实际情况，对照已建工程堤防工程设计，堤防工程防护标准和社会经济条件等综合分析，按照充分体现预警预险的原则综合拟定河道主要控制站点警戒水位和保证水位。

关键词　防汛；特征水位；水文分析；警戒水位；保证水位

1　引　言

防汛特征水位作为标识洪水对水利工程设施危害程度的特征值而被广泛应用，它是洪水预警、防汛调度决策的重要依据，也是评价洪水量级、工程防洪能力和组织防守力量的重要指标。也是确定各级政府和水利工程管理单位防汛责任、制订防汛抢险应急预案、汛期及时发布汛情预警信息、启动应急抢险预案、落实防汛抢险措施的重要依据。在防汛抗灾工作中具有极其重要的作用。据此，根据国家防汛防旱总指挥部和淮安市防汛防旱指挥部的要求，按照全国统一的二级防汛特征水位体系（警戒水位、保证水位），对主要河道重要控制站点的防汛特征水位进行研究确定。

2　淮安市概况及主要河道基本情况

2.1　自然地理概况

淮安市位于苏北腹地，江苏省中北部，江淮平原东部，是苏北重要中心城市。东西最大直线距离 132 km，南北最大直线距离 150 km，总面积10 072.0 km^2。其中，山丘区面积 1 764.3 km^2，平原洼地面积 7 160.5 km^2，湖泊水域面积 1 147.2 km^2。

淮安市气候属中纬度北亚热带向暖温带过渡地带，兼有南北气候特征。其中，苏北灌溉总渠以南地区属北亚热带湿润季风气候，以北地区为北温带半湿润季风气候。受季风气候影响，四季分明，雨量充沛且集中，雨热同季。影响淮安市的天气系统有北方的西风槽和冷涡，又有热带的台风，也有当地产生的江淮切变线和气旋。淮安市多年平均降水量 970.3 mm。降水量空间变化不大，总的趋势由北向南递增；降水量时间分布不均，体现在年际变化和年内变化较大。年际间丰水年降水量最高达 1 439.6 mm，枯水年降水量最低

作者简介：范荣书（1963—），男，高级工程师，主要从事水文水资源、工程建设管理等工作。

549.7 mm;年内降水量主要集中在汛期(5—9 月),占年降水量的70.7%左右。

淮安市境内河湖交错,水网纵横,淮河、淮河入江水道、淮河入海水道、京杭大运河、淮沭新河、苏北灌溉总渠、废黄河、六塘河、盐河等9条河流在境内纵贯横穿,还有洪泽湖、高邮湖、宝应湖、白马湖等中小型湖泊镶嵌其间。我国五大淡水湖之一的洪泽湖,具有较强的蓄洪调洪能力,多年平均入湖水量330.4亿 m^3,出湖水量342.0亿 m^3,最大入湖流量24 600 m^3/s,最大出湖流量16 200 m^3/s。正常水位12.50 m时,水面面积1 597 km^2,库容30.4亿 m^3;设计洪水位16.00 m时,库容107.6亿 m^3。

2.2 主要河道基本情况

2.2.1 淮河入江水道

淮河入江水道自洪泽湖三河闸至长江三江营,全长157 km,上端三河闸控制,下端(游)万福闸、金湾闸、芒稻闸等控制,堤防总长度706 km,其中干流堤防481 km,淮安市范围全长56 km,堤顶高程12.3~17.0 m,堤顶宽度5~10 m。淮安市范围上段从三河闸至漫水公路,为三河段,长37.3 km,下段自漫水公路往南到施尖入高邮湖,为改道段,长18.3 km。

入江水道的作用:一是使淮河上中游洪水直接排入高邮湖,使白马湖和宝应湖实现了洪涝分治,不再受淮河泄洪影响,设计行洪流量12 000 m^3/s。二是兴建东西偏泓节制闸,控制三河正常水位为7.5 m,为金湖县提供稳定的灌溉水源,同时也是稳定三河水位,提高金湖县航运能力。

2.2.2 淮河入海水道

淮河入海水道西起洪泽湖东侧二河口,沿灌溉总渠北侧与总渠成二河三堤,横穿江苏省淮安、盐城2市的5个县(区)及省属淮海农场,最后在扁担港北注入黄海,全长163.5 km。河底宽210~324 m,外堤脚距750 m。其中淮安市范围全长63.5 km,堤顶高程11.15~15.77 m,堤顶宽度8~12 m。

入海水道目前设计流量2 270 m^3/s,校核流量2 540 m^3/s。水道北堤为二级堤防,水道南堤为一级堤防。作为洪泽湖泄洪的控制运用,按照“先入江,后入海,洪泽湖蒋坝水位14.5 m启用分淮入沂和周边滞洪”的顺序进行。入海水道在蒋坝水位13.5 m以下服从渠北排涝,根据渠北排涝和上游来水情况,采取蒋坝水位13.5~14.0 m启用分洪。淮安城区段长36.7 km,底高程5.0~2.0~0.5 m,堤距595 m。设计水位二河新闸上14.11 m,淮安立交地涵上11.53 m,淮安立交地涵下10.88 m。

2.2.3 废黄河(古淮河)

废黄河,又称古黄河,现称古淮河,是历史上黄河侵泗夺淮行洪入海的故道。江苏境内自丰县二坝,流经徐州、宿迁、淮安、盐城市沿线15个市县(区),至套子口入海,全长490 km。中运河、淮沭河在淮安杨庄处与黄河故道交汇,将黄河故道分为上下两大段:杨庄以上段长320 km,初步形成分级控制、分洪道分洪的布局;杨庄以下段170 km,除承泄滩地径流外,还承担灌溉总渠以北部分地区抽排的涝水,也承担分泄部分淮河洪水的任务。杨庄以下段至涟水县石湖镇的淮安市段废黄河长97.4 km,河底高程1.6~5.0 m,河底宽90~120 m,河口宽1 000~1 400 m。堤顶高程10.3~18.5 m,堤顶宽度一般为5.0 m以上,部分地区8.0 m。河道可下泄流量500 m^3/s,全河段无支流汇入,为高出地面的

"悬河"。

2.2.4　盐河

盐河为苏北排涝、灌溉、航运、发电综合利用的重要河道,全长135 km,可下泄流量230 m^3/s;其中淮安市范围全长82.5 km,堤顶高程11.15～15.77 m,堤顶宽度8～12 m。源头盐河闸设计闸上水位14.6 m,闸下水位9.0 m,可下泄流量276 m^3/s。实测最大流量246 m^3/s,闸上最高水位13.78 m。上游段河底高程5.0～2.5 m,河口宽70～40 m。中游段河底高程2.5～-1.0 m。朱码水利枢纽处的朱码二线船闸设计最高水位8.87 m,设计最低水位1.84 m。朱码节制闸底高程2.0 m,设计闸上最高水位9.5 m,最低水位6.59 m,闸下最高水位6.93 m,最低水位1.10 m,排水流量230 m^3/s。

3　特征水位确定基本原则

防汛特征水位研究总体遵循防汛安全原则,同时考虑经济、政治、社会、环境等因素,综合论证确定。

3.1　警戒水位拟定原则

(1)警戒水位可参照河段普遍漫滩和堤段开始临水时的水位,结合工程现状,堤防工程历史出险情况等因素综合研究确定。对有防洪任务而无堤防的河段,可根据河岸险工情况,以洪水上滩或需要转移群众、财产时的水位确定。

(2)警戒水位的确定要与工程的规划及设计标准等相符合;涉及省防指调度工程所在河湖的相关控制站点的特征水位的确定应与国家、流域机构、省水利部门编制的各类防汛抢险方案、相关规划等相符合。

(3)警戒水位确定应考虑和吸收其他相关部门的意见,特别要与城乡发展规划总体布局密切结合,各地应协调做好此项工作。同时,要考虑各地实际防汛抢险能力,城镇及其防洪区防洪组织的完善与高效运行。

(4)历史上已制定过警戒水位的,以现状为基础,考虑工情变化,充分体现预警预险的原则。主要结合近年来防汛实践,各站点实测水位频率分析,工程现状和规划能力,堤防工程历史出险情况以及社会经济等综合研究确定。

(5)有控制断面的警戒水位初步拟定可采用频率分析法,一般取不少于20年的灌溉期5—10月的长系列资料,进行排频计算后选取水位系列频率的$P=10\%$时的数值。

(6)警戒水位是各级防汛指挥和管理部门安排防汛抢险的主要依据,确定警戒水位应考虑与防汛日常管理、各部门防汛职责相协调,考虑投入与风险的关系。应避免选取过低致使每年水位超警天数过多,而实际情况有警无险,失去警戒作用,甚至造成松懈麻痹思想。也要避免选取过高,造成警戒水位与保证水位较近,没有足够预警时间,致使抢险措手不及。

3.2　保证水位拟定原则

3.2.1　充分考虑已有工程实际防洪能力

对于有堤防的河段,如果堤防的高度、宽度、坡度及堤身、堤基质量等已达到规划设计标准的河段,其设计洪水位即为保证水位,但考虑堤防建成时间较长,加上分段填筑、质量标准不一等因素,保证水位在防洪设计标准水位的基础上适当降低。

堤防工程尚未达到规划设计标准的河段,则按安全防御相应的洪水位确定,即堤顶高程不足的河段,按现状堤顶高程扣除设计超高值后的水位确定保证水位;若堤顶宽度不足,先确定现状堤身达到设计堤顶处的高程,在此基础上再扣除设计超高值即为保证水位。

在确定保证水位时应考虑防汛实际情况,以防汛安全为原则,同时结合当地经济、政治、社会、环境等因素综合论证确定。

3.2.2　以防护区内重点特殊部位为控制的原则

以防护区内重点设施及防护对象为控制,包括不耐淹的省级以上文物古迹;国家级、省级经济开发区以及旅游风景区;非农业人口集中居住城镇;重要的工矿企业等。

有防洪任务而无堤防的河段,保证水位按重要村镇或设施相应防洪标准的洪水位作为保证水位。

3.2.3　统筹考虑现状与规划工情,充分考虑当地防洪组织与抢险能力

拟定保证水位,一般是根据河流曾经出现的最高水位为依据,统筹考虑现状与规划工情变化,以及保护区的重要性和国民经济等情况,同时充分考虑和吸收规划及设计等相关部门的意见进行综合分析、合理拟定。其次,防洪区防洪组织的完善与高效运行水平,防汛抢险能力的大小是衡量其抗灾、救灾能力的重要标志,也是一项重要的非工程措施。

4　实　例

下面以盐河朱码闸水文站测验断面为例,实际分析和确定朱码闸上游防汛特征水位。

4.1　断面基本情况

朱码闸水文站位于涟水县朱码镇北部盐河朱码节制闸下游 100 m。朱码闸由朱码节制闸、越闸和船闸组成。朱码节制闸共 8 孔,每孔净宽 3 m,高 5.5 m,设计最大泄洪 230 m^3/s。左侧的朱码越闸共 3 孔,每孔净宽 2.5 m、高 4.5 m,设计最大泄洪 90 m^3/s。朱码闸右侧有朱码船闸、二线船闸,规模均为 230×23 m。朱码船闸上游 48 km 为盐河闸,上接大运河,1 000 t 级船舶可从大运河进入盐河直达连云港出海。朱码闸上游多年平均水位 8.15 m,历史最高水位 9.10 m。

4.2　水位频率分析

该站有 1965—2018 年长系列水位资料,其防汛特征水位选用该站点全系列水位资料进行频率分析。警戒水位按汛期最高水位频率分析成果取 $P=10\%$(10 年一遇)数值,保证水位先按观测到的最高水位取值,再按实际情况进行调整。分析成果见表 1、图 1。

表 1　朱码闸(上)站全系列汛期最高水位频率分析成果

频率(%)	水位(m)	频率(%)	水位(m)	频率(%)	水位(m)
0.01	9.33	1	9.14	25	8.95
0.05	9.27	2	9.11	50	8.87
0.10	9.24	5	9.06	75	8.80
0.20	9.21	10	9.02	90	8.74
0.50	9.18	20	8.96	95	8.71

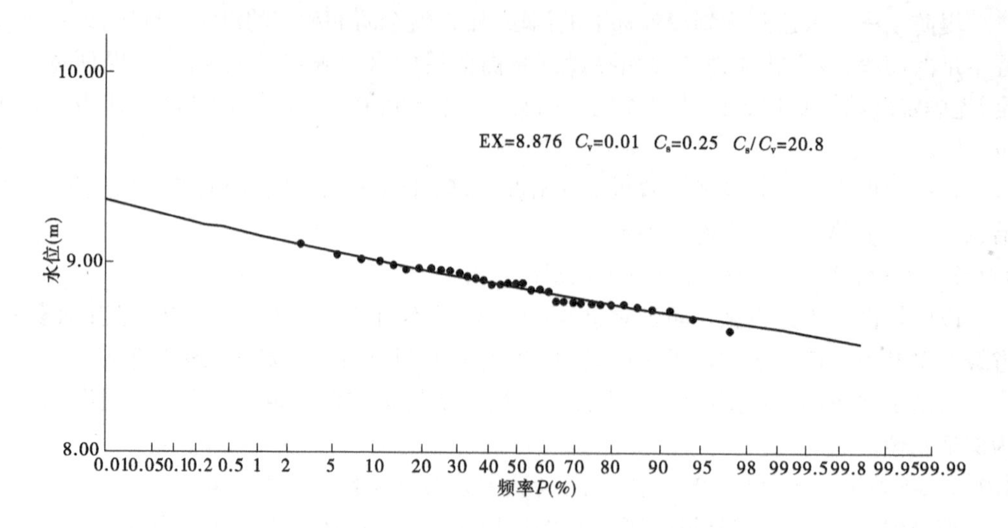

图1　朱码闸(上)站多年汛期最高水位频率曲线

4.3　特征水位初步拟定

盐河朱码闸水文站闸上断面警戒水位按汛期最高水位频率分析成果取 $P=10\%$（10年一遇）数值为9.02 m，保证水位按观测到的最高水位9.10 m初步拟定，再按实际情况进行调整。理论分析成果见表2。

表2　盐河朱码闸(上)水文站闸上断面防汛特征水位理论分析成果　（单位：m）

站名	警戒水位	保证水位
朱码闸(上)	9.02	9.10

4.4　防汛特征水位确定

以下按收集到的相关资料进行分析认证并最终确定。

(1)涟水县防洪排涝预案。

①盐河排涝、灌溉补水期间，盐河朱码节制闸上游水位不得超过8.40 m，天气预报有大雨或暴雨时，县防指请求市防指控制盐河闸泄量，同时关闭涟东渠首闸、涟中渠首闸、涟西一干渠首闸、涟西二干渠首闸。

②当朱码闸上游水位达8.70 m，气象预报有暴雨和大暴雨，并且水位有上升趋势时，朱码闸排水120～150 m^3/s。涟城镇、朱码镇分别组织50人上堆巡查，确保河堤安全。

③当盐河朱码闸上游水位达9.00 m，气象预报仍有暴雨或大暴雨，水位仍有上升趋势时，朱码闸排水230～240 m^3/s，涟城镇、朱码镇、经济开发区、机场产业园区主要负责人带队各上200人昼夜巡查，上堤保堆。

④当朱码闸上游水位达9.20 m，气象预报仍有暴雨或大暴雨，水位仍有上升趋势时，朱码闸排水230～240 m^3/s，涟城镇、经济开发区上足800人保堆抢险，朱码镇、机场产业园区各上足1 000人上堤保堆，主要负责人要亲自带队，另开启涟西二干渠首闸，从涟西二干马圩退水闸退水10 m^3/s。

⑤当盐河朱码闸上游水位达9.40 m，气象预报有暴雨或大暴雨，水位仍有上升趋势

时，朱码闸排水230～240 m^3/s，驻城机关、工厂、居民、朱码镇、经济开发区、机场产业园区总动员上堤保堆。

(2)《涟水县防洪排涝预案》是涟水县防汛抢险部门多年实践经验的总结，当朱码闸上游水位达8.70 m时，河堤可能存在险情，需要进行安全巡查。由此确定警戒水位为8.70 m。当盐河朱码闸上游水位达9.00 m，朱码闸按最大流量230～240 m^3/s排水，涟城镇、朱码镇、经济开发区、机场产业园区上人昼夜巡查，上堤保堆。当朱码闸上游水位达9.20 m时，朱码镇、机场产业园区上足人员上堤保堆，河水已达堤顶，说明险情严重。由此确定保证水位与历史最高水位相同，取9.10 m。

(3)涟水县防洪排涝预案中只安排涟城镇、朱码镇、经济开发区和机场产业园区人员昼夜巡查，上堤保堆，一是集中居住城镇，有重要的企业、学校等；二是考虑其防洪组织较完善，运行较高效，防汛抢险能力较强。而盐河两岸其他乡镇未安排，是考虑其防汛抢险能力相对较弱、洪灾损失相对较小的因素。

(4)设计洪水位与初定的保证水位相同，但考虑堤防建成时间较长，加上分段填筑、质量标准不同等问题，保证水位在防洪设计标准水位的基础上适当降低，取9.10 m较合适。初拟警戒水位9.02 m，距保证水位9.10 m太近，显然选取偏高，已没有足够时间预警，调至8.70 m较合适。

(5)以上分析并初定的特征水位，经现场考察综合研究，参考防汛抢险、规划设计专家和闸坝运行技术人员意见，确定依据准确，数值合理，可以采用。最终确定盐河朱码闸水文站上游监测断面防汛特征水位为警戒水位为8.70 m，保证水位9.10 m(见表3)。

表3　盐河朱码闸(上)水文站监测断面特征水位分析成果　(单位:m)

站名	警戒水位	保证水位
朱码闸(上)	8.70	9.10

5　结　语

淮安市主要河道防汛特征水位确定为淮安市防汛抢险等级奠定了基本依据，成效显著。但是大部分控制断面在实际运行中还没有经过高洪水位的检验，有些控制断面还需进一步收集资料进行修改完善和论证调整，使其更加科学、更加符合防汛实际工作需要。

淮安市2019年旱情分析

陆丽丽　寇　军

（江苏省水文水资源勘测局淮安分局,淮安 223005）

摘　要　以淮安市为研究对象,分析与旱情相关的各种因素。从降水量、水位和流量入手,通过对长系列水文汛期资料的水文频率计算,用重现期的方式来反映淮安市2019年汛期的干旱程度。

关键词　干旱指标;频率计算;淮安市

干旱是水收支或供求不平衡造成水资源短缺的现象,是最严重的气象灾害之一,影响着社会安定和人民生活。旱情分析是研究干旱情况的基础,干旱的成因、干旱的程度的量度从干旱指标上反映。基于干旱本身的复杂性和社会影响的广泛性,很难全面准确地反映干旱的严重程度[1]。干旱指标一般建立在特定的地域内,本文选取的研究区域是淮安市,采用重现期的方式来评价淮安市的干旱程度。

淮安市位于江苏省中北部,南北气候特征兼具。以苏北灌溉总渠为界,北部为北温带半湿润季风气候,南部为北亚热带湿润季风气候,雨量充沛且集中。淮安市多年平均降水量970 mm。降水量自南向北递减,年内变化和年际变化较大。年内降水量主要集中在汛期,即5—9月,占年降水量的7成左右;丰水年与枯水年降水量相差近3倍。

1　干旱指标

干旱程度的具体表征主要包括降水量、水位、流量等[2]。综合考虑实际情况,本文通过分析淮安市代表站汛期(5—9月)的长系列的降水量、水位和流量资料,对比2019年的汛期资料,客观衡量2019年汛期的干旱程度。

1.1　降水量

降水量是一定时间内,降落到水平面上,假定无渗漏、不流失,也不蒸发,累积起来的水的深度,是衡量一个地区降水多少的数据,其单位是毫米,符号是mm。降水是土壤-植物-大气系统水分平衡和水分循环中的主要收入项。降水量偏少的程度不仅是干旱气候分级的主要因子,也是划分干旱严重程度的重要指标[3]。

1.2　水位

水位是指自由水面相对于某一基面的高程,水面离河底的距离称水深,其单位是米,符号是m。计算水位所用基面可以是以某处特征海平面高程作为零点水准基面,称为绝对基面,常用的是黄海基面;也可以用特定点高程作为参证计算水位的零点,称测站基面。

作者简介:陆丽丽(1984—),女,工程师,主要从事水情工作。

水位是反映水体水情最直观的因素，它的变化主要由于水体水量的增减变化引起的。

1.3　流量

流量是单位时间内通过某一断面的水体体积，其单位是立方米每秒，符号是 m^3/s。流量是反映水资源和江河、湖库等水体水量变化的基本资料，也是河流最重要的水文特征值。考虑淮河的流量对于淮安市干旱情况的影响，主要选取的是洪泽湖的出入湖流量。

2　旱情分析

2.1　汛期面雨量分析

2019 年汛期面雨量 472.2 mm(5—9 月)，比多年平均面雨量偏少 3 成；梅雨期面雨量 90.9 mm，比多年平均面雨量偏少 6 成。淮安市汛期、梅雨期面雨量统计资料见表 1。

表 1　淮安市汛期、梅雨期面雨量资料统计　（单位：mm）

区(县)	盱眙	金湖	洪泽	淮安	市区	淮阴	涟水	均值
2019 年汛期	527.4	350.8	482.8	474.2	435.0	499.0	586.4	472.2
多年平均	665.1	613.8	627.5	640.8	714.1	678.0	744.8	669.2
差值	-137.7	-263.0	-144.7	-166.6	-279.1	-229.0	-158.4	-197.0
2019 年梅雨期	83.9	89.3	99.0	87.4	84.2	85.3	107.4	90.9
多年平均								220.0
差值								-129.1

通过对淮安市 1962—2018 年汛期面雨量资料的频率分析，得到各雨量值相应的频率，确定重现期。2019 年汛期面雨量 472.2 mm，对应频率 82%，为 5 年一遇。淮安市汛期面雨量(1962—2018 年)频率分析见图 1，其分析结果见表 2。

表 2　淮安市汛期面雨量(1962—2018 年)频率分析结果

P(%)	50	70	75	80	90	95	99
降水量(mm)	576.2	559.7	529.8	498.2	423.1	369.8	289.0
重现期	2 年一遇	3 年一遇	4 年一遇	5 年一遇	10 年一遇	20 年一遇	100 年一遇

2.2　低水位分析

入汛以来，洪泽湖水位持续下降，省防汛防旱指挥部授权江苏省水文水资源勘测局于 2019 年 7 月 5 日 10 时发布了枯水蓝色预警，2019 年 7 月 27 日 16 时发布了枯水黄色预警。本文选取淮河干流入湖控制站盱眙站、洪泽湖湖均水位控制站老子山站和洪泽湖代表站蒋坝站作为低水位分析的样本。

通过对盱眙、老子山和蒋坝站 1954—2018 年年最低水位资料的频率分析，得到各水位值相应的频率，确定重现期。2019 年盱眙站最低水位 11.26 m(7 月 29 日)、老子山站最低水位 11.24 m(7 月 29 日)、蒋坝站最低水位 11.18 m(7 月 30 日)，相应的频率分别为 72%、70%、57%，重现期均为 3 年一遇。频率分析见图 2 ~ 图 4，其对应分析结果见表 3 ~ 表 5。

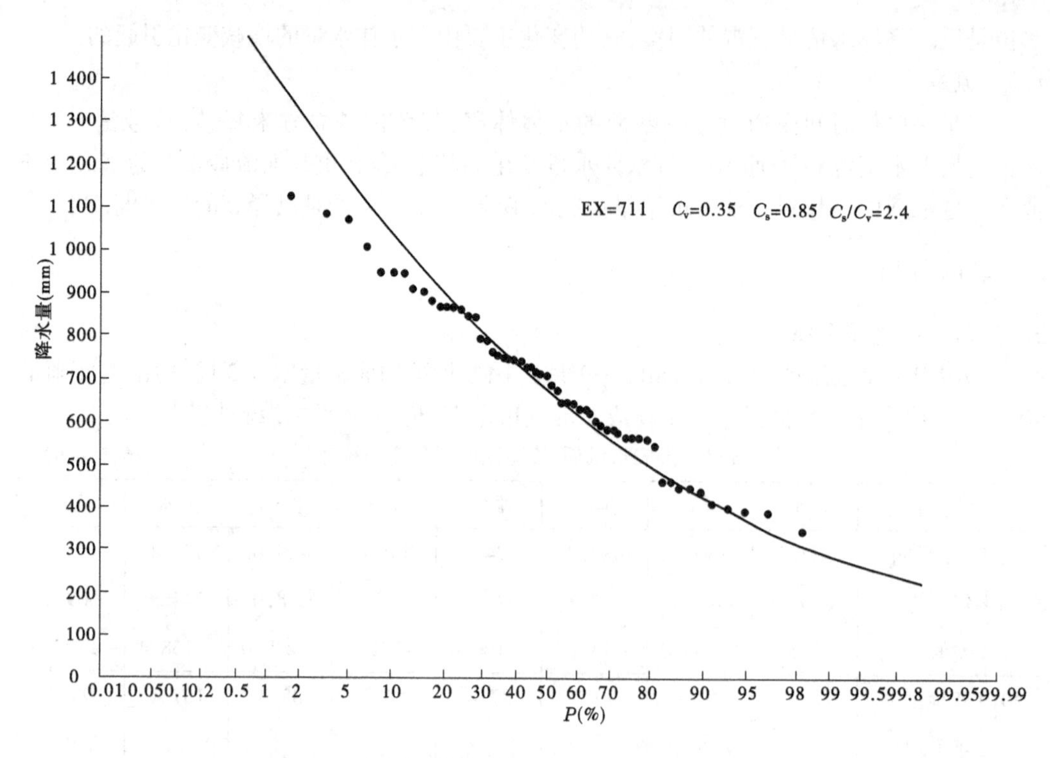

图 1　淮安市汛期面雨量(1962—2018 年)频率分析

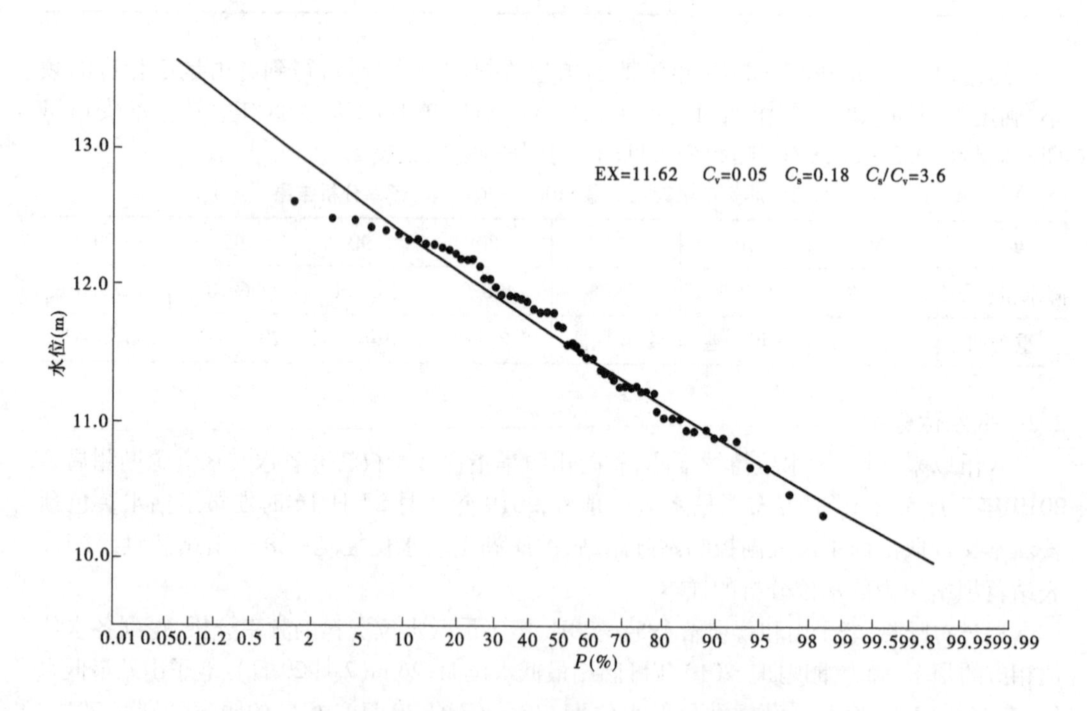

图 2　盱眙站年最低水位(1954—2018 年)频率分析

表3　盱眙站年最低水位(1954—2018年)频率分析结果

P(%)	50	70	75	80	90	95	99
水位(m)	11.60	11.30	11.22	11.13	10.89	10.70	10.35
重现期	2年一遇	3年一遇	4年一遇	5年一遇	10年一遇	20年一遇	100年一遇

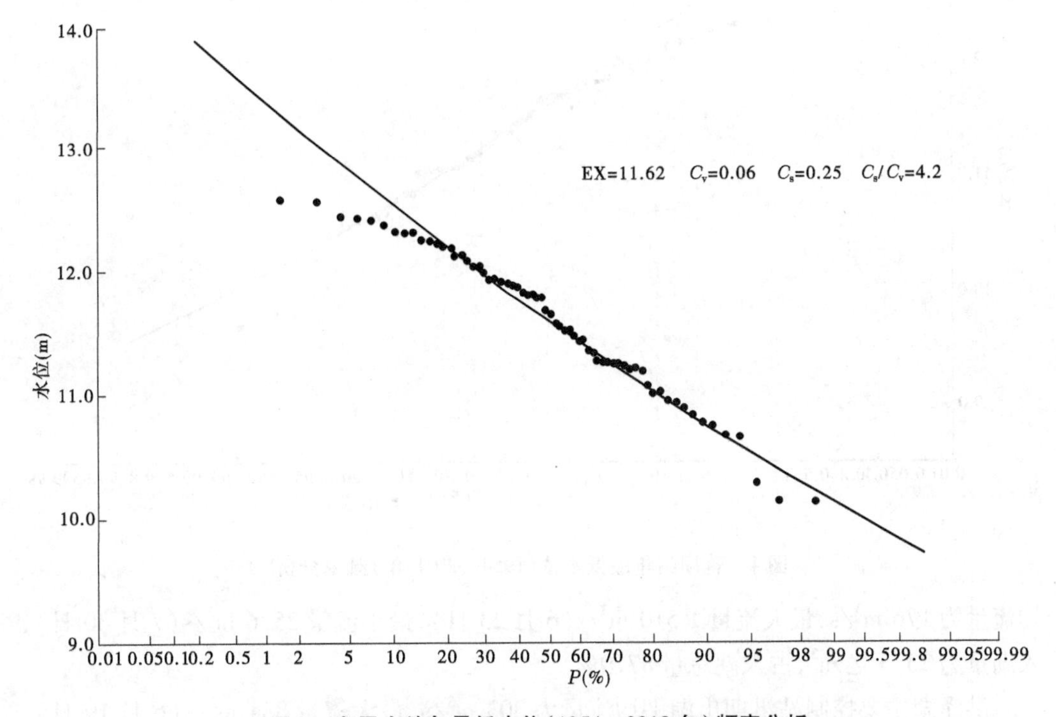

图3　老子山站年最低水位(1954—2018年)频率分析

表4　老子山站年最低水位(1954—2018年)频率分析结果

P(%)	50	70	75	80	90	95	99
水位(m)	11.59	11.23	11.14	11.03	10.75	10.52	10.13
重现期	2年一遇	3年一遇	4年一遇	5年一遇	10年一遇	20年一遇	100年一遇

表5　蒋坝站年最低水位(1954—2018年)频率分析结果

P(%)	50	70	75	80	90	95	99
水位(m)	11.36	11.01	10.91	10.81	10.54	10.33	9.95
重现期	2年一遇	3年一遇	4年一遇	5年一遇	10年一遇	20年一遇	100年一遇

2.3　流量分析

淮河流量对淮安市的旱情影响较大,本文选取洪泽湖的出入湖流量进行分析。

2019年汛期,淮河干流及区间主要入洪泽湖平均流量为201 m^3/s,最大流量1 440 m^3/s(6月23日),最小流量-41.2 m^3/s(7月22日),入湖总量26.5亿m^3,较2018年入湖量271.4亿m^3偏少9成,较多年平均214亿m^3偏少9成。入洪泽湖共有7条较大河流,分别是淮河、池河、怀洪新河、新汴河、濉河、老濉河、徐洪河。其中淮河干流蚌埠闸平

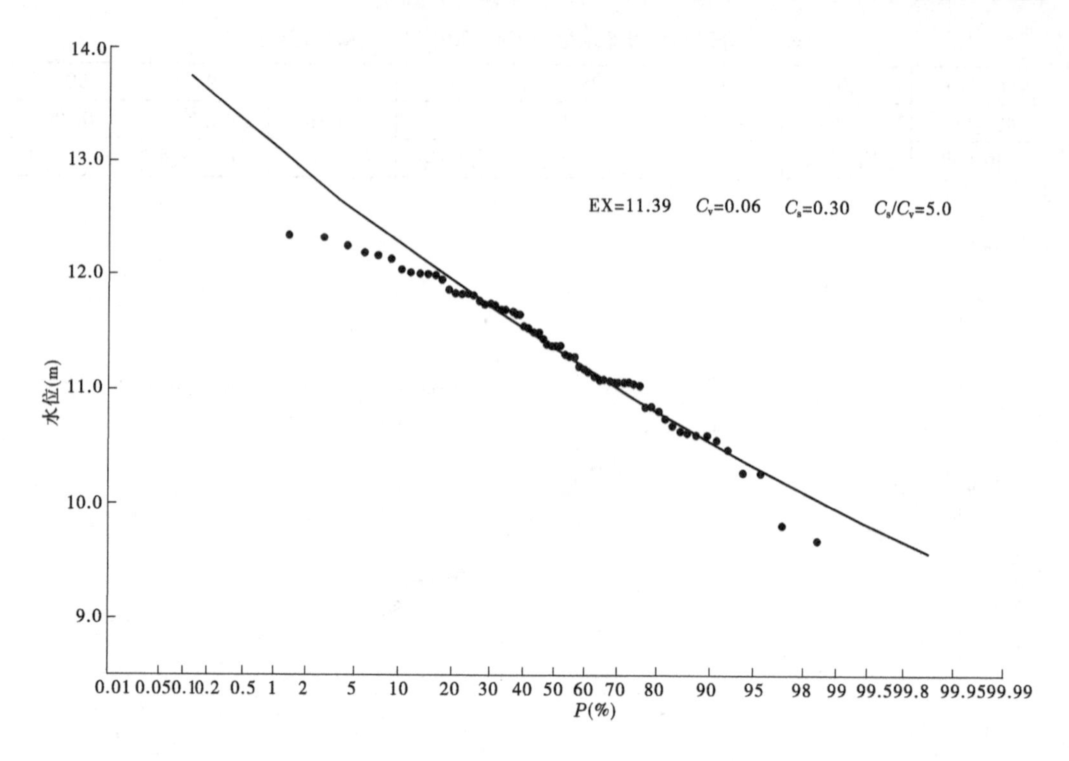

图4　蒋坝站年最低水位(1954—2018年)频率分析

均流量为176 m³/s,最大流量1 510 m³/s(6月23日),最小流量25.6 m³/s(7月30日),入湖量为23.3亿m³,占入湖总量87.9%。

洪泽湖主要控制站汛期出湖平均流量为303 m³/s,最大流量884 m³/s(6月19日),最小流量−537 m³/s(8月12日),出湖总量40.0亿m³,较2018年出湖量307.3亿m³偏少9成,较多年平均225亿m³偏少8成。出湖控制主要有入江水道三河闸、淮沭新河二河闸、灌溉总渠高良涧节制闸和高良涧电站、洪金洞及周桥洞六个主要排水口门。三河闸未开闸;二河闸平均流量为262 m³/s,最大流量825 m³/s(6月19日),最小流量−537 m³/s(8月12日),下泄水量为34.6亿m³,占出湖总量86.6%。

汛期洪泽湖各主要入湖、出湖口门水量统计见表6。

表6　汛期洪泽湖各主要入湖、出湖口门水量统计

河名	淮河	池河	怀洪新河	新汴河	濉河	老濉河	徐洪河	湖均
站名	蚌埠闸	明光	双沟	宿县闸	泗洪	泗洪	金锁镇	
平均流量(m³/s)	176	0	14.4	6.01	3.78	0.890	−0.810	201
入湖水量(亿m³)	23.3	0	1.9	0.8	0.5	0.1	−0.1	26.5

河名	入江水道	淮沭新河	灌溉总渠	灌溉总渠	洪泽湖	洪泽湖	湖均
站名	三河闸	二河闸	高良涧闸	高良涧电站	洪金洞	周桥洞	
平均流量(m³/s)	0	262	5.74	5.04	14.5	15.3	303
出湖水量(亿m³)	0	34.6	0.8	0.7	1.9	2.0	40.0

2.4　洪泽湖补水

2019 年洪泽湖水位持续下降,5 月 1 日至 8 月 7 日启用南水北调工程向洪泽湖补水。洪泽站开机 71 d,最大抽水流量 160 m^3/s,补水量 5.82 亿 m^3。

受 9 号台风“利奇马”影响,沂沭泗流域遭遇 1974 年以来最大洪水,沭阳站最高水位 11.31 m,超过历史最高水位 10.76 m(1974 年 8 月 16 日)0.55 m,为 50 年一遇大洪水。洪泽湖上游没有大的降水过程,水位较低,符合引沂济淮的条件(沂、泗水丰而淮水偏枯)。8 月 8—21 日启用引沂济淮,由中运河沿线皂河闸、宿迁闸、刘老涧闸、刘老涧新闸、泗阳闸、二河闸向洪泽湖补水。二河闸开闸补水 13 d,最大实测补水流量 633 m^3/s(8 月 11 日 19:10),最大日均补水流量 537 m^3/s,补水总量 3.84 亿 m^3,洪泽湖平均水位抬高 0.85 m,9 月 7 日抬高至 12.48 m,接近汛限水位 12.50 m。

南水北调和引沂济淮补水总量 9.66 亿 m^3。

据水资源公报的数据,淮安市多年平均总用水量为 34.4 亿 m^3,补水总量达到了近 3 成。

3　结　语

(1)综合分析影响淮安市干旱情况的因素，主要考虑降水量、水位和流量对于干旱的影响程度。2019 年汛期面雨量 472.2 mm,重现期为 5 年一遇;水位代表站盱眙、老子山和蒋坝站的最低水位的重现期均为 3 年一遇。从这两因素分析,淮安市的 2019 年汛期干旱程度似乎不太严重,但实际情况是人工干预的结果。为了抗旱,南水北调泵站长时间开机补水,从扬州市的江都沿大运河经淮安市到宿迁、徐州市,同时也向洪泽湖补水,补水量 5.82 亿 m^3。加上引沂济淮工程给洪泽湖的补水量,总计达 9.66 亿 m^3,显著减轻了旱情。补水抬升了洪泽湖的水位,仅从水位数据分析就不能客观反映干旱程度。

(2)2019 年汛期洪泽湖入湖总量 26.5 亿 m^3,较多年平均 214 亿 m^3 偏少 9 成;出湖总量 40.0 亿 m^3,较多年平均 225 亿 m^3 偏少 8 成。总水量只有多年平均的 1/10。需水量不变的情况下,水资源的可利用量跳水式减少,极大地影响了生产、生活用水,特别是农业灌溉用水。从这方面看来,淮安市的 2019 年汛期干旱严重。

(3)干旱是一个很复杂的灾害，需要水文、气象部门的资料相互补充才能更全面地研究旱情。本文从水文资料入手,对干旱程度做了一些的探索,得到了以上的结论。通过重现期的方法推论出 2019 年不干旱的结论,从最开始就忽略了数据是人工干预后的数据,是工程调度后的结果,得出的结论并不客观。事实上可利用水量并不能满足需求。

参考文献

[1] 李克江,郭其蕴,张家诚,等. 中国干旱灾害研究及减灾对策[M]. 郑州:河南科学技术出版社,1999.

[2] 宋连春,邓振镛,董安祥,等. 干旱[M]. 北京:气象出版社,2003.

[3] 张波,陈润,张宇. 旱情评价综合指标研究[J]. 水资源保护,2009(1):21-24.

西藏阿里地区噶尔县供水工程建设探讨

陈　虎

（骆马湖水利管理局，宿迁 223800）

摘　要　西藏阿里地区噶尔县存在地下水水源地供水水质不达标，缺少稳定、安全的供水水源等问题，为解决民生最迫切、最关心的问题，提高县城供水保证率和供水水质，确保人民喝上“放心水”，维护边疆稳定。水利部技术援阿团成员通过调研、勘测，在梳理现有供水工程，摸清现状供水水源及水量等基本情况的基础上，结合水系分布和河流水质沿程变化等特点、经济社会发展布局、地理位置等多种因素，提出可行的水源分布和供水工程方案，景观比选得出合理的工程方案。

关键词　西藏阿里；饮水安全；供水工程；可研规划

噶尔县位于西藏自治区阿里地区中西部，地处喜马拉雅山脉和冈底斯山脉之间的河谷地段，平均海拔 4 350 m，最高海拔 6 500 m，土地面积 1.8 万 km^2。下辖昆莎乡、左左乡、门士乡、扎西岗乡、狮泉河镇 4 乡 1 镇，总人口 2.39 万人，其中城镇人口 16 513 人。目前地下水水源地供水水质不达标，缺少稳定、安全的供水水源，严重制约当地经济社会的发展。

作为水利部第三批技术援阿团成员，我受阿里地区水利局委托，协同勘测设计公司、环保局、水文分局、林业局、农业局等单位在噶尔县周边开展调研、勘测工作，寻找优质水源替换现有地下水源，以保障县城饮水安全，同时兼顾输水线路沿线周边农村及灌溉用水，促进当地经济社会的发展，维护边疆稳定。

1　基本概况

1.1　自然地理

噶尔县气候复杂，具有高寒缺氧、低气压、多雷暴、多冰雹、降水少、蒸发量大、日照时间长、大风盛行的特点。

噶尔县河流走向多呈西北—东南向，与区域构造线及山脉走向一致，是冈底斯山脉的高山槽谷伸延部分，为森格藏布（狮泉河）、噶尔藏布等河流的源头，属于外流水系。其中森格藏布长 482 km、流域面积 27 452 km^2，噶尔藏布长 238 km、流域面积 6 379 km^2。

1.2　水资源现状

1.2.1　降水量及径流量

噶尔县远离水汽源地，且受喜马拉雅山和冈底斯山阻挡，全地区降水量较少。降水的

作者简介：陈虎（1986—），男，工程师，2019 年援阿期间负责农村饮水、脱贫攻坚等方向。

地域分布总体呈中部地区向北、向南、向西递增的趋势：狮泉河镇一带为降水低值区，多年平均降水日数仅36 d，多年平均降水量仅为71.2 mm。降水量年际变化大，变差系数C_v在0.3～0.5；降水年内分配不均，主要集中在6—9月。

噶尔县径流主要由降水形成，其次为冰雪融水和地下水补给，径流的地区分布同降水量一致。径流的时空分布主要由流域的降水量决定，径流年际、年内变化较大。最枯流量一般出现在11月至次年4月，最枯月份主要出现在1、2月，由于高山冰川、融雪及地下水的补给，枯季径流相对稳定，变化不大，且相比于同期降水占全年降水的比例，枯期径流所占全年比例略大。

1.2.2　水资源量

根据全国第三次水资源调查评价成果，噶尔县1956—2016年多年平均地表水资源量6.06亿m^3，折合径流深33.6 mm，人均地表水资源量2.54万m^3；多年平均地下水资源量3.39亿m^3，人均地下水资源量1.42万m^3。

1.2.3　主要水源地水质现状

根据现场调查、资料分析，噶尔县城现状用水主要靠狮泉河镇东郊水厂水源地、南郊水厂水源地2处地下水源地供给，从地下水井取水后直接送至用水户，无调蓄水池、化验室和相关设备等，不能对供水水质进行检测，预防和抗御水源污染事故的能力较差。

除县城（狮泉河镇）外，其他乡及农村供水基本为分散式供水，无集中供水设施，用水主要采用从附近山沟截潜流引水或依靠地下机井抽水等方式直接供水，无净化设施和排水设施。

2　水资源供需分析及配置

2.1　需水预测

主要供水对象为噶尔县城“三产”用水，并同时根据供水线路布设情况，兼顾县城周边及线路沿线农村生活用水、牲畜用水和草场林地等农业灌溉用水。

2.1.1　县城需水预测

2.1.1.1　居民生活需水量预测

参考已有规划成果，总人口增长率取11‰，考虑到现状城镇化水平及未来县城发展定位，规划水平年城镇化率取77%，预测2030年总人口2.76万人，其中县城常住人口2.11万人。

根据现状调查结果，现状水平年城镇居民生活用水定额为68 L/(人·d)，城市管网漏损率为20%。根据《西藏自治区用水定额》标准，同时考虑到未来居民生活水平的提高，规划水平年用水定额增长，净定额取90 L/(人·d)，考虑到节水水平提高，城市管网漏损率提高到15%。

按照上述人口预测成果及定额采用定额法预测，现状水平年和规划水平年居民生活需水量分别为51.2万m^3和81.6万m^3。

综合考虑到2030年，随着旅游业的不断发展，旅游人口将有不同程度的增加，尤其是阿里地区行署所在地狮泉河镇，预计全年旅游人口将达到74万人次，按照每人次停留10 d，每天用水量120 L，结合城市管网漏损率计算，规划水平年旅游人口需水量将达到106

万 m^3。

2.1.1.2　工业需水量预测

噶尔县工业整体发展水平不高，以零散工业为主，工业增加值较少。根据2017年阿里地区统计年鉴，噶尔县工业增加值为340万元，现状年工业用水定额根据水资源公报及现状调查结果，为240 m^3/万元，城市管网漏损率为20%；未来区域发展以旅游、边贸、物流为主要方向，工业发展速度适中，规划水平年考虑工业用水效率提高，同时参考《西藏自治区用水总量控制方案》的要求以及已有狮泉河流域综合规划成果，工业增长率取7%，工业用水定额取125 m^3/万元，万元工业用水量下降48%，城市管网漏损率取15%，到2030年，工业增加值为819万元。工业需水量采用定额法预测，预计需水12.0万 m^3。

2.1.1.3　城镇公共及生态需水量预测

城镇公共及生态需水量采用城镇人口人均定额法预测，城镇公共需水量包含建筑业及第三产业需水，城镇生态需水量包含道路浇洒及绿化需水。

根据《西藏自治区用水定额》标准，同时考虑到未来居民生活水平的提高，规划水平年用水定额增长，城市管网漏损率提高到15%，城镇公共用水净定额取60 L/(人·d)，城镇生态净定额取6 m^3/人，建筑业用水定额取3 m^3/人；预测2030年分别需水54.4万 m^3、7.4万 m^3、14.9万 m^3。

2.1.1.4　预测总需水量

根据上述各行业需水量预测成果，噶尔县城2030年总需水量为276.3万 m^3（见表1）。

表1　噶尔县总需水量成果　　(单位：万 m^3)

项目	居民生活	旅游用水	工业	城镇公共	建筑业	城镇生态	合计
现状年(2017)	51.2	—	10.2	30.1	3.4	6.7	101.6
规划年(2030)	81.6	106.0	12.0	54.4	7.4	14.9	276.3

2.1.2　县城周边需水预测

2.1.2.1　农村生活及牲畜

利用奥维地图查找噶尔县城周边农村分布情况(加木村)，以现状农村人口为基础，参考已有噶尔县农村饮水安全"十三五"规划报告中周边农村人口及牲畜情况，合理预测规划水平年县城周边农村人口及牲畜。根据《西藏自治区用水定额》标准，农村居民生活用水定额为70 L/(人·d)，小牲畜用水定额为10 L/(头·d)。按照人口、牲畜数量预测及用水定额标准计算县城周边需水量为0.71万 m^3。

2.1.2.2　灌溉

按照奥维地图查找噶尔县周边现有加木灌区、农业生态产业园、盆地治沙工程，参考《狮泉河流域综合规划》灌溉面积总计7.85万亩(1亩=666.67 m^2)，其中人工饲草料地0.5万亩、林地7.35万亩。参考《西藏自治区用水定额》标准中农作物灌溉定额及其他类似地区人工饲草料地灌溉定额,确定2030年人工饲草料地灌溉净定额为200 m^3/亩,林地灌溉净定额为150 m^3/亩。按照灌溉相关规范及节水要求,灌区灌溉水利用系数取0.81,按照灌溉面积预测成果及灌溉定额标准计算周边灌区灌溉需水量1 484.6万 m^3。

2.1.3　沿线可兼顾供水对象需水预测

根据水源分析和选择成果,根据各水源点规划供水线路情况,分水源分别进行沿线可兼顾供水对象需水预测。

2.1.4　需水预测成果

2.1.4.1　总需水量

本次规划中县城需水为必须满足的供水对象,县城周边需水为各线路优先满足的供水对象,沿线需水为各线路可兼顾的供水对象。根据前述县城、县城周边及各重点研究线路沿线可兼顾供水对象需水预测成果,规划范围内噶尔县供水方案需水成果见表2。

表2　各供水方案需水预测成果　(单位:万 m^3)

供水方案	县城需水量	县城周边需水量	沿线兼顾需水量	总需水量
朗曲供水	276	1 485.3	149.8	1 911.1
狮泉河电站供水	276	1 485.3	0	1 761.3

2.4.1.2　需水过程

县城及农村生活需水按月均匀考虑;旅游集中发生在6—9月,需水按照只发生在6—9月,均匀考虑;灌溉需水参照西藏其他地区牧草地灌溉制度,综合考虑牧草生长特性,按照一年灌水4次,每次灌水定额50 m^3/亩,灌溉天数均为20 d,分别发生在4月、5月、6月及9月,灌溉率为0.28 m^3/(s·万亩)。生活用水保证率为95%,灌溉保证率为50%,因此按照上述原则,对各水源点分别进行了95%频率和50%频率需水过程计算,其中95%频率下灌溉需水按照满足70%考虑。

各水源点95%频率和50%频率需水过程分别见表3和表4。

表3　各水源95%频率需水过程　(单位:万 m^3)

水源点	1月	2月	3月	4月	5月	6月	7月	8月	9月	10月	11月	12月	合计
朗曲	14.4	14.4	14.4	300.1	300.1	335.4	49.7	49.7	300.1	14.4	14.4	14.4	1 422
狮泉河电站	14.3	14.3	14.3	274.1	274.1	309.3	49.5	49.5	274.1	14.3	14.3	14.3	1 316

表4　各水源50%频率需水过程　(单位:万 m^3)

水源点	1月	2月	3月	4月	5月	6月	7月	8月	9月	10月	11月	12月	合计
朗曲	14.4	14.4	14.4	422.6	422.6	457.9	49.7	49.7	422.6	14.4	14.4	14.4	1 911
狮泉河电站	14.3	14.3	14.3	385.4	385.4	420.7	49.5	49.5	385.4	14.3	14.3	14.3	1 762

2.2　供需平衡分析

本次规划主要解决噶尔县城供水安全问题，因此各水源点供水以县城供水为主，水量富余的情况下优先供给县城周边农村生活及灌溉需水，其次为沿线可兼顾的农村生活及灌溉需水。按照上述原则，逐水源点进行供需平衡分析（见表5）。

表5　规划水源点不同年份可供水量

水源点	面积（km^2）	多年平均径流量（万 m^3）	95%径流量（万 m^3）	生态基流（万 m^3）	$P=95\%$ 可供水量（万 m^3）	$P=50\%$ 可供水量（万 m^3）
朗曲	1 110	2 220	558	222	336	801
狮泉河电站	14 870	29 740	7 477	2 974	4 503	10 737

根据前述需水预测及可供水量分析成果，朗曲供水方案95%、50%年份年可供水量及月过程均不能满足所有用水户用水需求，存在缺水现象。狮泉河电站供水方案95%、50%年份年可供水量及月过程均能满足所有用水户用水需求，不缺水。

2.3　水资源配置方案

根据水资源供需平衡分析成果，按照以供定需的原则以及上述供水满足顺序，进行水资源配置。朗曲供水方案仅能满足县城用水需求，但95%年份各月不能全满足，需建设调蓄工程；狮泉河电站供水方案可以满足所有供水对象用水需求，且各月均能满足，无须建设调蓄工程。

3　供水水源选择

3.1　水质分析

经过现场实际查勘、调研以及与水利局、环保局、住建局等相关单位了解，选取了噶尔县周边6个水源点作为基本备选水源点，根据收集的狮泉河镇近5年水环境监测资料进行分析（见表6）。

表6　噶尔县供水基本备选水源点

序号	断面	所在河流	经度(E)	纬度(N)	说明	水质现状
1	南郊水厂水源地	地下水	80°06′11.06″	32°29′19.04″	地下水	Ⅱ类
2	东郊水厂水源地	地下水	80°06′52.69″	32°30′04.97″	地下水	Ⅱ类
3	狮泉河电站	森格藏布	80°09′32.39″	32°31′18.13″	地表水	Ⅰ类
4	朗曲1	朗曲支流	80°20′42.28″	32°10′17.56″	地表水	Ⅱ类
5	朗曲加测	朗曲干流	80°26′54.92″	32°13′42.55″	地表水	Ⅱ类
6	噶尔新乡电站	噶尔藏布	80°06′23.21″	32°01′31.31″	地表水	Ⅰ类

根据2019年2月阿里地区环保局网站公示的水环境质量月报，南郊水厂水源地、东郊水厂水源地2个地下水源地水质砷超标，因此排除。

3.2　水量分析

采用水文比拟法对各水源点多年平均径流量及95%来水情况下径流量进行分析。

水文比拟法计算公式如下：

$$W_{设} = \frac{F_{设}}{F_{参}} \cdot \frac{P_{设}}{P_{参}} \cdot W_{参}$$

式中　$W_{设}$——设计流域多年平均径流量，万 m^3；

$F_{设}$——设计流域控制集水面积，km^2；

$F_{参}$——参证站控制集水面积，km^2；

$P_{设}$——设计流域多年平均年降水量，mm；

$P_{参}$——参证站控制流域多年平均年降水量，mm；

$W_{参}$——参证站控制流域多年平均径流量，万 m^3。

按照优先满足河道生态基流的要求，各水源点所在断面扣除生态基流后可利用水量不能满足县城用水需求的水源点排除，生态基流取多年平均径流量的10%。径流分析成果见表7。

表7　各水源点径流分析成果

序号	水源点	面积（km^2）	多年平均径流量（万 m^3）	95%径流量（万 m^3）	可利用水量（万 m^3）	说明
1	狮泉河电站	14 870	29 740	7 477	4 503	
2	朗曲1	435	870	219	132	排除
3	朗曲加测	1 110	2 220	558	336	
4	噶尔新乡电站	4 254	9 359	2 139	1 203	

综上所述，6个备选水源点经水质、水量分析后共排除3个，剩余3个进行进一步比选。

考虑供水线路地形条件及距离、水源点及供水对象高程以及沿线可兼顾的农村及灌区等因素影响，“噶尔新乡电站库区”距离县城较远，排除。

3.3　供水方案分析

经过水源筛选后，噶尔县供水方案有两个，一个是以朗曲作为供水水源，一个是以狮泉河电站作为供水水源。

3.2.1　朗曲供水方案

根据噶尔县水资源配置成果，该方案总供水量为279万 m^3，其中县城供水量276万 m^3、沿途农村供水量3.0万 m^3。供水管线供水规模主要考虑县城及农村生活供水，旅游人口供水集中在夏季3个月，供水不均匀系数取1.5后，供水规模为0.284 m^3/s。

根据前述分析，朗曲供水方案在仅供县城的情况下，1月、2月、6月、7月和12月需水不能满足，需要建设调蓄工程蓄水。根据95%年份和50%年份各月需水满足程度分析可知，需建设调节库容为35万 m^3 的水库或末端调蓄池。

3.2.2　狮泉河电站供水方案

根据噶尔县水资源配置成果，该方案总供水量为1 762万 m^3，其中县城供水量276万 m^3、沿途农村供水量0.7万 m^3，灌溉供水量1 485万 m^3。供水管线供水规模由两部分组成:一是县城及农村生活排水,考虑旅游人口供水集中在夏季3个月,供水不均匀系数取1.5后,供水规模为0.284 m^3/s;二是沿途灌溉供水,参照其他规划中相近地区灌溉制度,本次饲草料地及林果灌水率均取0.28 $m^3/(s·万亩)$,灌溉供水规模为2.714 m^3/s,因此该方案总供水规模为2.996 m^3/s。

枣庄市沿运地区排涝水文分析与研究

刘　罡　王　珑　宋　伟

（枣庄市水文局，枣庄 277800）

摘　要　枣庄市沿运地区河网密布，是京杭大运河重要的行洪通道素有“洪水走廊”之称。我们对枣庄市沿运地区主要排涝河道的设计洪水进行了分析与研究。由实测降雨资料推求设计暴雨的方法进行设计暴雨计算，再进行该流域的产流、汇流分析计算，最终推求出该地区的设计洪水流量和设计洪水过程。对沿运地区的主要支流较详尽、系统地进行了排涝水文分析研究。

关键词　综合频率曲线法；设计暴雨；降雨径流关系外包线；产流、汇流分析计算；设计洪水

枣庄市沿运地区的平原区河道自排模数采用湖东地区白马河以南的排水模数。其他山丘平原混合区河道的设计流量根据实测雨量资料采用瞬时单位线法推求。现将计算方法及过程简述如下所述。

1　水文资料的引用

沿运山丘平原混合区河道设计流量的分析计算所采用的水文资料，为历年国家基本雨量站水文资料整编成果，资料系列为设站以来至2005年，代表站分别为阴平雨量站、涧头集雨量站、峄城水文站、泥沟雨量站和台儿庄闸水文站。

2　资料合理性审查

根据沿运地区流域的实际情况，本次资料选取的代表雨量站分布较合理，有连续的实测雨量记录，系列较长，满足计算设计暴雨规范中所要求的系列长度。雨量资料来源均为国家正规观测的整编资料，系列具有较高的可靠性、连续性。根据选取的5个代表站均超过40年长系列降水资料统计，包含了多个连续丰水组，其中最大24 h较大的丰水组有1958—1960年、1963—1964年、1971—1972年和枯水年组，连续枯水组有1965—1967年、1976—1977年、1994—1995年。丰枯交替出现，具有较好的代表性。

3　设计暴雨的分析计算

根据沿运地区多山区、丘陵的自然地理特点和中小流域河道暴雨洪水特性，确定设计暴雨选用流域内各代表站历年最大24 h雨量系列资料，进行频率分析计算。经排序整理和频率分析计算，求得各站年最大暴雨系列的均值和变差系数 C_v 值，采用“地区综合频

作者简介：刘罡（1982—），男，工程师，主要从事水情相关工作。

率曲线法”进行频率计算选定一条与经验点据拟合较好的频率曲线确定 C_v 值，其中以 $C_s=3.5C_v$，C_v 调整范围一般不超过实测资料的计算值的10%进行适线。本次计算沿运流域面积小，“地区综合频率曲线法”为多站综合分析，故不再做点面换算，结果即为设计面暴雨。成果见表1。

表1　枣庄市沿运地区最大24 h设计暴雨成果

统计参数			不同频率降雨量(mm)				
C_v	C_s	均值(mm)	1/3	1/5	1/10	1/20	1/50
0.47	$3.5C_v$	108.20	121.98	142.39	175.67	208.10	250.49

4　设计暴雨成果的合理性分析

4.1　与以往设计暴雨的成果的对比分析

沿运地区自中华人民共和国成立以来主要进行过以下2次设计暴雨的分析计算，受资料条件及其他多种因素影响，计算结果有所差异。

(1)《山东省水文图集》(1975年)中“山东省年最大24 h降雨量变差系数(C_v)等值线图”和“山东省多年平均最大24小时降雨量等值线图”分别查得沿运地区的 $C_v=0.52$，均值为118.0 mm。比较得出，本次结果比图集中的 C_v 偏小9.6%，均值偏小8.3%。

(2)《中国暴雨统计参数图集》(2006年，水利部水文局、南京水利科学研究院)中 $C_v=0.50$，均值为115.0 mm。比较得出，本次分析得出的 C_v 偏小6%，均值偏小5.9%。

4.2　计算成果的合理性分析

通过与以往设计暴雨的成果的对比分析知，本次成果较《山东省水文图集》中沿运地区的成果偏小。水文图集采用的水文资料到1973年，且资料系列为20世纪70年代前的丰雨系列，缺少了20世纪70年代至现在的30多年的降雨系列，因而影响变差系数 C_v 及均值比系列延长到现在的 C_v 和均值偏大。

《中国暴雨统计参数图集》是2006年国家发布的权威性图集，本次分析得出 C_v 和均值偏差均不大于6%。综上计算与分析，本次设计暴雨的推求成果是合理的。

5　产流计算

5.1　降雨径流关系的确定

枣庄市沿运地区产流计算的降雨径流关系本次采用水利部淮委沂沭泗水利管理局《淮河流域沂沭泗水系实用水文预报方案》(以下简称《方案》)中对韩庄运河台儿庄闸站降雨径流关系的分析成果。

将《方案》中实测降雨径流关系展点在关系格纸上，根据各点据分布情况，得出实测次降雨径流关系中心线①。分别将①中各点的净雨深扩大20%得出实测次降雨径流关系外包线②。分析1972年计算成果，并将该降雨径流关系展点在格纸上，由此得出沿运地区降雨径流关系。由图中看出，1972年降雨径流关系为实测降雨径流关系展点的外包线，且外包于径流关系②线。考虑1972年采用资料的系列长度及代表性，并为该流域水利工程的安全性确定本次沿运地区的降雨径流关系采用径流关系线②。降雨径流关系成果见表2。

表2　沿运地区降雨径流关系成果　（单位:mm）

$P+P_a$	50	100	150	200	250	300	350	400
R	5	20	47	86	132	182	232	282

注:当 $P+P_a \geqslant 250$ mm 时,按 45 mm 控制。

5.2　前期影响雨量的选用

前期影响雨量的确定也是建立在对韩庄运河台儿庄闸站降雨径流关系中逐次洪水前期影响雨量分析的基础上的。通过对台儿庄闸逐次洪水的前期影响雨量分析知多年平均前期影响雨量为47.4 mm,考虑本次沿运地区的排涝设计暴雨的计算设计频率均不大于50%,因此前期影响雨量在计算设计频率为3年一遇时取 $P_a=50$ mm,设计频率小于3年一遇时取 $P_a=55$ mm。各设计频率净雨成果见表3。

表3　各设计频率净雨成果　（单位:mm）

P	33.3%	20%	10%	5%	2%
$P+P_a$	172.0	197.4	230.7	263.1	305.5
R	64.1	84.0	114.2	144.1	187.5

本次计算雨型的选择,由于沿运地区河流多为中小流域,故选泰沂山南北区1 h、2 h雨型。

6　汇流计算

流域汇流计算采用《山东省水文图集》中瞬时单位线进行计算,计算采用下式:

$$M_1 = KF^{0.33}J^{-0.27}R^{-0.2}T_c^{0.17}$$

式中　K——系数,与平原占全流域面积的比例有关;

F——流域集水面积;

J——河道干流平均坡度;

R——各频率设计净雨,mm;

T_c——有效净雨历时,h。

由计算的 M_1 值,查《山东省水文图集》中“山东省山丘地区、山丘平原混合区瞬时单位线参数 M_1 与1 h单位线关系表”,得出各日单位时段单位线,各单位流量乘以面积比 $F/100$,即为本流域的时段单位线。再以各日净雨过程和单位线求出洪水过程,加基流(取1.0 $m^3/100\ km^2$)即得相应的洪水过程。综上分析,本次沿运地区主要排涝河道的设计洪水的推求过程和成果是合理的,见表4。

表4　沿运地区主要河道设计流量成果表

河道名称	流域面积(km^2)	设计流量(m^3/s)				
		1/3	1/5	1/10	1/20	1/50
新沟河	361.9	517.6	687.9	975.4	1 264.9	1 709.6
阴平沙河	39.7	99.4	133.3	185.5	236.3	311.9
三支沟	40.1	91.9	124.4	178.4	227.7	303.9
四支沟	48.2	105.4	140.2	193.5	252.7	340.0

参 考 文 献

[1] 林三益. 水文预报. 四川大学[M]. 2 版. 北京:中国水利水电出版社,2001.
[2] 袁作新. 流域水文模型[M]. 北京:水利水电出版社,1990.
[3] 芮孝芳. 水文学原理[M]. 北京:中国水利水电出版社,2004.
[4] 刘光文. 水文分析与计算[M]. 北京:中国工业出版社,1963.
[5] 赵人俊. 流域汇流的计算方法[J]. 水利学报,1962(2):1-9.
[6] 山东省水文图集. 1975.

淮安市地下水超采区治理成效分析及建议

杨翠翠　陈　梅

（江苏省水文水资源勘测局淮安分局，淮安 223005）

摘　要　淮安市孔隙承压水水资源储量较为丰富。由于初期开采布局不合理并缺乏有效管理，淮安市境内已形成3个孔隙承压水超采区。淮安市各级水行政主管部门不断加强对地下水资源的管理，采取了加强管理、压采等一系列措施进行治理。本文介绍了淮安市地下水超采区现状，对已经采取的治理措施进行总结，分析统计了近几年超采区埋深、开采量变化情况，对其治理成效进行分析并提出相关建议。

关键词　地下水；超采区；治理；埋深

1　淮安市地下水超采区概况

1.1　超采区分布

地下水超采区是指在某一范围内，在某一时期，地下水开采量超过了该范围内的地下水可开采量，造成地下水水位持续下降的区域；或指某一范围内，在某一时期，因过量开采地下水而引发了环境地质灾害或生态环境恶化现象的区域[1]。

淮安市现状已形成了3个孔隙承压水超采区，分别位于淮安市区、金湖、涟水一带，总面积1 149.1 km^2，主要超采层次均为第Ⅱ、Ⅲ承压。按超采区级别分，淮安市区、涟水县地下水超采区为中型超采区，金湖县地下水超采区为小型超采区。按超采程度分，除了涟水县涟城镇为严重超采区，其余为一般超采区[2]。

1.2　地下水水位红线

地下水水位红线控制管理分区以水文地质分区为基础，兼顾地质环境特征，充分考虑地下水与环境的相互制约关系，同时结合行政区划界线以及各地区地下水开采特点，便于水行政主管部门管理。根据省政府《关于实行最严格水资源管理制度的实施意见》（苏政发〔2012〕27号），确定禁采水位埋深为地下水水位红线。为保证一般情况下不突破地下水水位红线，在地下水水位达到红线水位前，设置限采水位埋深对地下水水位进行预警。淮安市地下水水位红线见表1[3]。

作者简介：杨翠翠（1984—），女，工程师，主要从事水资源评价工作。

表1 淮安市地下水水位红线一览表 （单位:m）

分区	分布范围	主要目标层	限采水位埋深	禁采水位埋深
Ⅶ区	淮安市区	第Ⅱ承压	20	40
	金湖县	第Ⅲ承压	30	48
Ⅷ区	涟水县	第Ⅱ承压+第Ⅲ承压	25	43

2 超采区治理措施

2.1 严格地下水管理

淮安市从2005年开始每年年初以市政府名义下达年度地下水开采计划,并对江苏省水利厅下达的地下水开采总量控制计划,进行层层分解,对各超采区的地下水开采量提出压缩要求。建立健全地下水“四个一”管理制度。市政府出台《淮安市地下水管理暂行办法》,为进一步依法管理、合理开发和有效保护地下水资源提供政策保障。2008年7月以来,淮安市持续开展地下水开采专项整治活动。督促、协助符合取水许可条件的深层地下水井补办取水许可手续,对一些不符合取水许可条件的地下水井组织封填。2009年,市委、市政府对主城区地下水整治提出了更为严格的标准,要求在主城区自来水管网到达地区,凡是用于生活的地下水井应全部关闭;凡企业生产工艺可用自来水的,地下水井全部关闭;对经论证企业生产工艺确需用地下水的个别企业,暂予以保留,限期改进工艺使用自来水。水行政主管部门对相关地下水井用途逐一进行梳理,结合用水工艺、应急地下水源建设、深井布局及出水能力等,经过分析论证,制订了相应的治理方案,并加大调查、核实和查处非法开采地下水行为的力度,利用自来水抄表队伍进行明察暗访,发现非法取用地下水的依法查处,推进主城区地下水资源的科学、有序和合理利用。

2.2 全市开展地下水压采工作

为解决地下水超采问题,落实最严格水资源管理制度,促进地下水资源的可持续利用,根据《江苏省水资源管理条例》、江苏省政府《关于实行最严格水资源管理制度的实施意见》和《省水利厅关于开展地下水压采方案编制工作的通知》等有关文件,淮安市从2015年开始了全市地下水压采工作。压采主要针对第Ⅱ、第Ⅲ承压。按照先超采区后非超采区、先管网到达区后非到达区、先城区后非城区的压采原则,结合区域供水推进速度,逐年分解压采任务,合理有序地开展地下水压采工作。计划到2020年底,全市压采井数843眼,减少地下水开采量3 952.3万m^3,力争达到地下水用水总量控制和水位控制红线要求。

2.3 加强地下水监测

建立完善的地下水监测网,对确立地下水用途,提供优质饮用水源,保证水资源安全提供重要依据,为水资源统一管理提供科学支撑[4]。淮安市原有24眼浅层地下水监测井、49眼深层地下水监测井,16眼水质监测井。除了1眼自动监测井外,其余均为人工监测井。人工监测井存在问题较多,管理部门加大巡查力度,发现井况差、数据不可靠的情况及时撤销更换新井。现状监测井基本能够反映地下水位的变化情况。2015年国家地下水监测工程正式实施,淮安市共有36眼监测井,已于2017年完工,现全部正常运行。国家地下水监测工程的建设,提高了地下水监测信息采集、传输、处理的时效性和准确性,使地下水监测工作迈入一个新阶段[5]。

3　成效分析

3.1　地下水水位埋深变化

淮安市地下水超采区各监测井水位埋深大部分介于限采水位埋深和禁采水位埋深之间,均未超出禁采水位埋深。市区超采区现状有Ⅲ承压监测井7眼、Ⅱ承压监测井4眼;涟水县超采区现状有6眼Ⅱ承压监测井;金湖县超采区监测井近几年变化较大,现状只有1眼Ⅱ承压监测井,从2016年4月开始监测。选择漏斗中心Ⅱ、Ⅲ承压代表性较好的监测井对各超采区埋深变化进行分析,资料系列为2012年1季度至2018年4季度(金湖超采区除外)。淮安市区超采区治理起步较早,近7年来,漏斗中心Ⅱ、Ⅲ监测井水位稳步回升,均回升了8 m以上,治理成效显著;涟水县超采区监测井变化以2015年为分界点。2015年以前,涟水县地表水区域供水推进缓慢,主要以地下水为生活水源,地下水水位呈明显下降趋势。2015年全市正式开展地下水压采工作,涟水县以此为契机,加快地表水区域供水建设进度,地表水逐步替代地下水,水位开始回升;金湖县超采区监测资料系列较短,近3年呈回升态势。3个超采区代表监测井水位埋深变化见图1。

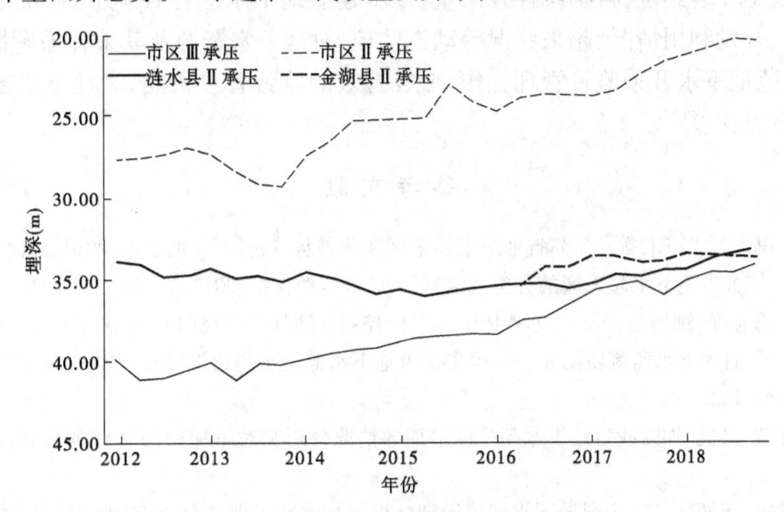

图1　3个超采区代表监测井埋深变化

3.2　地下水开采量变化分析

淮安市地下水开采量数据由各县区填写季度报表,交由市水利局统一汇总。开采量是各县区发放取水许可证、安装计量设施的地下水开采井统计的数据,未办理取水许可的开采井开采量没有计入。根据2012—2018年的统计分析,淮安市区超采区开采量年际变化较大,2013—2017年总体呈下降趋势,2018年略有上升,开采量比2017年增加111 m^3;涟水县、金湖县超采区开采量呈逐年下降趋势。分析涟水县超采区和金湖县超采区面积以及人口,涟水县开采量应远大于金湖县,统计数据可靠程度有待提高。3个超采区开采量变化情况见图2。

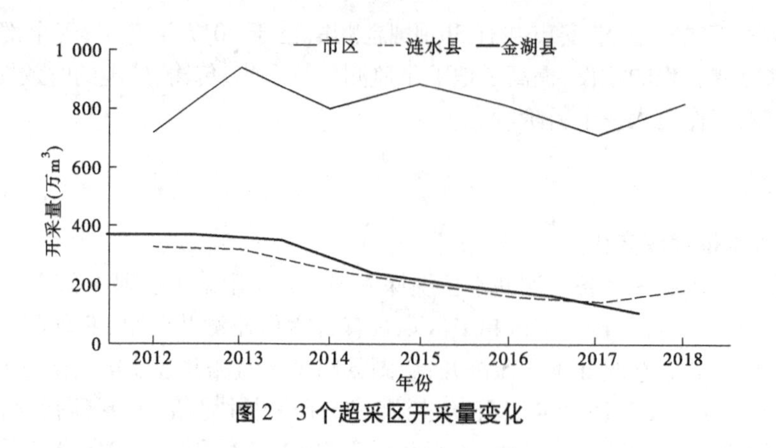

图2　3个超采区开采量变化

4　存在问题及建议

淮安市现状地下水开采统计数据由各县区统计，上报给市水利局统一汇总。统计数据与当地经济发展、开采井数统计差异较大，数据可靠度不高。经调查发现，多地地下水计量设施不完善，靠估算来统计开采量。地下水水量、水位监测是实施地下水取水总量和地下水位双控制度的前提。现状我市地下水开采计量率低，需加强地下水开采计量管理，推进计量设施安装到位，科学统计开采量，逐步建立地下水综合管理平台，实现对地下水水位、水质、开发利用情况、超采状况等动态监控，对地下水资源及其采补平衡情况进行动态评估，规范地下水开采监督管理工作，形成有效的监督管理机制，为地下水超采治理和管理提供有力支撑[6]。

参考文献

[1] 黄晓燕，冯志祥，李朗，等. 江苏省地下水超采区变化趋势分析[J]. 地下水，2014，36(4)：53-54，86.

[2] 冯志祥. 江苏省地下水超采区的分类及治理[J]. 水资源保护，2017，33(5)：117-122.

[3] 施小清，冯志祥，姚炳奎，等. 江苏省地下水水位控制红线划定研究[J]. 中国水利，2015(1)：46-49.

[4] 范宏喜. 开启地下水监测新纪元——聚焦国家地下水监测工程建设[J]. 水文地质工程地质，2015，42(2)：161-162.

[5] 乐峰，方瑞，吴健. 加强我省地下水超采区治理的情况分析和对策探讨[J]. 江苏水利，2014(5)：42-43.

[6] 陈飞，侯杰，于丽丽，等. 全国地下水超采治理分析[J]. 水利规划与设计，2016(11)：3-7.

走航式 ADCP 测流精度控制措施研究

王德维　程建敏　李　巍　张巧丽

（江苏省水文水资源勘测局连云港分局，连云港 222004）

摘　要　走航式 ADCP 已经广泛应用于河道流量测量，但是存在无处鉴定、参数设置不合理、施测不规范等问题，无法保证测验精度要求。为了提高走航式 ADCP 测流精度，提出了 ADCP 选型合理、安装要求严格、参数设置合理、动底测验方法正确及施测过程规范等控制要求和措施，为正确应用走航式 ADCP 提供了重要参考。

关键词　走航式 ADCP；流量测验；精度控制措施；动底

1　原理

1.1　多普勒效应

1842 年，奥地利物理学家多普勒带女儿在铁道旁散步发现火车通过时的一个现象，当火车逼近你时其汽笛声声调变高；当火车离你远去时，汽笛声声调变低。后人把它称为“多普勒效应”。当两个物体以一定角度相对运动时，将得到不同的“多普勒频移”，如果二者相互垂直（90°）运动，将不发生多普勒频移。

ADCP 是利用声学多普勒频移效应进行流速、流量测验的测验系统，一般由 ADCP、计算机、电源和数据处理软件等组成[1]。换能器向水中发射固定频率的超声波脉冲，当碰到水中的散射体（浮游生物、泥沙等）反射回波被接收。当散射体有相对运动，其反射的声波在频率上有一定的变化（频移）。由河底或海底的回波测量河底或海底相对于 ADCP 的运动，它是通过河底回波多普勒频移来计算船速称为底跟踪。通过跟踪水中的颗粒物的运动测得水流相对 ADCP 的速度，称为水跟踪。

1.2　两个基本假设

（1）反射声波信号的浮游物体（泥沙、微生物等）是随着水流运动的。

（2）所有四个 ADCP 波束都在测量同一个流速矢量。即流速在一个小范围的同一水平面上是不变的。

2　存在的问题

（1）无处鉴定，不做比测。目前国内采用的仪器大部分都是进口的，国内还没有鉴定机构，使用者常年也不做比测，认为测出的结果就是正确的。

（2）参数设置不合理。不能根据河流的水文特性，合理选择单元深度、单元数目、最

作者简介：王德维（1987—），男，工程师，主要从事水文测验与水资源调查评价工作。

大水深、最大流速及测流模式等，导致测量成果不合理。

(3)实测部分只有30%～50%，盲区推算方法选择不合理。

(4)忽略动底，直接采用ADCP底跟踪施测值，导致测量值偏小。

(5)使用者技术水平参差不齐，在安装、选型、施测过程中，不能按照规范进行，导致测量误差偏大。

3　精度控制措施

3.1　ADCP 选型合理

目前，常用的ADCP频率有300 kHz、600 kHz及1 200 kHz。频率越高，穿透性越差，越不容易穿透高含沙量的水流，能测得水深也越小，但精度较高；频率越低，穿透性越强，越容易穿透高含沙量的水流，能测得水深也越大，但测量盲区大，精度较低。因此，水深与泥沙含量决定了ADCP频率的选择。

在选择ADCP频率时，要综合考虑断面水深及泥沙含量等水文特性和精度要求[2]。当水体中泥沙含量导致施测不到深度时，建议选择频率更低的ADCP。

3.2　安装要求严格

3.2.1　ADCP

采用船测时，ADCP探头安装可以采用船头、舷中部边装和内部安装3种方式。ADCP换能器应垂直安装，纵摇和横摇的偏角宜≤2°，正向(一般为换能器3箭头的指向)指向船头，应尽量与测船中轴线平行[3]，换能器入水深度按船舶晃动不露出水面为宜，避免露出水面，发生空蚀现象。

若晃动较大不同波束施测的水深将相差较大，导致判断近水底层流速时因不同波束计算的数据不在同一水层而误差超限出现错误，还导致近底层空白区增大。ADCP探头安装不水平会出现的问题主要是数据错的多，特别是盲区增大。

一般情况下到底层附近剖面流速变化大，误差大于阈值的可能性就会增大，导致数据失真，出现盲区大。

3.2.2　GNSS

天线安装在ADCP探头垂直上方，能正常接收卫星信号，目的是测量的船速代表ADCP探头运动速度。天线安装不在垂直上方时，在测船转弯时，因角速度不同底跟踪和GNSS施测的船速将不一致，导致GNSS施测的速度不能代表ADCP探头的运动速度。

当ADCP数据采集软件中有GNSS天线位置改正设置功能时，天线可以不在垂直上方。

3.2.3　外部罗经

当内部罗经无法正常使用时，需要接外部罗经，外部罗经要与ADCP刚性连接，不能晃动，保证安装后能代表ADCP的转动方位。如罗经安装在船顶，那么ADCP绑在船上一定要牢固，否则罗经不能代表ADCP的方位。

3.3　参数设置有效

3.3.1　深度单元尺寸

深度单元尺寸(WS)应根据型号和测流模式设置，见表1。例如当采用600 kHz型号

WM1 测流模式时,深度单元尺寸为 50 cm,设置命令为 WS50。

表 1　ADCP 深度单元大小　　(单位:m)

ADCP 测流模式	1 200 kHz	600 kHz	300 kHz
WM1	25	50	100
WM5	5	10	20
WM8	5	10	20

3.3.2　深度单元数目

深度单元数目(WN)是设置垂直剖面上记录水层的单元个数,它可通过断面最大水深和测深单元尺寸计算求得。命令格式:WNnnn,在标准模式下,记录水层的单元个数为 1~128。深度单元记录数目:nnn = 最大深度(cm)/WS(cm)。但在实际情况下,可以增加几个,提高数据记录的安全性。若深度单元记录数目设置偏少,这样超过深度的流量数据将不再记录,造成记录不完整。当计算的记录水层的单元个数超过 128 时,可将 WS 适当增大后重新计算。

3.3.3　断面最大水深

断面最大水深(BX)是设定底跟踪断面最大搜寻深度的命令,单位为 dm,原则上推荐是断面最大深度的 1.5 倍,在现场如含沙量过大无法探测到河底时,可以适当加大搜寻深度,也是增大 ADCP 的发射功率。

如该命令设置偏小时,当大于该水深的地方将导致底跟踪失效,无法施测流量。

3.3.4　测量模式

TRDI 公司生产的 ADCP 通常包括两种工作模式:标准模式(例如“瑞江”ADCP 模式 1)和浅水高精度模式(例如“瑞江”ADCP 模式 5、模式 11)[4]。标准模式即是宽带模式;浅水高精度模式即是脉冲相干模式。标准模式流速测量范围大,剖面深度大,适用于大多数情况。浅水高精度模式流速测量范围小,剖面深度小,但流速测量精度非常高,其流速测验短期精密度可达 mm/s 的量级。因此,当流速很低(例如:流速 <10 cm/s)且水深较浅的情况,采用浅水高精度模式效果特别好。

对于在标准模式(WM1)下无法施测全断面流量时,可采用以下方式施测:

(1)标准模式(WM1)边滩水浅导致 ADCP 无法施测数据时,可采用浅水模式(WM5)动船或定点施测,并合计算流量。

(2)当 ADCP 无法施测时,可在流速垂线上采用转子式流速仪施测。

3.4　动底测验方法正确

当河流含沙量较大,特别是流速较大时,导致 ADCP 一定频率的测定的“底”是沿河床运动的即河床上面的泥沙是运动的,此种情况称为动底。动底时,常规的底跟踪方式施测流量偏小,宜采用回路法、定点多垂线法和差分 GNSS 法等。

3.4.1　回路法

回路法就是利用 ADCP 自身的底跟踪(BTM)功能在断面连续施测一个来回[5](见图 1),但开始和结束必须是同一位置,通过观测导航面板中直线距离和回路施测历时,利用公式(1)就可以计算出断面的“动底”平均速度,再将“动底”平均速度乘以断面面积就是因“动底”偏小的流量,最后加上实测流量就得到断面真实流量。

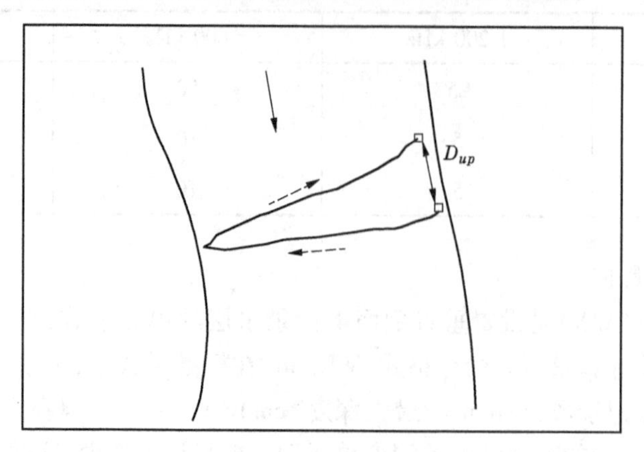

图1　回路法示意图

$$V_{mb} = \frac{D_{up}}{T} \tag{1}$$

$$Q = Q' + V_{mb}A \tag{2}$$

式中　V_{mb}——一个来回的“动底”速度, m/s;

D_{up}——一个来回同一位置因“动底”原因向上游的距离, m;

T——一个来回的所用的时间,s;

Q——断面修正后的流量,m^3/s;

Q——断面实测的流量,m^3/s;

A——断面的面积,m^2。

回路法前提是内部罗经要校正,至少要达到线性变化,否则不能用此方法。具有不需要 DGPS、实施方便、计算简便等优点,但是其精度取决于起点与终点重合、罗盘必须精确标定、断面必须垂直于主流向、必须保持底跟踪。

3.4.2　定点多垂线法

将 ADCP 当作流速仪用,采用定点测量。根据水文特性布设一定数量的测速、测深垂线,计算每条垂线的平均流速和部分面积,进而求得部分流量和断面流量(见图2)。

定点多垂线法具有不需要 GPS、与流速仪法相似等优点,但需要人工定位、必须考虑流向、保证 ADCP 不移动、费时、不适用航运繁忙的河流。

3.4.3　差分 GNSS 法

差分 GNSS 法就是利用差分 GNSS 代替底跟踪测量船速[3]。采用外接 GNSS 方式施测的流速是与磁偏角有直接关系,若内置罗经确定大地坐标与 GNSS 大地坐标之间偏角差异较大,则测流误差较大、精度较低。这样对于外接罗经的精度要求就显得更加重要。外接罗经校正方法:

(1)在一固定断面进行一测次(往返)ADCP 施测。

(2)采用试错法将安装外部罗经偏移量或磁偏差输入相同值后检查往返轨迹图,直

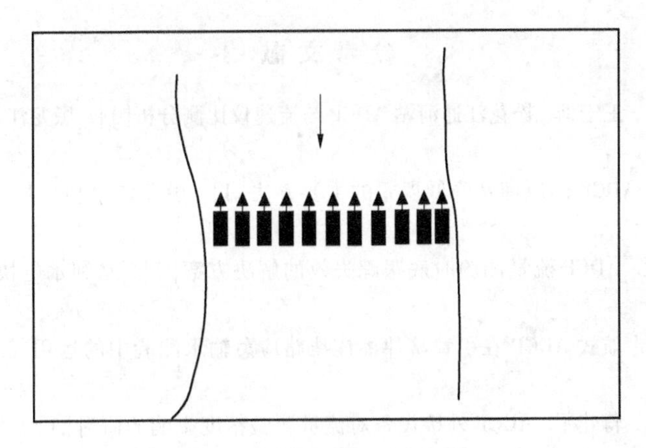

图2　定点多垂线法示意图

至满足有校正后的轨迹图要求。

(3)通过断面往返用试错法找出满足“跟踪相对 GNSS 轨迹线不能有向下游的趋势”的角度。

3.5　施测过程规范

(1)在起点位置应调整好航向,听到出发信号后,方可开始。

(2)声学多普勒流速仪施测流量应在满足水深条件下尽量靠近岸边。

(3)单次横渡施测时因尽量保持匀速和船首方向一致,施测时间不应小于 180 s,船速不宜大于 2.5 m/s。需要挑选垂线测点流速时,应在每条垂线一定半径范围内(根据断面宽度和流速变化情况确定)至少采集 4 组有效数据。

(4)当两边垂线因测船吃水深和多普勒流速仪盲区等原因无法施测流速时,应在满足多普勒流速仪施测前提下在边界增加测量垂线,并尽可能将位置固定。

(5)在起、终点位置停留时间不少于 5 组(次)脉冲信号,并在流量计算参数中设定。

(6)航迹应尽量与测流断面线重合。

(7)为减少因水流脉动带来的影响[6],航次应满足以下要求:①流量测验应施测两个测回(往返各 2 次),任一次 BTM 和 GGA 模式下流量与平均值的相对误差不应大于5%,否则补测同向的一个测次流量。当断面流场出现顺逆不定或流量小于某值时,可不考虑单次流量间的相对误差(需主管技术部门批复),流量以施测两个测回的均值为准。②当 BTM 模式和 GGA 模式断面流量误差超过 ±1% 时,则应采用 GGA 模式下流量作为断面流量。

4　结　语

河流流量测验是水文工作者的重要任务之一,ADCP 流量测验方法的发明被认为是河流测验领域的一次革命,比传统的河流测验方法效率提高了十几倍,它标志着河流流量测验的现代化[7]。但是必须全面了解其基本原理和操作要点,严格执行测验规范要求,才能正确应用 ADCP 测流,才能保证测验精度。

参考文献

[1] 杨庆福，王庆堂，王宏博. 松花江通河站 ADCP 与流速仪比测分析[J]. 黑龙江水利科技，2011，39(2)：101-102.

[2] 芦意平. 走航式 ADCP 的原理及降低误差的主要方法[J]. 黑龙江水利科技，2018，46(7)：123-124，134.

[3] 蒋建平，段云雁. ADCP 流量测验时底跟踪失效的解决方案[J]. 水利水电快报，2008(1)：190-195.

[4] 吴晓楷，张淼. 走航式 ADCP 在引黄济津潘庄线路应急输水测验中的运用[J]. 海河水利，2012(3)：19-23.

[5] 陈守荣，香天元，蒋建平. ADCP 外接设备对流量测验精度影响的研讨[J]. 人民长江，2010，41(1)：29-34.

[6] 谢长淮. GPS 与声学多普勒流速剖面仪在"动底"测流中的应用研究[J]. 工程勘察，2011，39(5)：70-73.

[7] 张辉，危起伟，杨德国，等. 利用 ADCP 测流数据建立河床 DEM 方法研究[J]. 地理空间信息，2007，5(5)：114-116.

宿迁市省界断面水文监测现状及建议

郭　伟　王　露　戴鹏程　邓　围　孙金凤

（江苏省水文水资源勘测局宿迁分局，宿迁 223800）

摘　要　为落实最严格的水资源管理制度，淮委对现有水文站网布局进行调整，对宿迁市3处省界断面监测站进行升级改造，本文力图通过分析宿迁市省界断面水文监测现状，发现其存在的问题并提出建议，以期促进省界断面水文监测工作的发展。

关键词　淮河流域；省界断面；宿迁市；水文监测

为落实最严格的水资源管理制度，淮河水利委员会根据《全国省界断面水资源监测站网规划》对现有的水文站网布局进行调整、数量进行增加、功能进行拓宽，对淮河流域淮河、洪河、史河、颍河、涡河、沂河和沭河等7条河流规划监测断面，共布设81处，利用改造现有水文站32处，新建水文站49处，主要分布在江苏、安徽、山东和河南4省18个地市[1]。其中，江苏省宿迁市有3处，即泗洪（老）、泗洪（濉）和双沟水文站。

水文监测是指通过科学方法对自然界水的时空分布和变化规律进行监控、测量、分析及预警等的一个复杂而全面的系统工程，是为国民经济建设、防汛抗旱、水资源开发利用和水环境保护等提供基础信息的重要工作。开展淮河流域省界断面水文监测可以实现省际河流行政区界出、入境水量的有效监控，是对行政区用水总量量化监督考核的必要手段，贯彻落实水资源管理"三条红线""四项制度"的基础性工作，是建立水资源管理责任和量化考核制度的前提，是强化监督考核的重要技术支撑。

1　宿迁市省界断面水文监测站网基本情况

1.1　基本测验情况

1.1.1　泗洪（老）水文站

泗洪（老）水文站位于江苏省泗洪县青阳镇泗洪S121公路桥下游200 m处，地处淮河中游区，是国家重要水文站，也是入洪泽湖的重要控制站之一，中央级报汛站。

本站测验河段系人工开挖，河道顺直整齐，为复式断面，主槽宽度为55 m，两边滩地宽度为81 m，水位达15.12 m以上时右岸漫滩，当水位在15.56 m以上时左岸漫滩，河道土质为砂壤土，间有砂姜。河道上游有新建沟和民利河两大支流汇入。民利河来水受民利闸控制，此闸距本站约21 km，闸下约7.5 km处有位岗闸1座，控制其区间水量，新建沟在刘圩闸下游汇入老濉河，距本站约30 km处的刘圩闸一直处于关闭状态，调蓄区间水量，用于灌溉等，仅洪水时期才开闸泄洪，对本站测验有一定影响。另外，本站断面下游

作者简介：郭伟（1989—），男，助理工程师，主要从事水文水资源、水土保持工作。

4.5 km处与濉河交汇,9 km处与新汴河汇合。老濉河原缆道房位于老濉河右岸,因缆道房改造,2017年1月1日由右岸迁移到左岸,基本水尺断面兼流速仪测流断面下迁50 m,新建左岸远传自记水位计与基本水尺组。

本站水文基本业务规定观测的项目有降水量(人工、自记)、蒸发量、水位(人工、自记)、流量(水文缆道、走航式ADCP)、悬移质输沙率、含沙量、水质等。泗洪(老)水文站的设立为掌握入洪泽湖基本水情、水利工程规划设计、防汛抗旱等需要提供资料。

1.1.2 泗洪(濉)水文站

泗洪(濉)水文站位于江苏省泗洪县青阳镇泗洪S121公路桥下游150 m处,地处淮河中游区,是濉河入洪泽湖重要控制站之一。

测验河段系人工开挖,河道顺直整齐,复式断面,主槽宽度为64 m,滩地宽度为185 m,水位超过15.10 m时漫滩,河床主槽砂姜土河床,岸滩砂壤土河床。本站上游有奎河、拖尾河、运料河和三渠沟等支流汇入,受浍塘沟闸控制;浍塘沟以上有老汪湖闸调节拖尾河等来水。另外,本站断面上游约15 km和30 km处,分别设有草庙闸和八里桥闸,主要调蓄区间水量,用于灌溉等。只有洪水期才开闸泄洪,并且开关闸频繁不定,对本站测验影响较大。另外,距本站断面下游约4.5 km处与老濉河交汇,约9 km处与新汴河汇合变动回水和湖水的顶托,对水流影响很大。原缆道房位于濉河左岸,因缆道房改造,2017年1月1日由左岸迁移到右岸,新建右岸远传自记水位计与基本水尺组。

本站水文基本业务规定观测的项目有水位(人工、自记)、流量(水文缆道、走航式ADCP)、悬移质输沙率、含沙量、水质等。泗洪(濉)水文站是国家重要水文站,中央级报汛站,也是入洪泽湖的重要控制站之一。为掌握入洪泽湖基本水情、水利工程规划设计、防汛抗旱等需要提供资料。

1.1.3 双沟水文站

双沟水文站位于江苏省泗洪县双沟镇S121公路桥上游160 m处,地处淮河中游区,是怀洪新河入洪泽湖的重要水情控制站,属国家重要水文站,中央级报汛站。

测验河道顺直,属于梯形人工河道,基本无冲淤现象,基本断面上游有部分块石护坡,1 km处有下草湾引河分水入洪泽湖,距本断面4 km入洪泽湖。下草湾基本测流断面位于下草湾引河宁徐公路大桥下游60 m处,上游约8 km处与怀洪新河平交分水,下游2 km处为宁徐高速公路大桥,约3 km处有新河头水位站,距洪泽湖河口约4 km。本站受水区域位于淮北平原,本断面上游27.5 km为天井湖与之相连,天井湖上游有石梁河流入,由石梁河地涵控制入量;距本站断面约37.5 km处为沱湖,唐河及沱河两大河流流入沱湖,浍河与澥河流入香涧湖,三湖串联入怀洪新河经双沟站所控制的双沟、下草湾两断面入洪泽湖。

本站水文基本业务规定观测的项目有降水量(人工、自记)、水位(人工、自记)、流量(水文缆道、时差法测流、走航式ADCP)、悬移质输沙率、含沙量、水质等。双沟水文站的设立是为掌握怀洪新河及上游支流入洪泽湖的水情、水利工程规划设计、防汛防旱等部门收集水文信息。

1.2 遥测系统运行管理情况

泗洪(老)和泗洪(濉)水文站遥测系统维护运行管理实行泗洪水文水资源监测中心

与泗洪（老）、泗洪（濉）水文站两级管理责任制；双沟水文站遥测系统维护运行管理实行泗洪水文水资源监测中心、双沟水文站两级管理责任制。泗洪水文水资源监测中心负责提供维护运行管理的资金保障、技术指导和上报成果的审查。泗洪（老）、泗洪（濉）和双沟水文站分别负责测站遥测设备的日常维护、运行监控、资料整理、误差分析、一般故障处理和重大、特殊问题的上报。

各水文测站水位观测人员在每天水位观测时，对监测设备进行巡视，如发现异常情况，立即查明情况并向上级报告；为保证测验成果的质量和精度，测站人员加强对水位监测设备周围水面进行观察，发现附近有漂浮物时，立即进行清理；每天 8 时的遥测系统水位值与基本水尺水位值进行校核，如发现两者差值超出规范允许范围（2 cm），进行分析，查找原因，同时上报泗洪水文水资源监测中心。对水文测站运行过程中出现的问题，本着及时发现、迅速解决、提高监测质量、保证正常运行的原则，现场检查发现问题不能迅速排除时，立即向泗洪水文水资源监测中心报告。泗洪水文水资源监测中心可以解决的，立即解决。资料成果包括：观测时段不同系列的日平均水位、日平均流量和特征值；不同系列之间水位误差分析成果；降水量资料；维护运行管理工作实施情况和运行日志中记载的重大问题等。

2　宿迁市省界断面水文监测存在问题

2.1　部分现状省界站测验设施设备落后

2014 年，淮河水利委员会组织实施了淮河水系重要省界断面水资源监测 16 处水文站改造项目，对宿迁市怀洪新河、老濉河、濉河等 3 条省际河流上的 3 处现状省界站进行了改造，提高了测验水平及技术装备标准，但仍旧存在部分测站设施设备落后、自动测报水平低等问题，测站人员人身安全难以得到保障，大大制约了为水资源管理服务的能力。如双沟站已安装较为先进的时差法测流系统，但泗洪（老）和泗洪（濉）水文站仍旧依赖传统的水文缆道测流，工作量大，故障率高，不能满足实际工作需求。

2.2　基层水文测站人员不足，技术力量薄弱

目前，水文行业向自动化、现代化快速发展，基层水文测站的基础设施也得到了明显改善，水位、降水量等观测项目实现了自动化采集与传输，但基层测站职工建设却较为滞后，测站人员呈逐年递减趋势，年龄趋于老化，工作岗位存在断档难题，无法满足现代化水文工作的需要[2]。如泗洪（老）水文站在编职工只有 2 人（合同工 1 人），2 人都在近两年内退休，双沟站在编职工 1 人（合同工 1 人），也于 4 年内退休。再加上基层水文测站地处偏远，条件艰苦，招聘报考人数较少，有很多新进大学生来了就走，队伍建设不稳定。另外，目前合同工工资较低，人员也素质参差不齐，很多都不是水文专业，技术力量薄弱，面对水文技术的改革和进步，无法完全掌握并运用于工作中来。

2.3　测验河段受人为、水利工程影响较大

《水文监测环境和设施保护办法》规定：沿河纵向以水文基本监测断面上下游不小于 500 m，不大于 1 000 m 范围为水文监测河段周围环境保护范围，禁止在周围环境保护范围内取土、挖砂、采石、倾倒废弃物等。但实际上现状省界站存在测验河段内采砂、倾倒废弃物等现象，给水文监测工作的正常开展带来了很大阻力，再加上近些年来大量水利工程

的建设,影响到水文测站的测验环境和上下游水沙情势,严重影响了水文资料的连续性、代表性,给水文测验、水文预报、水资源计算造成了一定的困难。如泗洪(老)水文站上游民利河来水受民利闸控制,此闸距本站约 21 km,闸下约 7.5 km 处有位岗闸一座,控制其区间水量,对水文测验影响较大。泗洪(濉)水文站上游约 15 km 和 30 km 处,分别设有草庙闸和八里桥闸,主要调蓄区间水量,用于灌溉等。只有洪水期才开闸泄洪,并且开关闸频繁不定,对水文测验影响较大。

3 建 议

3.1 优化省界断面水文站网建设,引进高技术水文设备

省界断面水文站网建设应综合考虑水资源管理及防汛等其他业务的需要,应保证水量水质兼顾。加快水文测报技术设备的更新改造,大力引进研发声学多普勒流速仪、时差法测流系统、电波流速仪、自动蒸发监测系统等新仪器新设备,并将水质纳入其中,提高自动化水平,加快水文信息传递速度,实现全天候监测,提升流域防汛、水资源管理、水生态保护及工程建设服务的能力,确保监测信息的准确性和时效性。省界断面大多地处偏僻,条件艰苦,给传统驻测方式的实施带来了困难,建议加强巡测基地建设,逐步实现"有人看护,无人值守"和"汛期驻测、非汛期巡测"的水文监测方式,大幅减少人力、财力、物力成本[3]。

3.2 加强水文队伍建设,全面提高水文人员素质

加强水文队伍建设,加大人才引进、培养力度,建立完善的人才激励机制,加强在职教育,优化知识结构,优化队伍结构,设立技术带头人,全面提高队伍素质,进一步提高水文测报和监测预报水平,建立一支弘扬团结、进取、求实、奉献的水文精神,一支思想强、业务精、作风硬的水文队伍,在深度和广度上满足当前水文工作的需要。同时,适当提高合同工工资待遇,增强代办员的事业心和责任感,从而进一步提高水文数据观测质量。

3.3 加强省界水文监测环境和设施保护

水文部门职工应加强学习相关法律法规,提高法制意识,积极联合水政执法部门,坚持以法律武器维护自身的合法权益,同时利用各种渠道宣传水文工作及其在国民经济发展中发挥的重大作用,让民众了解水文、支持水文,提高民众的积极性、自觉性,营造出水文监测环境和设施保护的良好氛围。另一方面,加强对受水工程影响的河流水沙关系研究等基础分析工作,通过技术手段实现工程建设前后相关测站水文资料的一致性、连续性,科学、审慎地调整受水工程影响的水文站网。

4 结 语

省界断面水文监测信息涉及省际河流所在行政区核心利益,有利于了解各行政区取用水、排污等情况,有利于水资源管理部门及时做出科学决策。加强省界断面水文监测体系建设,提高预测预报预警能力,强化科技创新和队伍建设,充分发挥省界断面水文监测工作在政府决策、经济社会发展和社会公众服务中的作用,服务好防汛抗旱、水利建设、水资源管理工作,以更好地利国利民,发挥出更大的价值。

参考文献

[1] 赵瑾,江守钰,钱名开.淮河流域省界断面水资源监测站网管理体制的几点思考[J].治淮,2015,12:36-38.

[2] 肖珍珍,赵瑾,王天友.淮河流域省界断面水资源监测站网建设项目综述[J].治淮,2019(1):6-7.

[3] 范辉,柳华武,马金一.海河流域省际河流省界断面水文监测的思考[J].水利信息化,2017(2):58-60,68.

日照市2018年防台风实践及思考

张　雷[1]　吕　玲[2]　苗文娜[2]

（1. 日照市水文局，日照 276826；
2. 日照市水利局，日照 276826）

摘　要　2018年日照市连续受第10号台风“安比”、第14号台风“摩羯”、第18号台风“温比亚”影响，多次出现连续强降雨，市内河道发生大洪水，沭河段出现1974年以来最大洪水，全市水库总蓄水量达到历史最高值，青峰岭水库达到建库以来最高水位，汛情历史罕见。本文对暴雨洪水成因、特性和规律进行了分析，对防汛防台风的实践经验进行总结并提出相关建议，对今后沿海防台风工作提供经验参考。

关键词　日照市；台风；暴雨洪水；减灾措施

1　区域概况

1.1　自然地理

日照市地处我国东部沿海中段，山东半岛南翼的黄海之滨，东临黄海，隔海与日本、韩国相望，西依沂蒙山区，南与江苏省连云港市接壤，北与青岛市、潍坊市毗邻。是全国园林绿化先进城市，已被国家列为沿海15个重点建设的城市之一，“一带一路”新亚欧大陆桥经济走廊主要节点城市。

日照市倚山傍海，总的地势是中高周低，略向东南方向倾斜，属鲁东南丘陵区。境内河流纵横交错，分属三大水系，即沭河水系、潍河水系和东南沿海水系，有大小河流50余条。较大的河流有沭河、潍河、傅疃河、潮白河和绣针河等；全市已建成大型水库3座，即日照、青峰岭和仕阳水库，总库容8.56亿 m^3；中型水库10座，即马陵、巨峰、峤山、户部岭、石亩子、学庄、河西、小王疃、长城岭、龙潭沟水库，总库容2.26亿 m^3；共有小型水库556座，共有塘坝5 614座，各类拦河闸坝橡胶坝92座。

1.2　水文气象

日照市地处中纬度地带，属暖温带半湿润季风区大陆性气候，由于紧靠沿海，受海洋性气候影响较大。全年在作物生长季节，光照充足，热量和降水量都较丰富，个别年份也出现旱涝、低温等灾害性天气。全市多年平均降水量810.2 mm，降水量地区分布差异较大，总的分布趋势是自东南向西北逐渐递减，雨量中心在日照水库附近。降水量年际变化大，年内分配不均，雨季一般集中在6～9月。水汽来源主要是西太平洋低纬度暖湿气团的侵入和台风、台风倒槽及东风波输送的大量水汽。

作者简介：张雷（1977—），男，高级工程师，主要从事水文水资源、水文情报预报、水利信息化等工作。

据气象统计资料显示,全市多年平均气温12.6 ℃,极端最高气温43.0 ℃,极端最低气温-18.9 ℃。多年平均无霜期226 d,多年平均日照时数2 503 h,多年平均相对湿度72%,多年平均最大风速11.0 m/s。

2　洪水成因及过程

2018年7月下旬至8月中旬,台风“安比”“摩羯”“温比亚”3个台风相继影响日照市,其频度、力度均创新记录,致使全市多处水库超汛限水位,防洪形势异常严峻。7月21—24日,受第10号台风“安比”影响,日照市出现大风和强降雨,全市平均降水量139.5 mm,最大点五莲县石亩子水库雨量站214 mm。

8月14—15日,受第14号台风“摩羯”减弱的低压环流影响,全市普降暴雨,最大降水量为236 mm,出现在五莲县高泽镇,由于流域前期土壤湿润,降雨后产流较大,主要河道水库均出现大的洪水过程。

8月18—21日,再次受第18号台风“温比亚”外围环流影响,全市出现高强度降雨,全市平均降水量112.5 mm,最大点为寨里河雨量站217 mm。海上出现6~7级大风,阵风最大风力达到9级。前期土壤基本饱和,产流系数增大,多重因素叠加,全市河道再次发生大洪水。日照市启动重大气象灾害四级响应,防汛预警升级为Ⅲ级预警。

3　暴雨洪水分析

3.1　雨情特性

据日照市水文局统计,台风期间的7月、8月降雨较多年同期偏多28%,降雨时空分布极为不均,6月前期降雨偏少,受3次台风连续影响后降雨偏多,莒县和五莲县降雨量大于东港区、岚山区、沿海地区,雨量最大值区位于五莲县石场和莒县陵阳一带,沿海地区雨量相对较小;极端、局地强降雨呈现多发频发特点,尤其是7月、8月短时局地强降雨过程表现最为明显,期间共发生区域性或极端性强降雨共发生10次,其中区域性强降雨4次、局地性强降雨6次,而且过程降雨量和小时降雨量均突破历史极值。8月五莲县的月降雨量达1961年以来的历史极值,8月14—15日五莲县高泽日降雨量达236 mm,创有历史记录以来最大值。

3.2　水情特性

受“三台风”影响,全市有2座大型水库、8座中型水库、33座小(1)型水库、341座小(2)型水库和2 515座塘坝达到或超过汛限水位;8月20日0时,青峰岭水库入库洪峰最高达1 900 m^3/s、库水位最高达到160.79 m,为建库以来历史最高;日照市河道均发生洪水,沭河莒县段出现1974年以来最大洪水,最大洪峰流量发生在沭河莒县水文站断面,8月20日7时44分实测流量1 192 m^3/s。

“三台风”过程结束后(8月底),全市13座大中型水库蓄水量达到历史最高,3座大型水库蓄水4.65亿 m^3,较10号台风前增加1.74亿 m^3;10座中型水库蓄水12 436万 m^3,较10号台风前增加3 866万 m^3;小型水库和塘坝蓄水较10号台风前增加4 306万 m^3。全市地表蓄水工程总蓄水8.04亿 m^3,较10号台风前增加2.56亿 m^3。

4　防洪减灾措施

4.1　各级高度重视，周密安排部署

日照市委、市政府高度重视，主要领导多次到一线督导检查，对防汛作出全面部署安排；严格落实防汛责任、值班备勤制度和险情灾情报告制度，严格落实应急响应和防汛抗灾措施；快速启动各项防御工作，先后召开视频会、调度会等各类防汛防台风会议近 10 次，下发各类通知、指令，紧急部署防范工作；各级防指层层召开会议，逐级逐项落实各项防范措施，全力抓好督导检查，加密工程运行调度，抓好防汛物料调用、队伍动员等各项工作；统筹城乡防汛工作，防止出现山体滑坡、老旧房屋倒塌、道路积水等次生灾害。

4.2　加强会商和预报预警

日照市防汛指挥部门加大研判力度，先后召开防汛防台风会商会议 10 余次，对台风路径、雨水情形势及对我市的影响，进行了分析、研判和会商，形成会商意见。市水文局通过对实时雨水情分析及预测预报，向防指部门提供沭河流域水文趋势分析预测 3 份、全市大中型水库和河道滚动预报 6 次，及时精准的洪水预报结果，为防汛决策提供了重要的科学依据；根据汛情及时启动防汛防台风Ⅳ级预警 2 次，启动防汛防台风Ⅳ级应急响应 1 次，8 月 19 日 22 时 40 分为全面应对第 18 号台风“温比亚”将防汛Ⅳ级预警升级为Ⅲ级预警，经综合研判于 8 月 20 日 7 时 00 分，解除防汛级Ⅲ级预警，市水文部门实时向防指成员单位发布预警情报信息，提供了优质的情报服务；通过电视、网络等方式，引导全社会自觉防灾避险。

4.3　强化督导调度力度

日照市防指派出多路督导检查组赶赴一线，现场督导指导工作 20 余次，深入到重点河道、水库进行督导检查，查看水情、工情、险情；“温比亚”台风期间，在前期排查的基础上，再组织拉网式排查，严抓水利工程调度运行，期间对傅疃河厦门路大桥影响泄洪施工现场，现场下达了停工通知书，责令施工队伍和机械立即撤离现场，并督促施工单位疏通行洪河道，修复河道堤坝。

“三台风”期间，多次对全市值班值守情况进行抽查，各级各单位加强值班值守，抽调精干力量全力投入到防汛值班中，对小型水库防汛“三个责任人”情况进行严格调度，督导开展雨前、雨中、雨后排查检查，采取“四不两直”的方式对各类水库进行了暗访检查。

4.4　洪水调度科学合理

“三台风”期间，全市有 3 座大型水库、9 座中型水库、300 余座小型水库进行泄洪放水，为日照市历年之最。青峰岭水库入库洪峰最高达 1 900 m^3/s（8 月 20 日 0 时）、库水位最高达到 160.79 m（8 月 20 日 6 时），为建库以来的历史最高水位。对此，市防总现场指挥调度水库开闸泄洪工作，全力保障水库工程安全、下游河道行洪安全、水库上游库区不受淹。根据市水文部门建议，针对青峰岭、仕阳、峤山 3 座大中型水库全部向沭河泄洪的实际，指挥 3 水库分时段错峰调洪，科学蓄泄洪水，发挥水利工程错峰、削峰的作用，减轻洪水对河道两岸侵害，发挥了显著的防洪效益。

同时，加强河道洪水监测和河堤巡查值守，及时劝阻下河捞鱼的群众远离河道，确保河道行洪安全和人民群众生命安全。根据雨情发展，提前做好沿途河道、沭河公园人员撤

离工作。科学合理的调度,保障了全市各类水库、塘坝、河道、沿海防潮堤等防洪、防风暴潮工程未出现大的险情,均正常安全运行。

4.5　迅速开展灾后修复工作

台风过后,市防总派出督导检查组分赴各区县,开展灾后工程安全隐患排查和水毁工程修复督察工作。市住建、公安、国土、旅发、海洋渔业、交通、农业、林业、通信、电力等市防指成员单位都按照各自职责密切配合,切实做好相关水毁设施修复重建工作。市民政局第一时间查灾核灾报灾。受灾区域的各级党委、政府立即行动,深入村居开展应急救灾工作,组织指导受灾群众开展生产自救,努力降低灾害损失。

5　相关建议

5.1　抓好各类防洪工程治理工作

全市70%的塘坝仍处于病险状态,存在较大隐患,部分小型水库病险隐患没有彻底根除,多数小河道尚未得到系统治理,沿海防潮堤单薄,山丘区防御山洪灾害压力大,城市部分地段排水能力较弱。因此,在继续做好病险水库和塘坝除险加固工作的同时,进一步摸清各类防洪工程的底子,建立相关台账,加大资金投入,开展全面整治。

5.2　做好沭河上游河库联合调度

洪水过程中,上游沙沟水库泄洪和库下区间支流洪水叠加,致使青峰岭水库入库流量最高值达1 900 m^3/s(8月20日0时)、库水位达建库以来历史最高水位。提高沭河上游流域的洪水预报精度,做好河库联合调度是非常重要的,做好该项工作,确保下游河道行洪安全,把洪水危害降到最低。

5.3　重视非工程措施建设力度

采用先进的抗洪抢险技术和装备,加强水情测报和洪水预报预警系统建设,建立综合防汛会商视频系统,提高水文气象预警服务能力,加大水利信息化建设和管理工作。对全市隐患点开展防洪风险普查工作,构建包含雨水监测、灾情、承灾抗灾能力、应急救援力量等灾害应急信息的大数据库平台,建立基于大数据技术的防灾减灾信息资源跨部门共享机制。

5.4　增强抢险应急保障能力

防汛抢险应急队伍力量还比较薄弱,农村劳动力大量进城,群众性防汛队伍落实有难度,专业抢险队伍普遍存在规模偏小、装备落后、组织指挥和技术水平低,防汛物资储备不足等现象。政府部门要加强专业级应急抢险机制建设,做到及时响应灾害应急指令,及时调度救灾物资,及时组织受灾群众转移避险,及时做好灾害救助、恢复生产和重建家园,确保生产生活秩序和社会稳定。

5.5　提升全民防灾意识和防御能力

部分干部群众存在麻痹思想,忧患意识、战备意识不强,部分新换领导干部对防汛工作和应对措施不够熟悉,对暴雨台风危害性的认识程度不够。如:部分群众在水库泄洪时,不顾多次强调劝阻仍然下河捞鱼,带来很大的安全隐患。因此,防汛宣传工作必须常抓不懈,使全社会充分认识防洪减灾的重要性。

6 结　语

本次历史罕见的“三台风”造成的暴雨洪水,持续时间长,雨量集中,全市河道都发生了不同程度的洪水。在日照市各级各部门的共同努力下,取得了防御“三台风”工作的全面胜利,实现了泄洪过程中未发生任何险情,未发生人员伤亡,未发生大面积冲淹农田,未发生库体损坏等“四个未发生”。为此,分析本次台风型暴雨洪水特性,将为日照市今后防灾减灾提供技术参考。

参考文献

[1] 王家祈.中国暴雨[M].北京:水利电力出版社,2002.
[2] 吉林省水文水资源局.吉林省“2010.07”洪水调查分析报告[R].2011.
[3] 罗兆军.辽宁省防御“8.03”暴雨洪水工作总结与思考[J].中国水利,2017,829(19):60-62.
[4] 沂沭泗水利管理局.沂沭泗防汛手册[M].徐州:中国矿业大学出版社,2018.

青少年水文科普课程教学设计与实施

安　磊　牛　淼

（济宁市水文局，济宁 272019）

摘　要　随着水文科普活动的开展特别是一批水文科普教育基地的成立，为青少年群体提供了了解水文、掌握水文等自然科学提供新的平台，培养他们走进自然的兴趣爱好和认识自然的科学方法。如何较好地组织开展水文科普教学活动，提升水文科普教学活动的针对性、实效性及内容的多样性，需要水文科普志愿者们研究和探索。本文从水文科普课程开发的背景、意义和基本理念，课程目标与内容安排，课程实施的保障等方面，结合水文科普实践谈了一些个人看法和建议。

关键词　水文；科普；教学设计

为深入贯彻落实习近平总书记提出的十六字治水方针和党的十九大报告关于实施国家节水行动的要求，弘扬“忠诚、干净、担当，科学、求实、创新”的新时代水利精神，培育爱水、护水社会风尚。为公众特别是青少年群体了解水文、掌握水文等自然科学提供新的平台，培养他们走进自然的兴趣爱好和认识自然的科学方法，济宁市科学技术协会和济宁市水文局利用城区水文中心成立了济宁市水文科普教育基地。旨在通过科普的形式，宣传、普及水文有关科学知识、科学理念、科学方法。通过科普活动，使广大青少年深入了解水文工作在防汛抗旱、水资源保护、工程建设管理等方面发挥着重要的作用。激发他们去学习水文知识，探索水文奥秘，同时提升水资源节约保护和水安全意识。由于水文科学中融合了数学、物理学、化学等基础科学知识，也可以通过水文科普活动强化相关科学知识的掌握。

1　课程开发的背景和意义

中共中央、国务院《关于加强科学技术普及工作的若干意见》明确提出：“科学技术的普及程度，是国民科学文化素质的重要标志，事关经济振兴、科技进步和社会发展的全局”，“要动员全社会力量，多形式、多层次、多渠道地开展科普工作，传播科技知识、科学方法和科学思想，使科普工作群众化、社会化、经常化”。为落实中央关于大力宣传节水和洁水观念，水利部会同中宣部、教育部、共青团中央在深入调研我国水情教育现状、充分借鉴国内外经验、分析总结特征规律、广泛征求意见和协调的基础上，编制完成了《全国水情教育规划（2015—2020 年）》（简称《规划》）。《规划》强调水情教育是国情教育的重要组成部分，主要是通过各种教育及实践手段，增进全社会对水情的认知，增强全民水安

作者简介：安磊（1980—），男，会计师，主要从事纪检监察、水文水资源监测、评价工作。

全、水忧患、水道德意识，提高公众参与水资源节约保护和应对水旱灾害的能力，促进形成人水和谐的社会秩序。其核心是引导公众知水、节水、护水、亲水。对社会公众特别是青少年群体进行水文科学技术普及教育，不仅是一项重要的国民素质塑造工程，而且是广泛深入开展基本水情宣传教育，教育引导形成节约用水、合理用水的良好风尚，凝聚治水兴水合力的迫切要求，具有深远的历史意义和现实意义。

2 课程开发的基本理念和现有条件

我们拟开发的"青少年水文科普"课程根据国家"科教兴国"的发展战略，结合基层水文机构的具体实际，充分利用可利用的教育资源，从科学知识、科学方法和科学思想三个方面挖掘内容，通过整合形成富有特色的科学合理的课程，力求多形式、多渠道地为学生提供水文科普知识学习和实践阵地，提高他们水文知识积累水平，改善他们对水的认知、态度和行为，培养他们的思维能力、动手能力和创造能力，将知识普及和观念培育进行有机结合。设计基于以下的理念。

2.1 改革传统的课堂式教学模式，开展实践活动和情景式教学

近年来，济宁市水文局结合"3.22"世界水日、中国水周等活动，积极组织开展水情教育进社区、进乡村、进工厂等宣讲活动，针对青少年群体，也分别组织专业技术人员到幼儿园、中小学、大学校园以主题班队会或者公开课等形式进行普及。通过活动开展取得了较好的效果，也深受青少年及学校的欢迎，但局限于课堂教学的条件限制，只能通过 PPT 展示、简单仪器展示等方式进行。利用条件成熟、位置适合的基层水文测站实施科普教育，则能全方位地展示水文监测工作环境、流程、设备设施，同时，也便于开发一些能够让青少年亲自参与的操作环节。在提高青少年学生科学素养和知识量的同时，提高他们的思维能力和动手能力。

2.2 结合教育实践，侧重良好行为习惯的培养和水文化熏陶

通过水资源开发利用、水循环、暴雨洪水知识讲解，增强青少年的水安全、水道德意识，培养良好的节水、护水习惯和灾害防范避险能力。对于高年级青少年，认识水与人类文明，水文与经济社会的关系，增强水安全、水忧患意识。

2.3 培训专业技术队伍，实现双赢

孔子云：教学相长。通过本课程的开发和实施，积极倡导广大水文专业技术人员走进社会，拓宽视野，促使专业技术人员巩固学科知识，学懂弄通各类监测技术、仪器设备的原理和理论依据，提升语音表达能力。在教与学的过程中，双向互动、相互影响，营造充满科学精神的文化氛围。

3 课程设计

我们开发青少年水文科普课程的总体目标是：制定明确的课程目标，丰富教育实践形式，形成系统的教学内容和教学流程，通过教学经验的积累，使之具有可持续性。让青少年随着教育实践活动的深入，在科学知识的积累、科学方法的获取、科学思想的形成、水安全、水道德意识以及水文实践活动的操作等方面不断得到锤炼和提高。

3.1　课程目标

(1)了解并掌握水资源分布、水循环、水环境、水文监测与暴雨洪水等水情教育知识，体会科学的魅力、知识的力量，更好地激发学生学习水文等自然科学的浓厚兴趣。

(2)增强青少年的水安全、水道德意识。

(3)培养良好的节水、护水习惯。

(4)提升水灾害防范避险能力。

(5)倡导科学方法、传播科学思想，培养青少年正确的科学精神。

3.2　课程内容

根据课程目标和开发理念，我们将课程内容架构搭建包括以下几个方面。

3.2.1　科普知识讲座

根据参观者不同年龄段确定讲座的主题，通过多媒体演示、专业技术人员讲座、学生交流等途径完成目标。

第一部分：认识水。以日常生活中的水为切入点，通过讲解可用水资源的稀缺、分布不均，水污染、水土流失等情况，逐步唤起青少年节水、惜水、护水的意识。

第二部分：水文循环。讲解淡水的动态循环，由此引出水文的概念，初步讲解水文站在水循环的哪些环节采集水文要素。

第三部分：水文站。通过介绍各类水文监测站、水文观测的历史、水文情势以及相关的水文知识。向青少年讲解水位、雨量、泥沙、水质、流量、蒸发、墒情等项目的监测仪器设备和操作过程，就他们感兴趣的问题进行交流和探讨。使青少年对水文测验和水文资料的作用等方面有更为直观和深刻的了解。

第四部分：科技的力量。通过水文现代化建设的讲解，让青少年感受到水文工作既古老，又现代。让青少年朋友了解到自动化、信息化、科学化、全面化的现代水文要实现什么，如何实现。

第五部分：生活与水文。讲述历次大暴雨洪水和抗旱的关键时刻，水文工作者为各级政府防汛抢险、抗旱救灾提供决策依据的事迹。讲解防汛抗旱应急响应等级、洪水安全常识等，教育青少年关注人身安全、掌握遭遇洪水时的避险及自救知识、培养安全意识。

3.2.2　仪器设备展示

通过仪器设备及工作场景示意来展示水文信息采集、传输、处理、应用、信息服务等环节仪器设备的种类、名称、原理等信息。鉴于展示条件限制，重点以实物形式展示水文信息采集、传输环节的仪器设备，以展板、可视化信息发布系统、视频短片等形式展示水文信息应用、服务等环节的仪器设备。

3.2.3　科技实践活动

积极倡导青少年主动参与、乐于探究、勤于动手、创造思维，在水文科普志愿者的指导和同伴合作下，通过实践知晓常见水文信息采集、水质分析相关的浅显的科学知识，了解科学探究的过程与方法。

主要设计翻斗式雨量计实验、水准测量实践、水质分析小实验等。通过志愿者讲解及参与仪器设备安装调试和观测实践，知晓监测测量仪器设备的作用和大概原理，利用实验了解水质监测的对象、项目，认识水质污染的来源、危害，关注生活对水质的影响，形成主动减少水质污染的意识。

4 课程管理与保障

水文科普教育实践课程的顺利实施和推进，人员和制度保障是关键。必须加强科普志愿者队伍建设，建立各项规章制度，完善各项激励机制，保证课程的顺利实施。

4.1 志愿者队伍建设

为了确保水文科普工作扎实有效地开展，济宁市水文局成立水文科普工作领导小组，负责统筹规划和领导工作，以聘在相关专业技术岗位的青年志愿者为主体建立相对稳定的水文科普志愿者队伍，制定健全制度，由共青团支部具体负责落实计划和管理工作。

要注重科普志愿者能力的提升，主要包括普通话水平、语言表达能力的提升，其次是授课技巧、与青少年互动技能的提升。

4.2 制定完善的配套措施

（1）领导小组加强对水文科普课程实施的指导和监控。加强指导、总结、交流。关注课程内容的更新，特别是水文事业新理念、新设备新技术内容的补充。关注志愿者在水文科普课程实施中的教学态度、教学观念、教学方法，提高教学的实效性。

（2）加强与教育专家的沟通。邀请教育行政部门、学校、少先队等教育单位的领导专家指导课程实施工作。

（3）将志愿者提供水文科普志愿服务计入绩效考核或单位目标考核。

（4）主动加强与学校、社区、校外青少年培训机构或社团组织的联系。

（5）保证课程开展必需的经费、设施等物质条件，加强展厅、实验教具、相关网站的建设与管理，为水文科普课程的顺利实施提供必备的条件。

5 课程实施效果

济宁市水文科普教育基地组建以来，按照该课程设计组织了多批次科普活动，由送课上门转变为接受学校及社会团体预约走进水文站，将主动权交给学校，最大限度地避免了对中小学正常教学秩序的影响的同时，生动地推广了水文科学普及，为提高全民特别是少年儿童科学素质做出积极贡献。基地分别迎来《济宁日报》小记者团、运河公益小天使团、济宁学院附属小学等多个批次的参观团体。为此《济宁晚报》还推出专栏，登载小记者团成员到基地学习的心得，取得了较好的宣传效果。

具体实践过程中，该科普课程设计也取得了较好的效果。能够灵活地适应不同年龄层次的实施对象增减板块，能够通过互动操作激发实施对象的学习兴趣，能够通过浅显易懂的讲解让实施对象吸收知识。

6 结　语

综合来看，水文科普教育活动的组织实施，能够在开展科学普及的同时取得较好的宣传水文的效果，能够提升青少年朋友节水爱水护水意识，弘扬科学精神。随着课程的实施，也会出现或发现一些存在的问题，我们将会在以后的培训过程中进行不断的修正，例如，可以增加具体洪涝灾害实例的分析，增加一些缆道测流、水质取样、墒情测定等实际监测操作的实践演示等,更形象、详细地了解水文监测活动的开展和实施过程。在本文中,笔者结合水文科普实践,探讨了水文科普教育活动开展实施的一些实践作法和教学内容,希望能为同行工作者面向青少年群体的水文科普活动提供帮助。

参考文献

[1] 王松.山东水文职工培训教材[M].郑州:黄河水利出版社,2017.

第二篇　水生态与水环境

AFS 法同时测定水中砷、硒的标准曲线线性研究

张新星　张友青　韩　磊

（江苏省水文水资源勘测局淮安分局，淮安 223005）

摘　要　在标准分析方法中，采用原子荧光分光光度法同时测定水中砷、硒，具有分析速度快、灵敏度高、干扰较少等特点，但实验过程中发现砷、硒标准曲线的线性随着时间推移逐渐变差。本文拟通过跟踪实验探讨砷、硒同时测定时 24 h 以内标准曲线相关系数及稳定性随时间变化情况，以期最大限度地提高原子荧光分光光度法同时测定砷、硒时的准确度和精密度，此研究成果对水中砷、硒元素监测有借鉴意义。

关键词　原子荧光分光光度法；标准曲线；相关系数；稳定性

1　前　言

砷广泛存在于土壤及水系之中。自然界中的砷以不同的化学形式存在，包括无机砷（三价砷和五价砷）以及有机砷（通常包括一甲基砷、二甲基砷等）。砷及其化合物已被国际癌症机构（IARC）确认为致癌物。硒是人和动物及部分植物必需的微量元素，缺硒地区会使牛、羊、马和鸡等发生白肌病，在克山病流行地区的人口服小剂量亚硒酸钠可以防止白肌病的发生，但摄入过量的硒，严重时引起胃肠功能紊乱，我国规定饮用水中硒含量不得超过 0.01 mg/L，农业灌溉用水最大容许浓度为 0.01 mg/L 等。采用原子荧光分光光度法[1,2]同时测定水中砷、硒，具有分析速度快、灵敏度高、干扰较少等特点。但据查阅相关资料，采用荧光分光光度法测定水中砷、硒，标准曲线的相关系数[3]随时间推移逐渐变差，尤其是两种元素同时测定时，标准曲线的相关性系数随着时间推移更差，给工作带来很大的不方便。本文拟通过跟踪实验研究在砷、硒同时测定时，标准曲线的相关系数随时间的变化情况，以期最大限度地提高原子荧光分光光度法分析测定砷、硒的准确度和精密度。

2　材料与方法

样品经预处理，其中各种形态的砷、硒均转化为三价砷（As^{3+}）和四价硒（Se^{4+}），以硼氢化钾为还原剂，使砷、硒生成气态砷化氢、氢化硒，由载气（Ar）带入石英原子化器，用氢气将气态砷化氢、氢化硒载入原子化器进行原子化，以砷硒高强度空心阴极灯作激发光源，砷、硒原子受光辐射激发产生荧光，检测原子荧光强度，利用荧光强度在一定范围内与

作者简介：张新星（1989—），女，工程师，主要从事水环境监测、水生态研究。

溶液中砷硒含量成正比的关系计算样品中的砷硒含量。

2.1 仪器与试剂

AFS－9700 型原子荧光光度计(北京科创海光仪器有限公司);砷空心阴极灯,硒空心阴极灯;高纯氩气（≥99.99%）。

本实验用水均为无砷、硒去离子水,试剂为 AR 级,酸为 GR 级。

载流:5%(v/v)盐酸溶液;

0.5%(m/v)氢氧化钾溶液:称取 0.5 g 氢氧化钾,溶于纯水中并稀释至 100 mL;

2%(m/v)硼氢化钾溶液:称取 2.0 g 硼氢化钾,溶于 100 mL 0.5%(m/v)氢氧化钾溶液中,混匀,此溶液现用现配;

5%(m/v)硫脲－5%(m/v)抗坏血酸溶液:称取 5 g 硫脲和 5 g 抗坏血酸溶解于 100 mL 纯水中;

砷标准储备液:1 mg/L(BW085516,由水利部水环境监测评价研究中心提供);

硒标准储备液:1 mg/L(BW085518,由水利部水环境监测评价研究中心提供);

砷、硒混合标准使用液:As 直接使用,将硒标准储备液稀释至 0.2 mg/L,其中每 100 mL 预加 10 mL 5%(m/v)硫脲－5%(m/v)抗坏血酸溶液和 20 mL 5%(v/v)盐酸溶液。

2.2 参数设置[4]

2.2.1 仪器条件

通过实验分析了灯电流、炉高、硼氢化钾浓度、载气流量等对信号值大小和信号值相对标准偏差的影响确定了最佳的仪器条件(见表 1)。

表 1 仪器参数设定

参数	数值	参数	数值
负高压 PM T(V)	280	加热温度(℃)	200
A 道(As)灯电流(mA)	25	载气流量(mL · min)	400
B 道(Se)灯电流(mA)	70	屏蔽气流量(mL · min)	900
原子化器高度(mm)	8	测量方式	Std. Curve
读数方式	Peak Area	读数时间(s)	16
延迟时间(s)	4	测量重复次数(次)	1

2.2.2 工作曲线制备

分别准确吸取 1.0 mg/L 的砷标准使用液和 0.2 mg/L 的硒标准使用液 0 mL、0.5 mL、1.0 mL、2.0 mL、3.0 mL、4.0 mL 于 6 个 50 mL 容量瓶中,加入 10 mL 5% 盐酸、5 mL 5% 硫脲－抗坏血酸混合液,稀释至刻度,其含量见表 2(放置后测定)。

表 2 标准溶液系列浓度

元素	1	2	3	4	5	6
As(μg/L)	0.0	10.0	20.0	40.0	60.0	80.0
Se(μg/L)	0.0	2.0	4.0	8.0	12.0	16.0

2.3　测定方法

安装好砷、硒元素的空心阴极灯，开机后，先预热仪器 30 min，用 5% 盐酸作为载流、2%(m/v)硼氢化钾溶液作为还原剂，测定标准溶液系列[5]时，用标准空白溶液测定扣除标准溶液空白值。待读数稳定后进行标准系列测定。每间隔 1 h 进行 1 次标准曲线测定。

3　结果分析

3.1　相关系数分析

重复跟踪实验，现将配置好的标准溶液系列进行多次重复跟踪实验，将标准曲线相关系数统计分析后取平均值，如表 3 所示。结果显示，标准系列预处理后 4 h 以内砷硒稳定性均较好，标准系列相关系数均能达到实验室质控使用要求；5 h 以后砷标准系列相关系数仍能达到实验室质控使用要求，而硒的标准系列相关系数均值为 0.996 9 不能达到实验室质控使用要求；6 h 以后砷硒标准系列相关系数均值分别为 0.998 1、0.997 7 均不能达到实验室质控使用要求；24 h 后再次测定砷硒标准系列相关系数均值分别为0.998 2、0.996 9 均不能达到实验室质控使用要求。

表 3　重复跟踪实验结果均值统计

时间		1 h	2 h	3 h	4 h	5 h	6 h	24 h
砷	相关性系数 r	0.999 4	0.999 7	0.999 4	0.999 4	0.999 2	0.998 1	0.998 2
硒	相关性系数 r	0.999 5	0.999 4	0.999 3	0.999 0	0.996 9	0.997 7	0.996 9

3.2　稳定性分析

实验测定的标准曲线是标准物质的化学属性跟原子荧光仪器响应之间的函数关系，标准曲线荧光响应值能有效地反映仪器对标准溶液的响应程度，是导致标准曲线线性相关系数好坏的重要原因。现将重复多次跟踪实验标准曲线系列最高点荧光响应值做统计分析后取平均值后结果，如表 4 所示。

表 4　重复跟踪实验系列最高点荧光响应值均值统计

时间		1 h	2 h	3 h	4 h	5 h	6 h	24 h
砷	系列最高点荧光响应值	428.708	434.049	457.898	499.705	512.528	501.168	606.280
硒	系列最高点荧光响应值	783.518	789.752	784.759	737.660	669.143	615.314	441.985

重复跟踪实验，结果显示标准系列砷最高点原子荧光响应值较为稳定，随着时间推移荧光响应值有上升趋势，前 6 h 砷最高点原子荧光响应最大值均值为 512.528，最小值均值为 428.708，相对偏差为 8.8%；24 h 以内砷最高点原子荧光响应最大值均值为 606.280，最小值均值为 428.708，相对偏差为 17.2%(见图 1)。

重复跟踪实验，结果显示标准系列硒最高点原子荧光响应值随时间变化逐渐变小，下降趋势明显。0.5 h 后硒最高点原子荧光响应值最大值均值为 820.824，前 3 h 荧光响应值较最大值下降小于5%,4 h以后荧光响应值均值为737.66较最大值下降10.1%,5 h以后荧光响应值均值为669.143较最大值下降18.5%,6 h以后荧光响应值均值为615.314较最大值下降25.0%,24 h以后荧光响应值均值为441.985较最大值下降达到46.2%(见图1)。

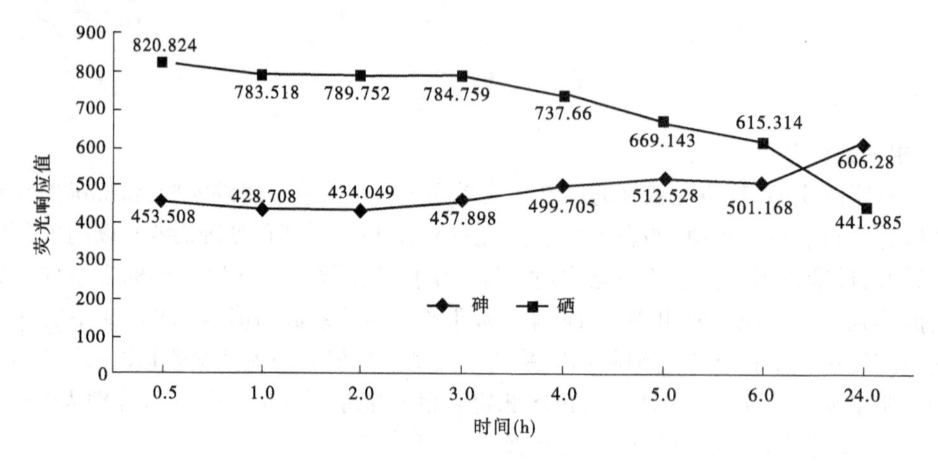

图1　砷硒标准系列最高点原子荧光响应值均值随时间变化情况

4　结论与建议

4.1　结论

(1)应用带自动进样器的AFS－9700型双道原子荧光光度计[6]同时测定水样中的砷和硒,操作简单、快速,试剂用量少,在5 h时间范围内灵敏度高,标准曲线相关系数良好,方法稳定可靠结果满意。

(2)实验根据标准方法要求配置标准溶液,在标准溶液配制完成后,标准曲线的监测时间间隔至5 h以上砷、硒标准曲线相关系数均变差,不能达到实验室质控要求。

(3)原子荧光分光光度法同时测定水样中的砷和硒,砷标准溶液的荧光响应值24 h以内变化不明显,基本稳定;硒标准溶液的荧光响应值随时间的推移不断降低,5 h以后荧光响应值下降达到18.5%,24 h以后下降达到46.2%,稳定性差。

4.2　建议

(1)原子荧光分光光度法同时测定水样中的砷和硒时,应保证样品的配置和标准溶液的配置尽可能同步,且样品的监测时间不宜超过5 h,5 h以后应重新配置标准溶液,以及进行样品监测。

(2)日常监测过程中,应尽量使用带自动进样器的原子荧光分光光度计监测样品,使用自动稀释功能测量标准曲线,尽可能缩短监测时间,提高分析的准确度和精密度。

参考文献

[1] 国家环境保护总局和《水和废水监测分析方法》编委会.水和废水监测分析方法[M].4版.北京:中国环境科学出版社,2002.

[2] 王珺,毛冬妮.水质检验中的重金属测定方式探讨[J].世界有色金属,2018(12):244,246.

[3] 臧淑梅.原子荧光分析的发展动态[J]．黑龙江水产，2012(1):33-35.
[4] 马旻,柴昌信,祝建国.氢化物发生——原子荧光光谱法的干扰及其消除[J]．分析测试技术与仪器．2011(3):179-182.
[5] 李楠,吴丽萍,张正.氢化物发生无色散原子荧光分析法测定水中的砷和硒的含量[J]．北京联合大学学报(自然科学版),2007(2):73-76.
[6] 宁援朝,王金祥,杨丙雨,等.原子荧光分析法在中国的进展[J]．黄金,2007(9):49-52.

济宁市地表水水化学特征分析

孔 舒 牛 森 齐云婷 张亚兵 李晓霜

（济宁市水文局，济宁 272019）

摘 要 本文根据济宁市41个站点的水质监测资料，分析了济宁市地表水水化学特征，归纳出济宁市水化学特征的时空分布规律，总结出济宁市水化学特征的时空分布规律：济宁市地表水矿化度、总硬度和水化学特征均呈现东低西高的状态，东部和西部水化学特征差异明显，济宁市南部和北部水化学特征无明显差异。此结果与济宁市的地质情况相关，并对分析结果进行了合理性分析。

关键词 地表水；水化学特征；总硬度；矿化度

1 概 况

济宁位于鲁西南腹地，地处黄淮海平原与鲁中南山地交接地带。东邻临沂，西接菏泽，南面是枣庄和江苏徐州，北面与泰安交界，西北角隔黄河与聊城相望。地理坐标为北纬34°26′～35°57′，东经115°52′～117°36′，南北长167 km，东西宽158 km，总面积11 285 km^2。

济宁市属淮河流域，境内河流众多，交叉密布全境，仅流域面积50 km^{2}以上的河流就有91条，总长度达1 516 km，流域面积大于1 000 km^{2}的河流有7条，所有河流都注入南四湖。湖东主要有泗河、洸府河、白马河等，属山溪性河流，峰高流急，洪水暴涨暴落；湖西主要有梁济运河、洙赵新河、新万福河、东鱼河等，为平原坡水河流，峰低而量大，洪水涨落平缓。

南四湖位于济宁市境内，是山东省最大的湖泊。南四湖位于济宁市的南部微山县境内，由南阳湖、独山湖、昭阳湖和微山湖串联而成，湖面南北长126 km，东西宽5～25 km，最大水面面积为1 266 km^2。1960年10月在湖腰兴建二级坝枢纽工程，将南四湖分为上级湖和下级湖。上级湖最大水面面积为602 km^2，兴利水位34.50 m（基面：废黄河口精高，下同），兴利库容8.36亿m^3，死水位33.00 m，死库容2.68亿m^3；下级湖最大水面面积为664 km^2，兴利水位32.50 m，兴利库容4.72亿m^3，死水位31.50 m，死库容3.06亿m^3，韩庄闸以上流域面积为31 513 km^2。

2 监测方案

2.1 评价范围

为客观地反映济宁市水化学类型分布情况，本次水化学类型分析采用了济宁市水环

作者简介：孔舒（1981—），女，工程师，主要从事水资源监测与保护工作。

境监测中心 2016 年的监测资料,选用了 41 个监测点作为评价断面。在各个河流的市(县)界,入南四湖湖口处、济宁市各个水库站重点布设监测站。

2.2　监测项目及频次

监测项目为水温、pH、电导率、钙、镁、氯化物、硫酸盐、碳酸盐、重碳酸盐、总硬度、总碱度、溶解氧、高锰酸盐指数、化学需氧量(COD)、五日生化需氧量、氨氮等共 37 个基本项目。

2016 年水质站点监测频次为 1 次/月,全年共监测 12 次,本次监测结果使用年度平均值。

2.3　评价方法

采用总硬度、矿化度和阿列金分类法进行评价。评价时采用年均值作为该项目的代表值。水总硬度是指水中 Ca^{2+}、Mg^{2+} 的总量,它包括暂时硬度和永久硬度。根据《地表水资源质量评价技术规程》(SL 395—2007),将水中总硬度按照标准划分为 5 级,见表 1。

表 1　地表水总硬度分级标准　(单位:mg/L)

级别	一级	二级	三级	四级	五级
标准值	<25;25~55	55~100;100~150	150~300	300~450	≥450
评价类型	极软水	软水	适度硬度	硬水	极硬水

矿化度指水中含有钙、镁、铝和锰等金属的碳酸盐、重碳酸盐、氯化物、硫酸盐、硝酸盐以及各种钠盐等的总和。它是地表水化学的重要属性之一,可以直接反映出地表水的化学类型,又可以间接地反映出地表水盐类物积累或稀释的环境条件。碳酸盐硬度与非碳酸盐硬度的总和,即暂时硬度与永久硬度的总和。根据《地表水资源质量评价技术规程》(SL 395—2007),将水中矿化度按照标准划分为 5 级,见表 2。

表 2　地表水矿化度分级标准　(单位:mg/L)

级别	一级	二级	三级	四级	五级
标准值	<50;50~100	100~200;200~300	300~500	500~1000	≥1 000
评价类型	低矿化度	较低矿化度	中等矿化度	较高矿化度	高矿化度

阿列金分类法是由俄国学者 O. A. Aleken 提出的,按水体中阴阳离子的优势成分和阴阳离子间的比例关系分为 4 个型:

Ⅰ型:$rHCO_3 > r(Ca^{2+} + Mg^{2+})$,在 S 类与 Cl 类的 Ca 及 Mg 组中均无此型;

Ⅱ型:$rHCO_3 < r(Ca^{2+} + Mg^{2+}) < r(HCO_3^- + SO_4^{2-})$,多数浅层地下水属于此型;

Ⅲ型:$r(HCO_3^- + SO_4^{2-}) < r(Ca^{2+} + Mg^{2+})$,或 $rCl^- > rNa^+$,此型为高矿化水;

Ⅳ型:$rHCO_3^- = 0$。此型为酸性水,C 类各组及 S 类和 Cl 类的 Na 组中无此型。

第Ⅰ型水的特点是 $HCO_3^- > Ca^{2+} + Mg^{2+}$。这一型水是含有大量 Na^+ 与 K^+ 的火成岩地区形成的。水中主要含 HCO_3^- 并且含较多 Na^+,这一型水多半是低矿化度的硬度小、水质好。

第Ⅱ型水的特点是：$HCO_3^- < Ca^{2+} + Mg^{2+} < HCO_3^- + SO_4^{2-}$，硬度大于碱度。从成因上讲，本型水与各种沉积岩有关，主要是混合水。大多属低矿化度和中矿化度的河水，湖水和地下水属于这一类型（有 SO_4^{2-} 硬度）。

第Ⅲ型水的特点是 $HCO_3^- + SO_4^{2-} < Ca^{2+} + Mg^{2+}$ 或者为 $Cl^- > Na^+$。从成因上讲，这型水也是混合水，由于离子交换使水的成分激烈地变化。成因是天然水中的 Na^+ 被土壤底泥或含水层中的 Ca^{2+} 或 Mg^{2+} 所交换。大洋水、海水、海湾水，残留水和许多高矿化度的地下水属于此种类型（有氯化物硬度）。

第Ⅳ型水的特点是 $HCO_3^- = 0$，即本型水为酸性水。在重碳酸类水中不包括此型，只有硫酸盐与氯化物类水中的 Ca^{2+} 组与 Mg^{2+} 组中才有这一型水。天然水中一般无此类型（$pH < 4.0$）。

水的上述类型的差异是水体所处自然地理环境造成的，一般来讲它们有一定的地理分布规律。

3 水化学特征评价结果

3.1 总硬度

全市41个总硬度评价点中，没有站点达到总硬度一级和二级标准，达到三级标准的有13个，占比为31.7%；达到四级标准的有21个，占比为51.2%；达到五级标准的有7个，占比为17.1%。全市总硬度介于三级至五级之间，总硬度最低值出现在邹城市西苇水库；总硬度最高值出现在万福河孙庄监测站。

根据评价结果可看出：济宁市地表水总硬度含量自东向西逐渐增大，这与矿化度评价结果相符。三级总硬度均集中在济宁东部（包括泗水县、曲阜县、兖州区、邹城东部）；济宁中部（包括邹城市西部、任城区、梁山县和微山县）总硬度水平均为四级，济宁西部（包括金乡县、鱼台县和嘉祥县）总硬度均属五级。

济宁东部的泗河平均总硬度为247 mg/L，济宁中部的南四湖平均总硬度为346 mg/L；梁济运河平均总硬度为369 mg/L；洸府河平均总硬度为431 mg/L；白马河平均总硬度为437 mg/L，济宁西部的东鱼河平均总硬度为375 mg/L；洙水河平均总硬度为504 mg/L；洙赵新河平均总硬度为510 mg/L；万福河平均总硬度为556 mg/L。济宁市河流总硬度变化趋势与矿化度变化趋势基本相符。

3.2 矿化度

全市41个矿化度评价点中，没有站点达到矿化度一级标准，达到二级标准的有1个，占比为2.4%；达到三级标准的有6个，占比为14.6%；达到四级标准的有25个，占比为61.0%；达到五级标准的有9个，占比为22.0%。全市矿化度介于二级至五级之间，矿化度最低值出现在邹城市西苇水库；矿化度最高值出现在洙赵新河红庙屯监测站。

根据评价结果看出：济宁市自东向西矿化度逐渐增大，三级及三级以下矿化度均集中在济宁东部（包括泗水县、曲阜县、兖州区）；济宁中部（邹城市、任城区、梁山县和微山县）矿化度水平均为四级，济宁西部（金乡县、鱼台县和嘉祥县）矿化度均在1 000 mg/L以上。

济宁东部的泗河平均矿化度为438 mg/L，济宁中部的南四湖平均矿化度为769 mg/L；梁济运河平均矿化度为886 mg/L；洸府河平均矿化度为941 mg/L；白马河平均矿化度为

875 mg/L,济宁西部的东鱼河平均矿化度为 1 060 mg/L;洙水河平均矿化度为 1 260 mg/L;洙赵新河平均矿化度为 1 526 mg/L;万福河平均矿化度为 1 485 mg/L。

3.3 水化学类型

地表水中主要离子有 K^{+}、Na^{+}、Ca^{2+}、Mg^{2+}、Cl^{-}、SO_4^{2-}、HCO_3^{-} 和 CO_3^{2-} 等八大离子。它们的总量常接近河水的矿化度。采用阿列金分类法,按水体中阴阳离子的优势成分和阴阳离子间的比例关系确定水化学类型。

济宁市 41 个地表水监测站点中,化学类型包括 $Cl_{Ⅱ}^{Na}$型、$Cl_{Ⅲ}^{Na}$型、$C_{Ⅲ}^{Ca}$型、$C_{Ⅲ}^{Na}$型、$S_{Ⅱ}^{Na}$型。其中 $Cl_{Ⅱ}^{Na}$型有 11 个,占比 26.8%;$Cl_{Ⅲ}^{Na}$型有 16 个,占比 39.1%;$C_{Ⅲ}^{Ca}$型有 10 个,占比 24.4%;$C_{Ⅲ}^{Na}$型有 1 个,占比 2.4%;$S_{Ⅱ}^{Na}$型有 3 个,占比 7.3%。有分析可知:济宁市地表水主要阳离子是钠离子,主要阴离子为氯离子。济宁市地表水水化学类型分区图见图 1。

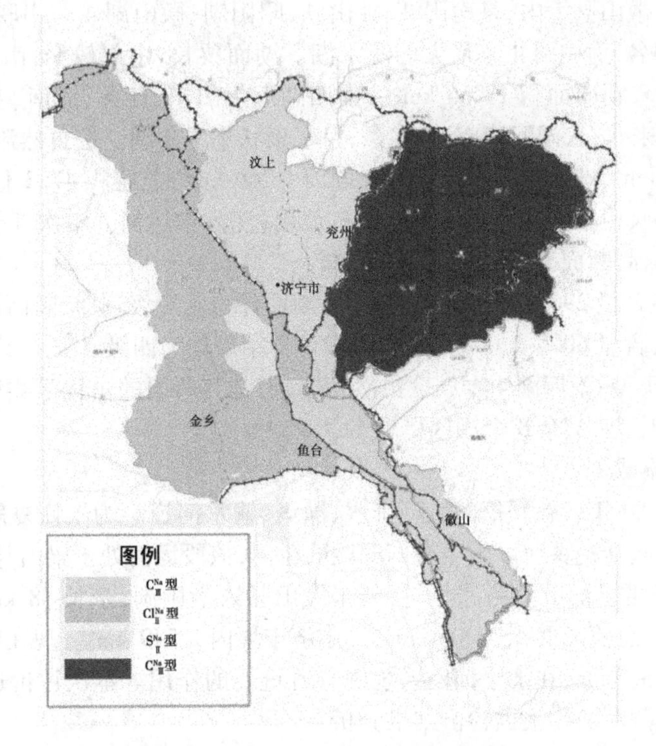

图 1 济宁市地表水水化学类型分区图

以县市区来看,兖州东南部、邹城、泗水和曲阜大部分为 $C_{Ⅲ}^{Ca}$型,个别出现 $C_{Ⅲ}^{Na}$型;微山县、汶上县、兖州西北部、任城区、南四湖大部分湖和鱼台县东南部均为 $Cl_{Ⅲ}^{Na}$型;梁山县、金乡县、鱼台县和嘉祥县基本属于 $Cl_{Ⅱ}^{Na}$型,在嘉祥县、金乡县和任城区交界处出现 $S_{Ⅱ}^{Na}$型。

以水域来看,梁济运河济宁段和部分南四湖水域均属于 $Cl_{Ⅱ}^{Na}$型;南四湖大部分水域和韩庄运河均属于 $Cl_{Ⅲ}^{Na}$型;东鱼河济宁段属于 $Cl_{Ⅱ}^{Na}$型;洙赵新河济宁段、洙水河济宁段、万福河济宁段包含了 $Cl_{Ⅱ}^{Na}$型和 $S_{Ⅱ}^{Na}$型;复新河、大沙河、沿河均属于 $Cl_{Ⅲ}^{Na}$型;洸府河济宁段属于 $Cl_{Ⅲ}^{Na}$型;泗河泗水段、兖州段、曲阜段均属于 $C_{Ⅲ}^{Ca}$型;泗河任城段属于 $C_{Ⅲ}^{Na}$型;白马河邹城段属于 $C_{Ⅲ}^{Ca}$型;白马河微山段属于 $C_{Ⅲ}^{Na}$型。

4　主要河流水化学特征分析

4.1　泗河流域

泗河是济宁市较大河流。发源于泗水东部山区，向西流至曲阜市和兖州市边境折向西南，流入微山县后汇入南四湖。本次评价在泗河及其支流上设置了8个监测断面。根据检测结果分析：

（1）总硬度：含量290～190 mg/L，断面评价结果均属于三级。

（2）矿化度：含量330～530 mg/L；有2个断面评价为四级，其余断面评价均为三级。

（3）水化学类型：泗河及其支流水化学类型均属于$C_{Ⅲ}^{Ca}$型。

4.2　南四湖湖区

南四湖位于微山县境内，是南阳湖、独山湖、昭阳湖、微山湖4个串联湖泊的总称，因在济宁以南而得名，为中国北方最大的淡水湖。湖面狭长，中部较窄，南北长约126 km，东西宽5～25 km，湖面面积1 266 km^2。南四湖汇集山东、江苏、河南、安徽四省31 700 km^2流域面积的来水，入湖河流有50多条，呈辐聚状集中于湖。按自然流域划分，湖东流域面积为9 921 km^2，湖西为20 513 km^2。湖面1 266 km^2，总容积47.3亿m^3。来水经调蓄后，经韩庄运河、伊家河和不牢河3个出口流出，注入中运河。本次评价在南四湖湖区上设置了11个监测断面。根据检测结果分析：

（1）总硬度：含量290～450 mg/L，有2个断面评价为三级，其余断面评价均为四级。

（2）矿化度：含量600～1 000 mg/L，断面评价结果均为四级。

（3）水化学类型：南四湖4个湖区虽然相连，但是其所属的水化学类型不同。南阳湖呈现出明显的$Cl_{Ⅱ}^{Na}$型，其余3个湖区呈现$Cl_{Ⅲ}^{Na}$型。

4.3　梁济运河流域

梁济运河是50年代新开挖的大型排水、灌溉、输水河道。为了恢复航运和解决排水问题，从1959年起开挖黄河以南至南四湖段的运河，该段运河处于梁山与济宁之间，故称梁济运河。该河北起梁山县路那里村，南至微山县入南阳湖，全长88 km，流经梁山、汶上、嘉祥、任城区，总流域面积3 306 km^2，其中济宁境内2 549 km^2。现在梁济运河作为南水北调工程的组成部分，在济宁河网系统中有着重要的作用。本次评价过程在梁济运河上设置了4个监测断面。根据检测结果分析：

（1）总硬度：含量360～390 mg/L，断面评价结果均为四级。

（2）矿化度：含量860～920 mg/L，断面评价结果均为四级。

（3）水化学类型：梁济运河及其支流水化学类型均属于$Cl_{Ⅱ}^{Na}$型。

5　成果合理性分析

5.1　评价结果与地质地貌特征相符

济宁市地表水水质良好，天然水水化学特征与全市的地质地貌相吻合。如济宁东部为山前冲积平原地层，岩性主要有冲积、洪积的黄色黏土、砂及砂砾石等组成。本区的矿化度、总硬度均偏低，水化学类型以$C_{Ⅲ}^{Ca}$型为主；济宁西部为湖西黄泛平原区，岩性有砂质黏土、粉砂和亚砂土等组成，本区的矿化度、总硬度均偏高，水化学类型以$Cl_{Ⅱ}^{Na}$型为主。

5.2　总硬度、矿化度和水化学类型三者关系合理

由于地质的不同，济宁市主要的水化学类型是 $Cl_{Ⅲ}^{Na}$型、$Cl_{Ⅱ}^{Na}$型和 $C_{Ⅲ}^{Ca}$型。根据检测结果：济宁西部矿化度和总硬度含量较高，而此部分水化学类型正是 $Cl_{Ⅱ}^{Na}$型；济宁市东部地区矿化度和总硬度含量较低，而此部分也正处于 $C_{Ⅲ}^{Ca}$型水化学类型区。

6　结　语

将本次评价结果与第二次水资源调查评价(2010 年)结果相比发现：济宁市本次水化学类型明显多于第二次水资源调查划分结果，区域内的总硬度和矿化度含量增大。水化学特征的变化表明人类的活动对本地区水环境产生了明显的干扰。同时也表明：加强对水化学特征的研究，对水污染控制和水体修复具有指导作用。

参 考 文 献

[1] 张立成，余中盛，等. 水环境化学元素研究[M]. 北京：中国环境科学出版社，1996.
[2] 魏振枢. 环境水化学[M]. 北京：化学工业出版社，2002.
[3] 冷宝林. 环境保护基础[M]. 北京：化学工业出版社，2002.

2018 年骆马湖水质状况研究

张海明　张　超　侍　猛　王　绪　陈　训

（江苏省水文水资源勘测局宿迁分局，宿迁 223800）

摘　要　骆马湖是一座具有防洪除涝、水资源供给、生态保护、渔业养殖、旅游、航运等综合功能的湖泊，既是沂沭泗流域下游重要防洪调蓄湖泊，又是徐州市、宿迁市重要供水水源地。骆马湖是江苏省重点湿地自然保护区，生态系统保存比较完好，野生动植物资源丰富，是一个名副其实的生物基因库。本文根据骆马湖 2018 年的水质监测数据，运用全参数评价方法对骆马湖水质进行分析，摸清了骆马湖的水质状况，筛选出骆马湖湖区主要污染物，并针对水质的特点，提出了水污染防治所采取的对策和建议。

关键词　骆马湖；水质；面源污染

1　骆马湖概况

骆马湖古称乐马湖，又名落马湖，地处江苏省北部，是江苏省的第四大淡水湖泊，位于江苏省徐州市、宿迁市境内，东经 118°05′～118°19′，北纬 34°00′～34°14′，为浅水型湖泊。骆马湖原始湖盆基地是地堑式的陷落盆地，著名的郯庐断裂带经湖东岸贯穿南北，受黄河多次迁徙改道夺淮的影响，泥沙沉积于废黄河两侧，形成周高中洼的湖区，整个湖盆由西北向东南倾斜，湖底高程一般为 18.57～22.0 m，当蓄水位 22.83 m 时，平均水深 3.32 m。骆马湖于 1958 年经水利部批准改建加固成防洪、灌溉等综合利用的常年蓄水湖泊，形成两道控制线，第一道皂河控制由骆马湖一线南堤和皂河枢纽、杨河滩闸等组成，第二道宿迁大控制由中运河西岸堤防、宿迁枢纽和井儿头大堤等组成。骆马湖承泄上游 5.8 万 km^2 的来水，主要入湖河道为沂河和中运河，出湖河道为新沂河和皂河闸下中运河，控制建筑物为嶂山闸、皂河闸和宿迁闸等。骆马湖保护范围为设计洪水位 24.83(25.00) m 以下的区域，包括湖泊水体、湖盆、湖滩、湖心岛屿、湖水出入口、湖堤及其护堤地，湖水出入的涵闸、泵站等工程设施的保护范围。骆马湖保护范围面积 340 km^2，保护范围线长 94 km。

骆马湖具有防洪除涝、生态保护、渔业养殖、航运、旅游、水资源供给等功能。骆马湖是沂沭泗流域下游重要防洪调蓄湖泊，沿湖圩区的排涝承泄区，是南水北调东线工程的重要调蓄湖泊，徐州市、宿迁市饮用水水源地保护区及供水水源地。骆马湖是江苏省重点湿地自然保护区（内陆湿地型），承担着保护生物多样性、维持生态平衡、调节气候、生物净化等生态功能。骆马湖湿地生态系统保存比较完好，野生动植物资源丰富，是一个名副其实的生物基因库。骆马湖作为连接京杭大运河的重要水上通道，近几十年来，由于区域和

作者简介：张海明(1989—)，男，工程师，主要从事水环境分析与评价工作。

地方经济的快速发展,促使水上航运业的发展,航运能力迅速提高,运输业成为当地经济的重要产业。骆马湖渔业资源丰富,湖区养殖业发达。骆马湖周边地区分布着景色各异的自然景观和人文景观,数量多,类型全,旅游开发价值较高。

2　水质综合评价

2.1　监测站点及频次

水质监测断面共 11 个,其中核心区站点 4 个,缓冲区站点 3 个,开发控制利用区 4 个,全年每月监测 1 次,共计监测 132 个站次。骆马湖水质监测站点位置见图 1。

2.2　监测项目与评价方法

根据《地表水环境质量标准》(GB 3838—2002)中要求的指标结合骆马湖水环境实际情况确定水质监测项目。监测项目:水温、pH、溶解氧、高锰酸盐指数、化学需氧量、五日生化需氧量、氨氮、挥发酚、氰化物、砷、铜、铅、锌、镉、汞、六价铬、氟化物、总磷、总氮、透明度、叶绿素 a 等共 21 项。

根据《地表水环境质量标准》(GB 3838—2002)和《地表水资源质量评价技术规程》(SL 395—2007)采用全参数评价法对骆马湖进行水质评价。水质类别评价项目:pH、溶解氧、高锰酸盐指数、化学需氧量、五日生化需氧量、氨氮、挥发酚、氰化物、砷、铜、铅、锌、镉、汞、六价铬、氟化物、总磷、总氮等 18 项。营养化状态评价项目:高锰酸盐指数、总磷、总氮、透明度、叶绿素 a 等 5 项。

2.3　骆马湖水质总体状况

根据江苏省水文水资源勘测局 2018 年对骆马湖全湖区、核心区、缓冲区、开发控制利用区等各个功能区的设站监测,评价骆马湖水质状况,骆马湖年度水质总体评价是根据骆马湖各监测点的年度平均值进行达标评价。

2018 年骆马湖 11 个监测断面进行全参数评价的结果是:骆马湖各站点综合水质类别为Ⅲ类～劣Ⅴ类,经分析,现状评价的主要超标项目为总氮、总磷;水质监测达到Ⅲ类标准的有 8 个站次,占 6.1%;水质监测达到Ⅳ类标准的有 39 个站次,占 29.5%;水质监测达到Ⅴ类标准的有 19 个站次,占 14.4%;水质监测达到劣Ⅴ类标准的有 66 个站次,占 50.0%。

骆马湖 2018 年度水质总体评价类别为劣Ⅴ类,其中主要超标项目为总氮(2.25 mg/L)、总磷(0.052 mg/L)。骆马湖年度水质总体评价见表 1 。

表 1　2018 年度骆马湖水质总体评价表

湖泊名称	综合评价	超标项目(超标倍数)	pH	溶解氧	高锰酸盐指数	化学需氧量	五日生化需氧量	氨氮
骆马湖	劣Ⅴ	总氮(1.3)[2.25 mg/L]、总磷(0.04)[0.052 mg/L]	Ⅰ	Ⅰ	Ⅱ	Ⅰ	Ⅰ	Ⅱ
			氰化物	挥发性酚	铜	锌	砷	汞
			Ⅰ	Ⅰ	Ⅰ	Ⅰ	Ⅰ	Ⅰ
			镉	铅	氟化物	六价铬	总磷	总氮
			Ⅰ	Ⅰ	Ⅰ	Ⅰ	Ⅳ	劣Ⅴ

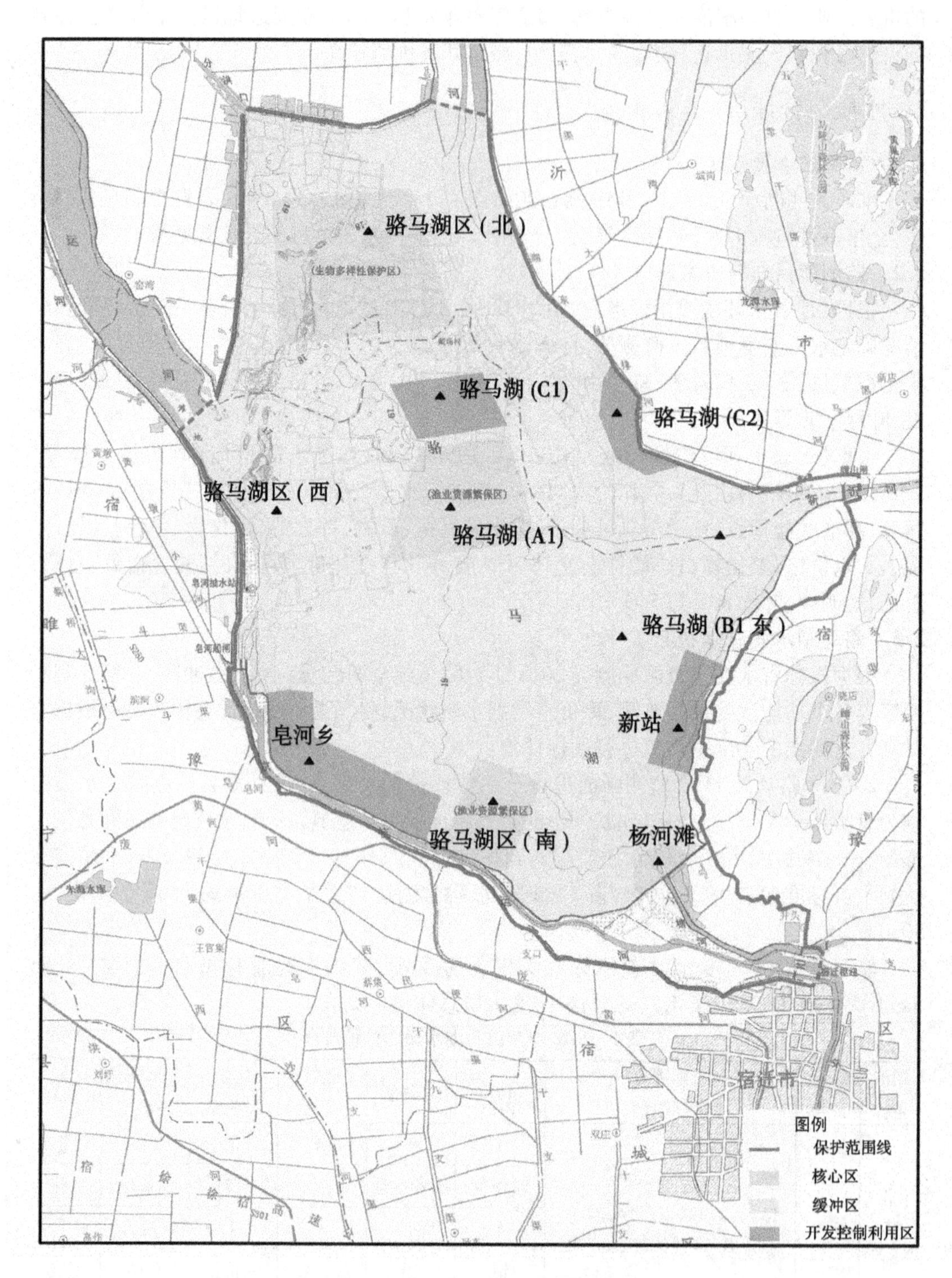

图1　骆马湖水质监测站点布设图

2018 年骆马湖 11 个监测断面进行营养化状态评价的结果是:骆马湖各站点营养化指数基本稳定,介于 43.0~58.9,营养化状态为中营养和轻度富营养;营养化状态为中营养的有 55 个站次,占 41.7%;营养化状态为轻度富营养的有 77 个站次,占 58.3%;骆马湖 2018 年度营养化指数为 50.9,为轻度富营养。骆马湖年度营养化状态总体评价见表 2。

表 2　2018 年度骆马湖营养化状态总体评价

湖泊名称	总评分值	评价结果	总磷	总氮	叶绿素 a	高锰酸钾指数	透明度
骆马湖	50.9	轻度富营养	0.052	2.25	0.005	3.6	0.91
			总磷分值	总氮分值	叶绿素 a 分值	高锰酸钾指数分值	透明度分值
			48.6	67.7	38.5	47.5	51.9

3　结论及原因分析

基于 2018 年对骆马湖全湖区、核心区、缓冲区、开发控制利用区等各个功能区的设站监测结果,根据 GB 3838—2002 标准,总磷、总氮不参评时,骆马湖水质为Ⅱ类~Ⅲ类水,而总磷、总氮参评时水质为Ⅲ类~劣Ⅴ类水,表明总磷、总氮是现阶段骆马湖的主要污染物。根据富营养化指数评价结果,现阶段骆马湖整体上处于中营养—轻度富营养状态。

根据《江苏省地表水(环境)功能区划》的要求,入湖河流水质均应符合地表水Ⅲ类标准。骆马湖主要污染物总磷、总氮主要来源于面源污染。骆马湖上游地区及骆马湖周边地区农业生产活动中的氮素和磷素等营养物、农药以及其他有机或无机污染物,通过农田地表径流和农田渗漏形成地表和地下水环境污染。土壤中未被作物吸收或土壤固定的氮和磷通过人为或自然途径进入骆马湖水体,是引起骆马湖水体氮磷污染的重要因素。

4　建　议

(1)切实保护骆马湖自然湿地,适当增加湖泊湿地面积,有效削减农业面源污染负荷。加快自然保护区湿地退圩(养)还湖、天然植被恢复和湿地生态修复等工程建设,提升自然湿地保护水平。对区域内退化湿地以及珍稀濒危动物栖息湿地,加大生态修复治理力度,恢复生态功能,丰富生态环境与景观多样性,逐步提升生态质量。

(2)调动骆马湖周边农民的环境保护意识与自主参与污染控制工作的积极性。加强对骆马湖周边农民的宣传和教育,让农民认识到控制农业面源污染对于骆马湖水环境安全的重要性。提高农村生活污水处理和生活垃圾处理能力,完善骆马湖周边环境基础设施,提升骆马湖生态环境治理能力。

(3)在农田与水体之间建立合理的缓冲带,构建骆马湖生态安全屏障,将农田与水体隔开,避免污染源与湖泊贯通。利用植被对土壤养分的吸收能力和对农业面源污染的截留、过滤能力,截持污染物,改善水质。加强水土流失的综合治理,推进生态清洁小流域建设。

(4)完善骆马湖流域监测网络,完善骆马湖生态状况评价指标体系,加强骆马湖资源环境承载能力和生态功能趋势系统分析,为治理保护骆马湖提供决策支持。

(5)推动生态农业发展,大力推广有机肥料资源高效利用技术。采用自然农耕、生物防治、有机施肥等方式,扩大优质农产品种植规模,打造一批优质、有机农产品产业化基地。利用信息和数据库等技术,构建信息化有机肥资源、分布管理和面源污染监测平台,形成有机肥科学施用决策系统和环境评估预警系统。

5 结 语

为加强骆马湖水环境的保护,保护骆马湖水资源的可持续利用,要不断地开展湖泊保护措施的研究,采取科学可行的保护措施,以形成水资源和水环境保护的长效机制。

参 考 文 献

[1] 梁本凡. 淮河流域水污染治理与措施创新[J]. 水资源保护,2006(3):84-87.
[2] 朱梅. 农业非点源污染负荷估算与评价研究[D]. 北京:中国农业科学院,2011.

草泽河农业用水区达标整治探究

陆丽丽　陈小菊

（江苏省水文水资源勘测局淮安分局，淮安 223005）

摘　要　以草泽河农业用水区为研究对象，分析水质资料，核定纳污能力，明确需削减的污染物量，分析不达标原因，从而有针对性地提出整治方案。为草泽河农业用水区的达标整治和水环境治理奠定水生态环境基础，为资源管理、水功能区水资源保护提供参考。

关键词　达标率；纳污能力；达标整治

随着经济的高速发展，环境问题日渐突出，尤其是水环境，已成为世界范围内共同关注的问题。水环境恶化对经济的发展产生了严重影响和制约，如何有效地保护水环境、解决水资源问题已成为紧迫任务[1]。水功能区达标整治应运而生，根本目的在于改善水环境质量，保护水资源，可持续发展。

草泽河位于淮安市洪泽区境内，自周桥至入白马湖口，全长 26.5 km，是入白马湖的一条支流，以农业灌溉为主。草泽河农业用水区设有 2 处水质监测站点：上游至东双沟镇无较大支流汇入，河岸稳定，水流平缓，设东双沟断面控制草泽河上游水质；下游在仁和镇设仁和监测断面控制草泽河下游及入白马湖水质。2020 年水质目标为Ⅲ类。

1　现状水质评价

采用最差项目赋全权法评价。以 2020 年水功能区水质目标为界限，评价水质类别、主要超标污染物及其超标倍数，并分析控制断面 2011—2018 年水质年际变化趋势，并统计汛期、非汛期、全年达标情况。

水质评价采用双指标、三指标、全指标对水功能区达标率进行评价。

双指标项目：COD_{Mn}、NH_3-N。

三指标项目：COD_{Mn}、NH_3-N、TP。

全指标项目：COD_{Mn}、NH_3-N、TP、pH、DO、COD_{Cr}、BOD_5、Cu、Zn、Se、As、Hg、Cd、Pb、Cr^{6+}、F^-、CN、VLPH 等。

对草泽河农业用水区年度达标率进行年际变化分析，见图 1。从图 1 中可以看出，2011—2015 年全指标达标率总体偏低，2016—2018 年度双指标、三指标、全指标评价达标率均为 100.0%，整体趋于稳定；达标率总体上汛期低于非汛期，主要超标项目为 NH_3-N、COD_{Mn}、COD_{Cr}、DO。草泽河农业用水区基本能稳定达标。

草泽河农业用水区 NH_3-N、COD_{Mn}、TP 浓度值历年变化情况见图 2。从图 2 可以看出，该水功能区各监测断面三项指标均达到Ⅲ类要求，但是在 2014—2018 年三指标各断

作者简介：陆丽丽（1984—），女，工程师，主要从事水情工作。

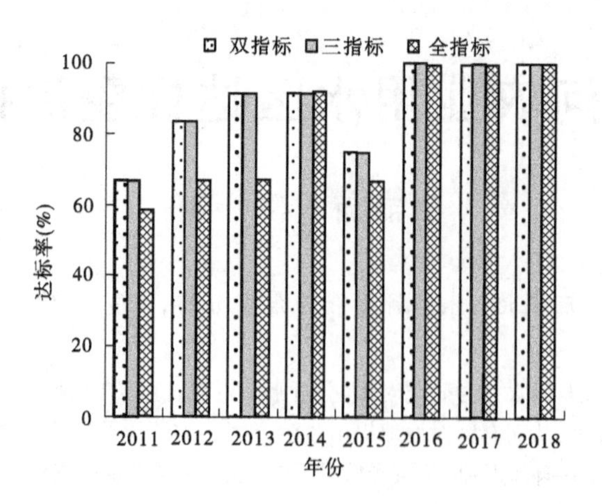

图1 草泽河农业用水区年度达标率年际变化

面均有回升趋势,水质达标情况依然存在不稳定情况。

2 水体纳污能力

草泽河位于淮河流域,淮河流域纳污能力计算时,采用一维恒定流水质模型。计算结果见表1。一维水质模型:

$$C_x = C_0 \exp\left(-\frac{kx}{86\ 400u}\right) \tag{1}$$

式中 k——污染物综合自净系数,1/d;

x——排污口下游断面距控制断面纵向距离,m;

u——设计流量下河段的平均流速,m/s;

C_x、C_0——河道控制断面、排污口断面污染物浓度,mg/L。

其中

$$C_0 = \frac{C_r Q_r + C_w Q_w}{Q_r + Q_w} \tag{2}$$

式中 Q_r、C_r——排污口断面河流流量和背景浓度,m^3/s、mg/L;

Q_w、C_w——排污口污水排放量和污染物浓度,m^3/s、mg/L。

一般河段内有多个污染源,河段的污染物浓度理论上是所有污染源对河段的水质影响污染物的叠加值。实际计算时为了简化,引进了集中点源的概念,用计算河段中点的污染源代替多个污染源。设河段长度为 l,处于河段中点的集中点源的自净长度则为 $l/2$。因此,对于功能区下断面,其污染物浓度为:

$$C_{x=l} = C_0 \exp\left(-\frac{kl}{u}\right) + \frac{m}{Q}\exp\left(-\frac{kl}{2u}\right) \tag{3}$$

$$[m] = \left[C_s - C_0 \exp\left(-\frac{kl}{u}\right)\right]\exp\left(\frac{kl}{2u}\right)(Q_r + Q_w) \tag{4}$$

式中 $[m]$——污染物最大允许负荷量;

其他符号意义同前。

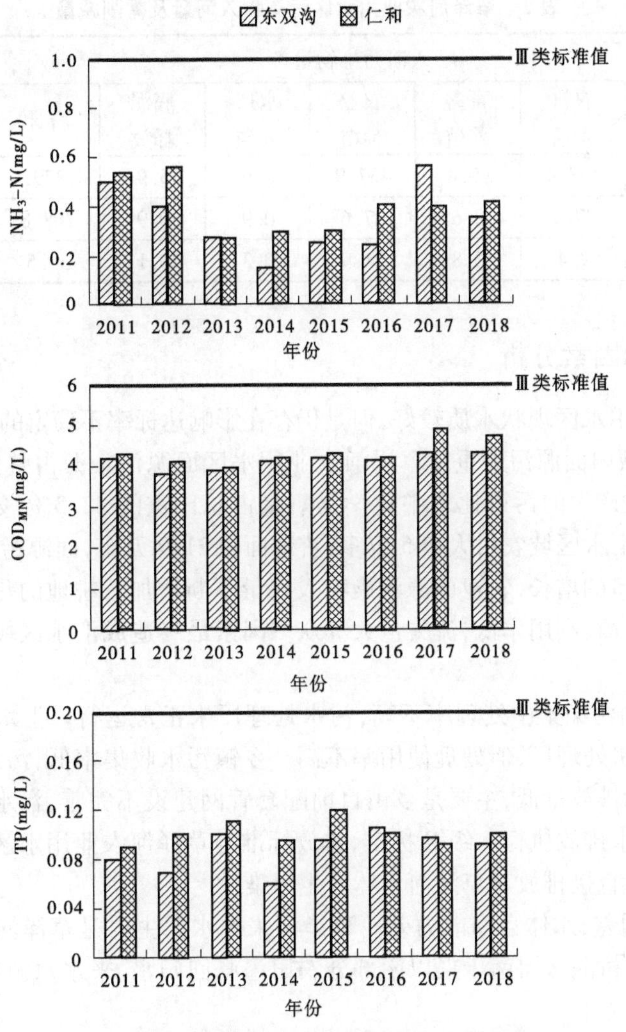

图2　草泽河农业用水区评价因子浓度值年际变化

表1　草泽河农业用水区纳污能力

评价因子	计算参数						
	C_0 (mg/L)	C_s (mg/L)	k (1/d)	u (m/s)	Q (m/s)	l/s (km/km^2)	纳污能力 (t/a)
COD_{Cr}	20	20	0.13	0.17	4.31	26.5	909
NH_3-N	1	1	0.11				64

江苏省的《省水利厅、省发展和改革委关于水功能区纳污能力和限制排污总量的意见》草泽河农业用水区2020年限排总量分别为939 t/a、109 t/a。草泽河农业用水区污染物需削减量见表2。

表 2　草泽河农业用水区污染物入河量及需削减量

评价因子	入河污染物量							2020 年限排总量	需削减量
	城镇生活	农村生活	畜禽养殖	农业种植	水产养殖	底泥释放	合计		
COD_{Cr}	149.1	698.4	79.4	437.9	8.9	5.9	1 379.6	939	440.6
NH_3-N	20.9	97.9	0.6	87.6	0.9	0.9	208.8	109	99.8
TP	2.0	9.4	0.8	21.9	0.3	0.1	34.5	—	—

3　不稳定达标因素分析

草泽河农业用水区现状水质较好,但是仍存在影响达标率不稳定的污染因素。

(1)汇水区域内面源污染重。草泽河农业用水区面源污染源占整体的比重较大,农村生活、农业种植产生的污染比重中化学需氧量占总比重的 82.3%,氨氮 88.8%,总磷 90.7%。草泽河汇水区域农村人口 5 万多,耕地面积 21.9 万亩,面源污染入河量大,随着农业的发展和人口的增长,农业面源污染物入河量不断增加。耕地的化肥和农药施用量大,施肥结构不平衡,利用率低,流失量大等众多因素最终造成汇水区域内面源污染重问题。

(2)乡镇生活污染集中处理率不高,污水处理厂未正常运行。汇水区域内生活污水共有 3 个乡镇污水处理厂,但处理使用率不高。乡镇污水收集率低,污水处理量少,全年间歇性排放,实际排放量低,主要是乡镇目前配套管网建设不完善,污水收集率较低。乡镇污水处理厂尾水排放执行一级 B 标准,排放标准与草泽河农业用水区Ⅲ类水水质目标差距较大,且尾水直接排放对草泽河水体产生污染。

(3)水系连通差,水体自净能力差。草泽河来水水源主要是草泽河两岸洪金灌区洪金北干渠以北、周桥灌区浔南干渠以南部分农田灌溉回归水,来水水源单一,非汛期水量小,水体自净能力差。

4　达标整治措施探究

4.1　外源污染控制

4.1.1　乡镇污水处理厂扩建工程

东双沟镇是草泽河汇水区域内规模最大的乡镇,随着东双沟工业园区及乡镇规模的扩大,目前东双沟镇污水处理厂规模偏小,标准偏低,建议扩建东双沟镇污水处理工程至 0.1 万 t/a。

4.1.2　污水管网建设工程

提高乡镇污水处理厂污水收集率,完善仁和、万集、东双沟 3 个乡镇镇区污水收集管网建设,原仁和镇镇区新建污水管网 1.8 km,东双沟镇镇区新建污水管网 3.5 km。

4.1.3　农村生活污染控制

草泽河农业用水区汇水区域面积内生活污染源分布零散,在沿河分布的各乡镇建设垃圾中转站、垃圾压缩装置、垃圾转运车等降低农村生活污染量;靠近城镇的村,生活污水汇入城镇污水管网；其他则铺设污水收集管网集中处理，尾水、污泥处理后结合农业生产再次利用，形成良性农业生产体系。

4.1.4　种植业清洁生产和畜禽养殖场废弃物处理利用工程

施行化肥减施工程、秸秆禁抛水体长效治理，推广节水灌溉工程等项目。在东双沟镇推广农田节水灌溉工程，实施灌排分离，将排水渠改造为生态沟渠拦截氮磷养分，有效控制排放总量。加强收集、处理养殖场畜禽粪便，做到粪便全部还田。在东双沟镇、仁和镇分别建设3万t/a畜禽粪便处理中心，配套建设堆肥厂、沼气池、蓄粪池、吸粪车辆、干湿分离设备，确保85%以上的畜禽养殖粪便综合利用率。

4.2　内源污染控制

4.2.1　河道疏浚整治工程

定期对草泽河及其淤积严重的支流农村河道、沟渠进行清淤，特别是东双沟镇、万集、原仁和镇上下游支流，确保草泽河沿线支流渠沟无生活污水直接汇入。

4.2.2　清理河道"三乱"工程

及时治理草泽河及管理范围内"三乱"现象，特别是沿线人口聚集的乡镇区域，清理乱占乱建，打击乱垦乱种等非法行为，杜绝生活垃圾直接抛洒入河。

4.3　水系连通与调水引流

草泽河全年流量变化较大，汛期流量大，水量足，水质情况改善明显，非汛期时期流量小甚至无流量，水质恶化。结合历年非汛期水质达标情况及2011—2018年全年流量数据，计算出草泽河所需生态流量值，建议推进草泽河汇水区域内活水工程，从洪金北干渠、浔南干渠引水至草泽河，保证最低2.0 m^3/s生态流量，确保河道生态不退化。加强对草泽河两岸灌溉沟渠治理，对区域内老旧涵闸进行改造，做好区域内防洪除涝。促进水体有序流动，缩短换水周期，增加水环境容量，改善汇水区域水质。

4.4　水生态修复

污水处理厂尾水生态治理工程：对草泽河汇水区域内东双沟、万集、仁和3个乡镇污水处理厂尾水排放沟渠进行生态整治，沟渠拓宽、加长，种植水生植物净化水质，打造小型湿地工程，确保尾水入河达标或回灌农田达标。

草泽河生态修复工程：东双沟镇下游1 km、仁和镇下游1 km处分别建设生态浮岛各一处，面积4 300 m^2；河道内设置水体曝气装置9套；植物护坡建设42 km（两岸合计）；生态清淤27.1 km、堤防加固8 km，生态护岸建设2 km（两岸合计），沿线配套控制建筑物改造66座。

5　结　语

本文对草泽河农业用水区的达标整治方案做了研究，目的是在污染源和水环境目标建立相应关系，更好地实现水质达标的目标。目标的实现需要政府加强对整治方案实施的宏观指导、统筹协调和组织管理，强化落实情况的监督管理，保障方案的有序推进[2]。

参考文献

[1] 周琳，李勇. 我国的水污染现状与水环境管理策略研究[J]. 环境与发展，2018，30(4)：51-52.
[2] 穆艳杰，魏恒. 习近平生态文明思想研究[J]. 东北师大学报（哲学社会科学版），2019(1)：62-68.

济宁市区域地下水水质评价及水化学类型分布

徐银凤　孔　舒　胡　星　曹　燕

（济宁市水文局，济宁 272019）

摘　要　依据《地下水质量标准》（GB/T 14848—2017）对济宁市 2000—2016 年平原区浅层地下水水质状况进行评价，以Ⅲ类水作为地下水水质目标，找出主要污染物及超标率。其中以 2016 年为基准年，采用“舒卡列夫分类法”分析地下水水化学类型，分析济宁市监测区域的地下水环境及影响水质和水化学类型的主要因素，为济宁市地下水合理利用和地下水保护提供依据。

关键词　地下水；水质评价；水化学类型；水资源现状

地下水是我们主要的供水来源之一，区域地下水的水质及水化学类型直接影响居民的饮水安全和健康问题，地下水的污染日益严重，呈现由浅及深、由点及面，由城市到农村的发展趋势，由工业生产、农业生产及生活污水引发的地下水污染状况层出不穷。因此，地下水的组成分析及地下水水质评价对地下水保护、合理开发利用以及科学的管理有深远的意义。本文对济宁市平原区浅层地下水的 96 个代表井进行水质评价，并依据“舒卡列夫分类法”分析水化学类型，为区域地下水的合理、科学开发利用提供指导作用。

1　研究区概况

济宁市地处鲁南泰沂山低山丘陵与鲁西南黄泛平原交接地带，全市地形以低山丘陵和平原洼地为主，地势东高西低，地貌较为复杂。属暖温带季风型大陆性气候区，四季分明，暖湿交替春季多风，雨少易旱，夏季温热，多雨易涝，秋季天高气爽，旱涝相间，冬季寒冷干燥，雨雪稀少，多年平均降水量694.8 mm。境内河流众多，交叉密布全境，属淮河流域，主要有泗河、洸府河、白马河、梁济运河、洙赵新河、新万福河、东鱼河等。

据地下水的埋藏条件、水力特征及其与大气降水、地表水的关系自上而下划分为浅层地下水和深层地下水，浅层地下水赋存于50 m 以浅的全新世、晚更新世地层中，与大气降水、地表水关系密切。根据济宁市地下水监测资料，浅层地下水水位埋深一般在 2.5 ~ 4.7 m，地下水位年际变化不大，年内水位高峰出现在 7—9 月汛期，1—3 月水位较低，其余时段水位差别较小，水位年变幅 1 ~ 2 m。大气降水是浅层地下水的主要补给来源，其他补给来源还包括区内农田灌溉回渗和侧向径流补给。蒸发、农村居民用水开采、侧向径

作者简介：徐银凤（1990—），女，助理工程师，主要从事水文学及水资源方面的研究。

流是其排泄途径。

2　地下水水质评价

2.1　评价方法

济宁市地下水水质依据《地下水质量标准》(GB/T 14848—2017)进行评价,评价指标包括感官性状及一般化学指标:pH、总硬度、溶解性总固体、硫酸盐、氯化物、氨氮、挥发酚、高锰酸盐指数、氟化物、氰化物、砷、硝酸盐氮、亚硝酸盐氮、六价铬、汞、铅、锰、铁、镉等19项作为评价参数。

以地下水质量检测资料为基础,进行单因子水质类别评价,按照单因子指标评价最差的类别确定水质监测断面的评价类别。评价结果表述为Ⅰ类、Ⅱ类、Ⅲ类、Ⅳ类、Ⅴ类,由于本次评价区域地下水多用于集中式生活饮用水水源及工业、农业用水,因此将水质目标确定为Ⅲ类,评价水质类别劣于Ⅲ类即为超标。

2.2　济宁地下水水质

济宁市水环境监测中心长期监测的79处地下水监测井,依据上述评价方法,以2016年水质监测资料为基础,对济宁市地下水水质评价结果见表1。

表1　2016年济宁市平原区浅层地下水现状水质类别评价(按行政分区)

县级行政区	平原区面积(km^2)	评价选用井总数	Ⅰ类		Ⅱ类		Ⅲ类		Ⅳ类		Ⅴ类	
			井数	占比(%)	井数	占比(%)	井数	占比(%)	井数	占比(%)	井数	占比(%)
任城区	920	13	0	0	0	0	5	38.46	4	30.76	4	30.76
兖州区	612	11	0	0	2	18.18	6	54.54	2	18.18	1	9.09
微山县	1 729.2	6	0	0	0	0	2	33.33	3	50	1	16.66
鱼台县	654	6	0	0	0	0	0	0	1	16.66	5	83.33
金乡县	885	6	0	0	0	0	0	0	0	0	6	100
嘉祥县	974	8	0	0	0	0	1	12.5	3	37.5	4	50
汶上县	693	8	0	0	0	0	4	50	4	50	0	0
梁山县	962	8	0	0	0	0	0	0	4	50	4	50
曲阜市	430.6	7	0	0	0	0	5	71.42	2	28.57	0	0
邹城市	423	6	0	0	0	0	0	0	6	100	0	0

从评价结果来看,全市共有地下水质监测井79眼,符合Ⅳ类标准的居多,占总评价井数的36.7%;符合Ⅴ类标准的占31.6%;符合Ⅲ类标准的占总评价井数的29.1%;符合Ⅱ类标准的占总评价井数的2.5%。超标指标主要为总硬度、溶解性总固体和锰。区域浅层地下水污染主要受地表活动影响,如地表污水排放渗入地下、堆放的垃圾和排泄物随着雨水渗入地下、农村地区的农耕面源污染等。

3　地下水化学类型分布

3.1　评价方法

在自然、地质环境及人类活动的相互作用下，随着地下水的补给、径流等运动，各种化学元素经过迁移、聚集等过程，是地下水形成了复杂的化学成分。

选用 K^+、Na^+、Ca^{2+}、Mg^{2+}、HCO_3^-、SO_4^{2-}、Cl^-等项目，采用舒卡列夫分类法，确定地下水化学类型。根据地下水中6种主要离子（Na^+、Ca^{2+}、Mg^{2+}、HCO_3^-、SO_4^{2-}、Cl^-，K^+合并于 Na^+）分析结果，将6种主要离子中物质的量含量大于25%的阴离子和阳离子进行组合，可组合出49型水，并将每型用一个阿拉伯数字作为代号，见表2。同时，按矿化度（M）的大小划分为4组：A组— $M \leqslant 1.5$ g/L；B组— $1.5 < M \leqslant 10$ g/L；C组— $10 < M \leqslant 40$ g/L；D组—$M > 40$ g/L。地下水化学类型用数字（1～49）与字母（A～D）组合在一起的表达式表示。

表2　舒卡列夫分类图表

超过25%物质的量的离子	HCO_3^-	$HCO_3^- + SO_4^{2-}$	$HCO_3^- + SO_4^{2-} + Cl^-$	$HCO_3^- + Cl^-$	SO_4^{2-}	$SO_4^{2-} + Cl^-$	Cl^-
Ca^{2+}	1	8	15	22	29	36	43
$Ca^{2+} + Mg^{2+}$	2	9	16	23	30	37	44
Mg^{2+}	3	10	17	24	31	38	45
$Na^+ + Ca^{2+}$	4	11	18	25	32	39	46
$Na^+ + Ca^{2+} + Mg^{2+}$	5	12	19	26	33	40	47
$Na^+ + Mg^{2+}$	6	13	20	27	34	41	48
Na^+	7	14	21	28	35	42	49

地下水化学类型采用舒卡列夫分类法，49型水分区标准为：1区（1～3型），2区（4～6型），3区（7型），4区（8～10型、15～17型、22～24型），5区（11～13型、18～20型、25～27型），6区（14型、21型、28型），7区（29～31型、36～38型）[1]，8区（32～34型、39～41型），9区（35型、42型），10区（43～45型），11区（46～48型），12区（49型）。

3.2　济宁地下水化学类型分布

依据区域地下水长期监测资料，以水资源四级区来看，矿化度以A组为主，济宁市地下水以4区和5区A组为主，邹泗区主要为4区A组；汶宁区主要为2区A组；湖西平原区平原部分属5区A组、残山丘区属5区B组；滕微区比较复杂1区、2区、4区、5区均有零散分布，主要为A组。

以县市区来看，邹城大部、金乡中部、泗水和汶上北部为4区；金乡大部、鱼台、嘉祥、梁山均为5区，任城区、嘉祥北部汶上大部均为2区。矿化度A组主要分布在泗水、邹城、兖州、汶上、嘉祥东部和北部和梁山大部，B组主要分布在金乡梁山西北部和嘉祥西南部。绘制济宁市平原区浅层地下水化学类型分布见图1，数据分析见表3。

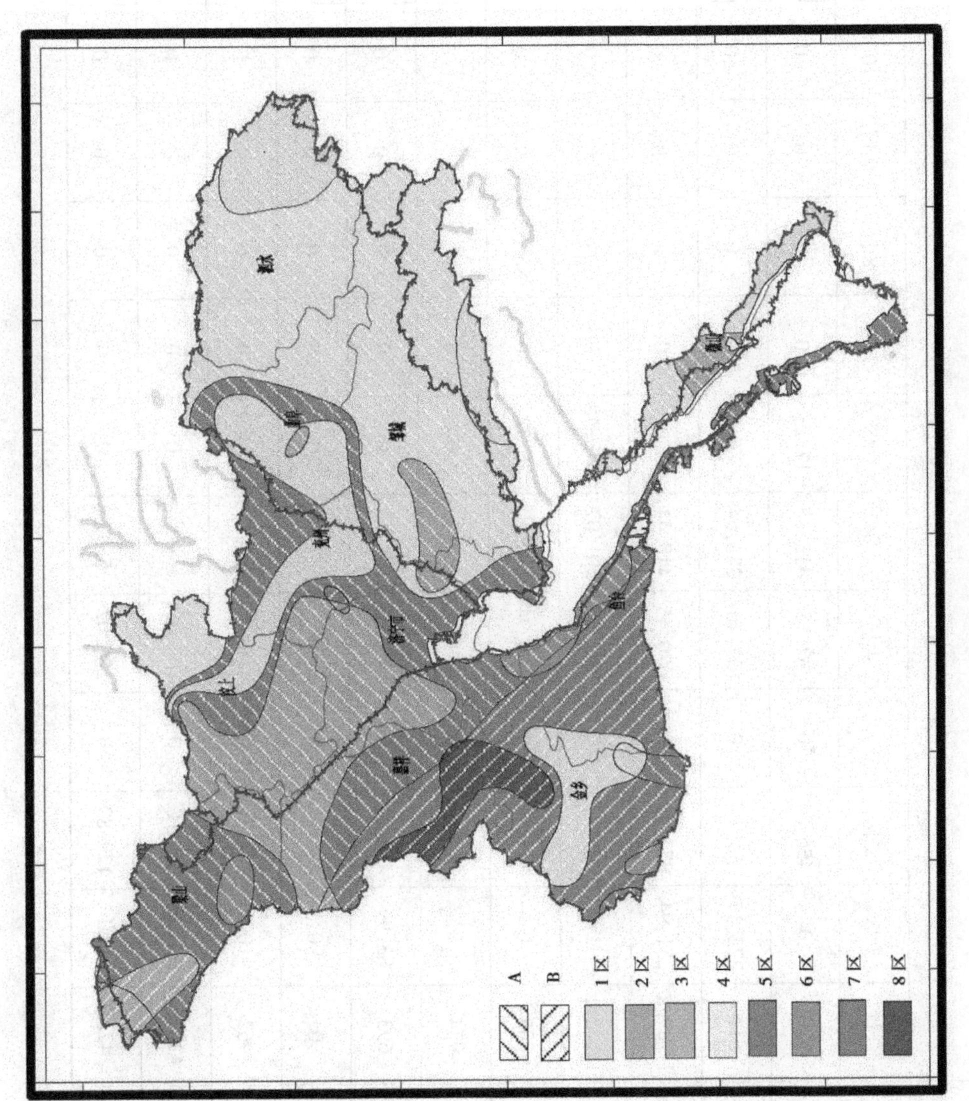

图1　济宁市平原区浅层地下水化学类型分布图

表3　济宁市平原区浅层地下水化学类型面积分布（按行政分区）

县级行政区	平原区面积（km^2）	监测井数	分区面积（km^2）												
			合计	1区	2区	3区	4区	5区	6区	7区	8区	9区	10区	11区	12区
任城区	920	16	920	0	456.84	0	32.18	413.73	17.23	0	0	0	0	0	0
兖州	612	11	612	222.17	68.71	0	32.46	288.64	0	0	0	0	0	0	0
微山县	1 729.2	9	1 729.2	251.94	377.70	0	670.45	418.44	10.64	0	0	0	0	0	0
鱼台县	654	6	654	0	0	0	48.43	501.07	1043.48	0	0	0	0	0	0
金乡县	885	9	885	0	0	0	263.94	510.10	25.32	0	86.52	0	0	0	0
嘉祥县	974	8	974	0	0	0	0	0	0	0					
汶上县	693	8	693	83.99	449.23	0	32.65	127.11	0	0	0	0	0	0	0
泗水县	0	0	0	0	0	0	0	0	0	0	0	0	0	0	0
梁山县	962	11	962	0	140.11	170.94	0	581.47	69.460	0	0	0	0	0	0
曲阜市	430.6	10	430.6	251.26	15.51	0	17.20	0	0	0	0	0	0	0	
邹城市	423	8	423	0.01	129.89	0	288.02	5.07	0	0	0	0	0	0	0

地下水中的 HCO_3^- 的含量与 CO_2 有着密切的关系,地下水中 CO_2 主要来源于土壤,区域的降水和地表水补给也会有一定量的 CO_2。浅层地下水中的重碳酸盐含量也受到蒸发和浓缩的影响,济宁地区含水岩层的岩性为砂、砂砾,结构比较松散,渗透性强,近年来区域降雨量较少,通过蒸发和浓缩作用,成了重碳酸型水。天然水中钙和镁主要来源于含钙镁的碳酸盐类沉积物的溶解还有岩石中的钙镁风化溶解。

4 结 语

通过济宁地区近16年来检测的地下水资料,分析了区域地下水的水质类别及水化学类型特征,所监测区域中,整体趋于稳定,以总硬度、矿化度为代表来说,总硬度除梁山北部、嘉祥中部、金乡西北部和鱼台中部有所恶化,其余地区均趋于稳定;矿化度除鱼台大部、梁山西北部和嘉祥东南有所恶化,其余地区均趋于稳定。

济宁市地下水水环境受到地表径流及地表活动的影响较大,可加强对水污染的防治措施并有效地控制地面开采,保持地下水的涵养,通过合理的规划和严格的保护,保护地下水水环境。

参考文献

[1] 刘博,肖长来,梁秀娟,等. 吉林市城区浅层地下水污染源识别及空间分布[J]. 中国环境科学,2015,35(2):457-464.
[2] 廖磊,何江涛,曾颖,等. 柳江盆地浅层地下水硝酸盐背景值研究[J]. 中国地质,2016,43(2):671-682.
[3] 刘思圆,马雷,刘建奎,等. 阜阳颍东浅层地下水化学特征与空间分布规律研究[J]. 地下水,2018,40(3):1-3,27.

盐城地区滨海滩涂水环境质量调查与评价

张凯奇

（江苏省水文水资源勘测局盐城分局，盐城 224002）

摘　要　为初步了解滨海滩涂地区水环境状况，于2015年夏季对盐城市滨海滩涂地区地表水环境进行了监测，并采用综合污染指数法和综合营养状态指数进行了水质评价，根据评价结果提出了滨海滩涂地表水污染防治对策。综合污染指数表明该地区地表水水质总体呈轻度污染状态，而富营养化状态为轻度富营养化，分析显示重金属Pb、Cd有一定程度超标。与有机污染、营养盐等相比，滨海滩涂地区地表水重金属污染更应引起重视。

关键词　盐城；水环境；评价

随着沿海经济的快速发展，滨海滩涂保护面临着严峻的挑战[1]。近年来，随着沿海开发的推进，大量工业园区进入滨海地区，给滨海环境造成了巨大压力，同时滩涂围垦的扩大及农业面源污染等也进一步对滨海环境尤其是水环境产生巨大影响[2]。我国滨海滩涂生境脆弱，人类长期不合理的开发利用已影响到滨海滩涂的保护与可持续发展。

地表水环境监测是生态系统监测与保护的基础，为初步了解滨海滩涂地区水环境状况，促进湿地可持续发展，有必要对典型滨海滩涂地区地表水环境状况进行监测和评价。基于此，作者于2015年6—8月对江苏省盐城市滨海滩涂地区地表水环境进行了调查与监测。

1　概　况

盐城海岸带是全球最大的海岸带滩涂湿地，其范围包括盐城市亭湖、响水、滨海、射阳、大丰及东台6个县（市、区）市的东部沿岸地区，总面积达45.33万hm^2。本次采样点主要集中于射阳县和亭湖区原生滨海滩涂地区，范围在东经120°32′49″～120°34′44″，北纬33°33′1″　～33°37′41″。

监测采样参考《地表水和污水监测技术规范》（HJ/T 91—2002）[3]以及《水环境监测规范》（SL 219—2018）进行[4]。样点设置充分考虑滨海滩涂地表水特点，尽量采集所有水体类型，包括盐水湿地、潮沟、淡水湿地、养殖区等。共设33个采样点，监测时间为2015年6月和8月各1次。鉴于湿地水体较浅，因此主要采用手工采样瓶采样。样点类型、编号及水体类型如表1所示。

作者简介：张凯奇（1987—），男，工程师，主要从事水资源、水环境保护工作。

表1　地表水监测点位信息表

样点类型	样点编号	水体类型
盐水湿地	1—2	盐水
潮沟	3—7	半咸水
淡水湿地	8—26	淡水
养殖区	27—33	淡水

2　检测与评价方法

2.1　检测方法

根据滨海地区水体特点设置16项检测指标,包括pH、溶解氧(DO)、透明度(SD)、叶绿素a(Chl - a)、高锰酸盐指数(COD_{Mn})、五日生化需氧量(BOD_5)、总氮(TN)、氨氮($NH_3 - N$)、总磷(TP)、砷(As)、铜(Cu)、锌(Zn)、铅(Pb)、镉(Cd)、铬(Cr)、硒(Se)。

2.2　评价方法

2.2.1　水质评价

以《地表水环境质量标准》(GB 3838—2002)和《海水水质标准》(GB 3097—1997)的Ⅲ类水为标准,采用综合污染指数法进行水质评价[5]。

水质综合污染指数:

$$P_n = \frac{1}{n}\sum_{i=1}^{n}\left(\frac{C_i}{S_i}\right)$$

式中　P_n——综合污染指数;

n——参加评价的指标数;

C_i——第i种污染物浓度;

S_i——相应类别标准值。

水质分级情况综合污染指数如表2所示。

表2　水质分级情况综合污染指数

等级	综合污染指数(P_n)	污染等级
Ⅰ	$P_n \leq 0.20$	无污染
Ⅱ	$0.20 < P_n \leq 0.40$	较好
Ⅲ	$0.40 < P_n \leq 0.70$	轻度污染
Ⅳ	$0.70 < P_n \leq 1$	中度污染
Ⅴ	$1 < P_n \leq 2$	重污染
Ⅵ	$P_n > 2$	严重污染

2.2.2　富营养化状况评价

地表水富营养化状况采用综合营养指数法进行评价。选择叶绿素 a、总氮、总磷、透明度、高锰酸盐指数 5 项指标进行评价。综合营养指数 $TLI(\Sigma)$计算过程如下：

$$TLI(\sum) = \sum_{j=1}^{m} W_j \times TLI(j)$$

式中　$TLI(\Sigma)$——综合营养状态指数；

W_j——第 j 种参数的营养状态指数的相关权重；

$TLI(j)$——第 j 种参数的营养状态指数。

以 Chl－a 为基准参数，则第 j 种参数归一化的相关权重计算公式为：

$$W_j = \frac{r_{ij}^2}{\sum_{j=1}^{m} r_{ij}^2}$$

式中　r_{ij}——第 j 种参数与基准参数 Chl－a 的相关系数；

m——评价参数的个数。

叶绿素 a 与其他参数之间的相关关系 r_{ij}、r_{ij}^2和 W_j如表 3 所示。

表 3　综合营养指数参数 r_{ij}、r_{ij}^2和 W_j值

参数	Chl－a	TP	TN	SD	COD_{Mn}
r_{ij}	1	0.84	0.82	－0.83	0.83
r_{ij}^2	1	0.706	0.672	0.689	0.689
W_j	0.266	0.188	0.179	0.183	0.183

采用 0～100 的一系列连续数字对营养状态进行分级：$TLI(\Sigma) < 30$ 为贫营养；$30 \leq TLI(\Sigma) \leq 50$ 为中营养；$TLI(\Sigma) > 50$ 为富营养，其中：$50 < TLI(\Sigma) \leq 60$ 为轻度富营养；$60 < TLI(\Sigma) \leq 70$ 为中度富营养；$TLI(\Sigma) > 70$ 为重度富营养。

3　结果与分析

3.1　水质与富营养化状况评价

依据地表水监测结果，采用综合污染指数、综合营养指数对滩涂地表水环境质量进行了评价，相关评价结果如表 4、表 5 所示。

根据表 4、表 5 的评价结果，盐城滨海滩涂地区地表水总体水质较好，6 月和 8 月监测结果表明均为轻度污染水质，富营养化程度为轻度。在超标的污染物中主要以重金属镉、铅为主，尤其是镉，在几乎所有类型湿地中均有样点超过地表水三类标准，重金属镉在滨海滩涂地区应引起重视。滨海地区铅、镉污染可能主要来自河流、近海船舶，近年来兴起的滨海工业园区和地方传统工业如造纸等可能也是地表水重金属的重要来源。

3.2　相应的保护管理对策

根据监测和评价数据，结合盐城地区滨海滩涂区实际情况，特提出如下保护管理对策。

表4　地表水综合污染指数评价结果

检测日期	检测断面	综合污染指数(P_n)	水质等级	污染项目(超标倍数)
6月	盐水湿地	0.52	轻度污染	高锰酸盐指数(1.03);总磷(1.23)
	潮沟	0.57	轻度污染	高锰酸盐指数(1.08);镉(1.28)
	淡水湿地	0.52	轻度污染	镉(1.42)
	养殖区	0.53	轻度污染	镉(1.49)
8月	盐水湿地	0.48	轻度污染	无
	潮沟	0.56	轻度污染	铅(1.77);镉(1.56)
	淡水湿地	0.53	轻度污染	镉(1.58)
	养殖区	0.51	轻度污染	镉(1.17)

表5　地表水综合营养指数评价结果

检测日期	$TLI(\Sigma)$	富营养化状况
6月	55.11	轻度富营养化
8月	54.60	轻度富营养化
均值	55.89	轻度富营养化

3.2.1　加强监管,避免周边污染水体通过地表或潜流进入滩涂内部

加强滩涂区周边工农业生产和排污监管,避免水污染事件的发生,同时倡导生态农业,推广科学施肥,降低区域面源污染。

3.2.2　建立滩涂环境生态管理系统、加大保护管理力度

当前,盐城地区工农业发展迅速,必须尽快优化滩涂生态环境规划,通过合理的规划,增加投入,提升科技水平,不断促进滩涂生态环境建设。同时加大宣传教育力度,增强民众的环保意识。

3.2.3　进一步加强滩涂区土壤质量监测工作

由于土壤质量对水环境质量和生物质量有重要影响,因此有必要进一步开展土壤质量监测工作,确定滩涂区重金属尤其是镉污染来源。

参考文献

[1] 王鹏,徐国华. 江苏省沿海滩涂生态环境面临的主要问题与对策[J]. 水利规划与设计, 2009(4): 15-20.

[2] 许祝华,陈松茂,丁艳峰. 江苏省沿海滩涂湿地利用现状、存在问题及治理措施[J]. 海洋开发与管理, 2012(5): 38-40.

[3] 中华人民共和国环境保护法标准. 地表水和污水监测技术规范:HJ/T 91—2002[S].

[4] 中华人民共和国环境保护行业标准. 水环境监测规范:SL 219—2018[S].

[5] 中华人民共和国国家标准. 地表水环境质量标准:GB 3838—2002[S].

饮用水中铁检测的不确定度分析

张　娟　李明武　郝达平　鞠　伟

（江苏省水文水资源勘测局淮安分局，淮安 223005）

摘　要　依据参加饮用水中铁的检测能力验证考核，建立原子吸收法测定饮用水中铁的不确定度评定方法，分析影响其考核结果的不确定度来源，对各不确定因素进行评定，并计算合成不确定度。结果表明，实验过程中不确定度分量主要来自仪器的稳定性，最终合成标准不确定度为1.82%，本次能力验证考核取得满意结果。方法可用于原子吸收法测定饮用水中铁的不确定度分析，使测定结果更加准确可靠。

关键词　原子吸收法；饮用水中铁；能力验证；不确定度

铁是生活饮用水水质评价的重要参数之一，为《生活饮用水卫生标准》（GB 5749—2006）中水质常规化学指标，标准限值为0.3 mg/L。铁元素是人体及其他生命体必需的微量元素之一，它参与生物体内血红蛋白、各种酶的合成及氧的运输。据相关文献报道[1-3]，人体在铁元素摄入量较少时，会引起免疫力下降或运动机能损伤等现象，摄入过量时也会对人体产生毒害，导致老年痴呆症、帕金森综合症等疾病。因此，铁元素的缺少和过量都会对身体产生危害。

通过查阅大量文献资料，关于地表水中铁的检测方法[4-7]研究报道较多，而关于饮用水中铁检测能力验证考核不确定度的研究较少。笔者通过参加中国疾病预防控制中心环境与健康相关产品安全所2018年饮用水中铁的检测A类能力验证计划（CNCA-18-A08）项目，分析实验过程中不确定度来源，对测量不确定度进行量化评估，计算合成不确定度，最终建立不确定度评定方法，使测定结果更加准确可靠，对饮用水安全评价具有积极意义。

1　材料与方法

1.1　材料

试剂：浓硝酸（优级纯）、去离子水；

铁标准溶液：浓度值100 mg/L，国标编号GBW（E）080364，基体为1%硝酸；

铁标准物质已知样：样品编号170646，标准值2.03±0.10 mg/L，国标编号GBW（E）080195，稀释方法为从安瓿瓶中吸取10.00 mL标准物质溶液用1%硝酸溶液定容至500 mL待测；

作者简介：张娟（1983—），女，高级工程师，主要从事水环境水生态监测分析评价及研究、水环境监测质量保证工作。

考核样:为两个不同浓度水平的样品各1瓶,样品编号分别为A906143和A193763,稀释方法为取10.00 mL用纯水稀释至250 mL待测。

1.2　仪器及工作条件

仪器:iCE3500光谱仪;

工作条件:波长248.3 nm,狭缝0.2 nm;

火焰类型为:空气/乙炔火焰,燃气流量0.9 L/min;

环境条件:室内温度22.0 ℃,室内湿度55%。

1.3　方法依据

《生活饮用水标准检验方法 金属指标》(GB/T 5750.6—2006)(仅2.1原子吸收分光光度法)。

1.4　标准曲线配制

将铁标准储备液用1%的硝酸稀释,分别吸取0 mL、1.50 mL、2.50 mL、5.00 mL、10.00 mL、15.00 mL、20.00 mL,分别定容至50 mL,得到浓度分别为0 mL、0.3 mL、0.5 mL、1.0 mL、2.0 mL、3.0 mL、4.0 mg/L的标准系列。

1.5　建立数学模型

仪器铁含量的计算公式如下:

$$Y = a + bC$$

式中　Y——样品测量吸光度值;

b——斜率;

a——截距;

C——样品中铁含量,mg/L。

1.6　分析不确定度来源

根据数学模型,铁含量测定的不确定度主要来自A,A_0,a,b四个分量。通过对实验过程的影响因素分析,不确定度主要来自标准溶液配制引入的不确定度、标准曲线校准引入的不确定度、仪器的稳定性引入的不确定度、重复测量引入的不确定度,见图1。

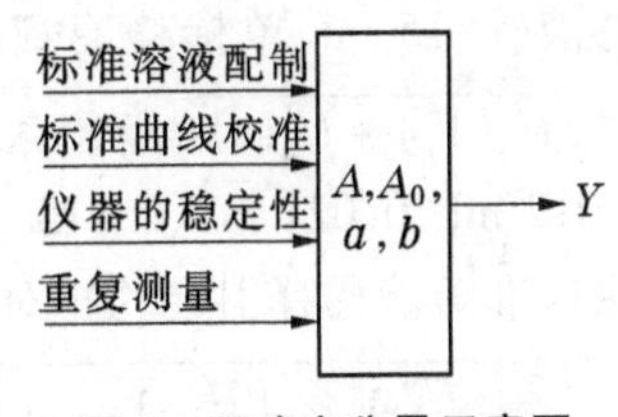

图1　不确定分量示意图

2　结果与讨论

2.1　拟合标准曲线

将配制好的铁标准系列使用液,在良好的仪器工作条件下进行测量,拟合标准曲线,得到线性回归方程为$Y = 0.028\,67x - 0.003\,6$,相关系数$r$为0.999 2,可见标准曲线线性关系良好。

2.2　样品测定

将标准物质样品编号170646、考核样品编号A906143和编号A193763,按要求稀释后进行测量,得到样品浓度均值分别为2.03 mg/L、14.7 mg/L、24.1 mg/L。从测量结果可以看出,已知样(编号170646)测定结果与已知中位值相同,能力验证考核样(编号

A906143 和编号 A193763) $|Z|$ 比分数均小于 2,取得满意结果,表明本实验采用原子吸收法测定饮用水中铁效果良好。

2.3 测量不确定度的量化评估

2.3.1 标准溶液配制引入的不确定度($U_{标}$)

2.3.1.1 标准物质定值对测定结果引入的相对标准不确定度

从标准物质证书中查到铁标准溶液浓度为 100 mg/L,相对不确定度为 1%,按照正态分布计算,取 $k=3$,得到标准物质引入的相对标准不确定度 $U_{配}=1\%/3=0.3\%$。

2.3.1.2 标准溶液稀释过程引入的不确定度

实验过程中标准溶液稀释时,主要由 50 mL 容量瓶、100 mL 容量瓶、250 mL 容量瓶、500 mL 容量瓶、10 mL 单标移液管、15 mL 单标移液管、20 mL 单标移液管、5 mL 分度移液管的容量允差和室内温度差异引入的不确定度 $U_{稀}$。

根据实验室 A 级容量瓶、单标移液管、分度移液管检定证书,查得容量允差分别为 ±0.05 mL、±0.10 mL、±0.15 mL、±0.25 mL、±0.020 mL、±0.025 mL、±0.030 mL、±0.025 mL,取 $k=\sqrt{3}$,则 $U(V_i)=V_{允}/\sqrt{3}$,计算容量允差引入的不确定度分别为 0.028 9 mL、0.057 7 mL、0.086 6 mL、0.144 3 mL、0.011 5 mL、0.014 4 mL、0.017 3 mL、0.014 4 mL。

由于实验室温度变化范围为(20±5)℃,按照矩形分布计算,水的膨胀系数为 2.1×10^{-4}/℃,得到受温度影响引入的不确定度为 $U(t)=V_i\times5\times2.1\times10^{-4}/\sqrt{3}$,计算受温度影响引入的不确定度分别为 0.030 3 mL、0.060 6 mL、0.151 6 mL、0.303 0 mL、0.006 1 mL、0.009 1 mL、0.012 1 mL、0.003 0 mL。

因此,计算由 50 mL 容量瓶、100 mL 容量瓶、250 mL 容量瓶、500 mL 容量瓶、10 mL 单标移液管、15 mL 单标移液管、20 mL 单标移液管、5 mL 分度移液管引入的不确定度 $U_V=\sqrt{U^2(V_i)+U^2(t)}$,经计算分别为 0.042 mL、0.084 mL、0.175 mL、0.336 mL、0.013 mL、0.017 mL、0.021 mL、0.015 mL。

由标准溶液稀释引起的相对标准不确定度为:

$$U_{稀}=\sqrt{\left[\frac{U_{50}}{V_{50}}\right]^2+\left[\frac{U_{100}}{V_{100}}\right]^2+\left[\frac{U_{250}}{V_{250}}\right]^2+\left[\frac{U_{500}}{V_{500}}\right]^2+\left[\frac{U_{10}}{V_{10}}\right]^2+\left[\frac{U_{15}}{V_{15}}\right]^2+\left[\frac{U_{20}}{V_{20}}\right]^2+\left[\frac{U_{5}}{V_{5}}\right]^2}$$
$$=0.39\%$$

2.3.1.3 标准溶液配制引入的合成不确定度

将以上两项不确定度分量按下式计算标准溶液配制引入的合成不确定度:

$$U_{标}=\sqrt{(U_{配})^2+(U_{稀})^2}=0.48\%$$

2.3.2 标准曲线校准引入的不确定度($U_{线}$)

将配制好的铁标准系列浓度分别为 0 mL、0.3 mL、0.5 mL、1.0 mL、2.0 mL、3.0 mL、4.0 mg/L 溶液,每个浓度水平的标准溶液,分别重复测定 3 次,产生的不确定度:$U_{线}=\frac{S_Y}{b}\times\sqrt{\frac{1}{p}+\frac{1}{n}+\frac{(C_0-\overline{C})^2}{\sum_{j=1}^{n}(C_j-\overline{C})}}$;其中 S_Y 为标准曲线的剩余标准差(残差的标准差),$S_Y=$

$\sqrt{\sum_{j=1}^{n}[Y_j-(a+bC_j)]^2/(n-2)}$；$b$ 为标准曲线的斜率；p 为各个浓度水平的标准溶液测量次数，$p=3$；n 为标准溶液总测定次数，$n=21$；$\overline{C}$为标准曲线各点浓度的平均值，$\overline{C}=\frac{\sum_{j=1}^{n}C_j}{n}$；$C_j$为各标准溶液浓度；$C_0$为待测样品浓度的平均值，$C_0=2.03$ mg/L；Y_j为各标准溶液的测定吸光度值。经计算，$U_{线}$为 0.3%。

2.3.3 仪器稳定性引入的不确定度($U_{仪}$)

根据仪器校准规范，仪器的短期稳定性测试结果取 3%，按均匀分布计算，仪器的稳定性引入的相对不确定度为 $U_{仪}=3\%/\sqrt{3}=1.73\%$。

2.3.4 重复测量引入的不确定度($U_{重}$)

将已知标准物质样品编号 170646，分别进行 9 次重复测量，计算标准不确定度 $U_s=s/\sqrt{n}$；其中 $s=\sqrt{\frac{\sum_{i=1}^{n}(x_i-\bar{x})^2}{n-1}}$；$\bar{x}=\frac{\sum_{i=1}^{n}x_i}{n}$；经计算，$U_s=0.21\%$。

相对标准不确定度 $U_{重}=U_s/\bar{x}=0.10\%$。

2.3.5 合成标准不确定度(U)

由以上四种不确定度分量按下式计算合成标准不确定度，结果见表 1。

$$U=\sqrt{(U_{标})^2+(U_{线})^2+(U_{仪})^2+(U_{重})^2}$$

经计算，合成标准不确定度为 1.82%。

表 1 不确定度各分量分布及合成标准不确定度

分量	不确定度来源	标准不确定度
$U_{标}$	标准溶液配制不确定度	0.48%
$U_{线}$	标准曲线校准不确定度	0.30%
$U_{仪}$	仪器稳定性不确定度	1.73%
$U_{重}$	重复测量不确定度	0.10%
合成标准不确定度(U)		1.82%

3 结 语

本测定方法采用原子吸收法测定饮用水中铁含量，由于原子吸收光谱仪本身对测定结果影响因素较多，难以逐一评估；实验过程中，iCE3500 光谱仪误差引入的不确定度主要体现在测量的吸光度值，因此对仪器进样精密度、流量精密度等因素不确定度分量不作细化讨论。由于实验室温度变化范围为 ±5 ℃时，水的膨胀系数为 2.1×10^{-4}/℃，实验过程中应减少温度偏差，减小溶液定容引入的不确定度。

从本实验不确定度评估中可以看出，本方法测定铁的不确定度主要来自仪器短期稳定性的不确定度。通过分析影响测量不确定度来源及产生原因，并采取相应的防范措施，

测量结果的不确定度可以进一步减小。由本次实验结果均值可以看出,已知样(编号170646)测定结果与中位值相同,能力验证考核样(编号 A906143 和编号 A193763)|Z|比分数均小于2,考核取得满意结果。综上所述,本测定方法考虑了 iCE3500 光谱仪测定饮用水中铁产生不确定度的大部分因素,为同类实验室准确测量提供有益的参考。

参 考 文 献

[1] 田佩瑶,于惠芳,张永,等. 生活饮用水中铁的现场检测方法研究[J]. 首都公共卫生,2017,11(20):69-72.

[2] 杜金. 生活饮用水中铁含量的测定[J]. 辽宁化工,2011,40(11):1214-1219.

[3] 田佩瑶,项新华,赵素娟,等. 生活饮用水中铁和锰检测能力验证结果与检测方法分析[J]. 卫生研究,2010,39(4):522-524.

[4] 田莉玉,刘淑芹,高敏. 火焰原子吸收光谱法测定天然水中微量铁的形态[J]. 理化检验化学分册,2003,39(5):291-293.

[5] 杨柳俊. 二氮杂菲分光光度法测定水中铁操作方式的改进[J]. 治淮,2009,12:71-72.

枣庄市水生态现状评价及保护对策研究

赵剑辉[1]　傅　正[1,2]　韩　梅[1]　胡玉海[1]　杨晓梅[2]

(1. 枣庄市水文局,枣庄 277800)
(2. 枣庄市城乡水务事业发展中心,枣庄 277800)

摘　要　根据2015年枣庄市水文局水质及水文资料,分析评价了枣庄市主要河流水库等地表水体的水生态现状,探讨了全市水生态保护存在的问题,并针对问题提出了枣庄市水生态保护切实可行的对策。

关键词　水生态;评价;保护;枣庄市

1　枣庄市概况

枣庄市地处山东省南部,位于东经116°48′30″~117°49′24″、北纬34°27′48″~35°19′12″。东与临沂市,西、北与济宁市相接,南与江苏省徐州市相邻,总面积4 563 km^2。全市属北温带季风型大陆性气候,全市降水量丰富,多年平均降水量为799.8 mm。

2　枣庄市水系概况

枣庄市地表水属淮河流域沂沭泗河水系,境内河流水库众多。比较大的河流自北向南依次为界河、北沙河、城河、新薛河、薛城大沙河、峄城大沙河、陶沟河、韩庄运河。大中型水库主要有5座,分别为岩马、马河、周村、户主、石嘴子水库,详见图1。

3　枣庄市水生态现状评价

3.1　评价指标与评价方法

3.1.1　评价指标

根据枣庄市的水生态系统特点、水生态保护目标分布及敏感生态问题,选取水资源开发利用程度、流量变异程度、水功能区水质达标率、纵向连通性、重要湿地保留率、景观保护程度6项指标进行水生态评价,选取生态基流、敏感生态需水2项指标进行满足程度评价。

3.1.2　评价方法

根据2015年枣庄市水文局水质、水文及搜集的资料,按照《全国水资源保护规划技术大纲》(2012年9月)中“水生态状况评价部分”要求进行评价分析。

3.2　评价范围

本次水生态调查评价的范围包括枣庄全市主要的河流、水库,包括省市水利风景区、

作者简介:赵剑辉(1970—),男,高级工程师,主要从事水环境监测与评价工作。

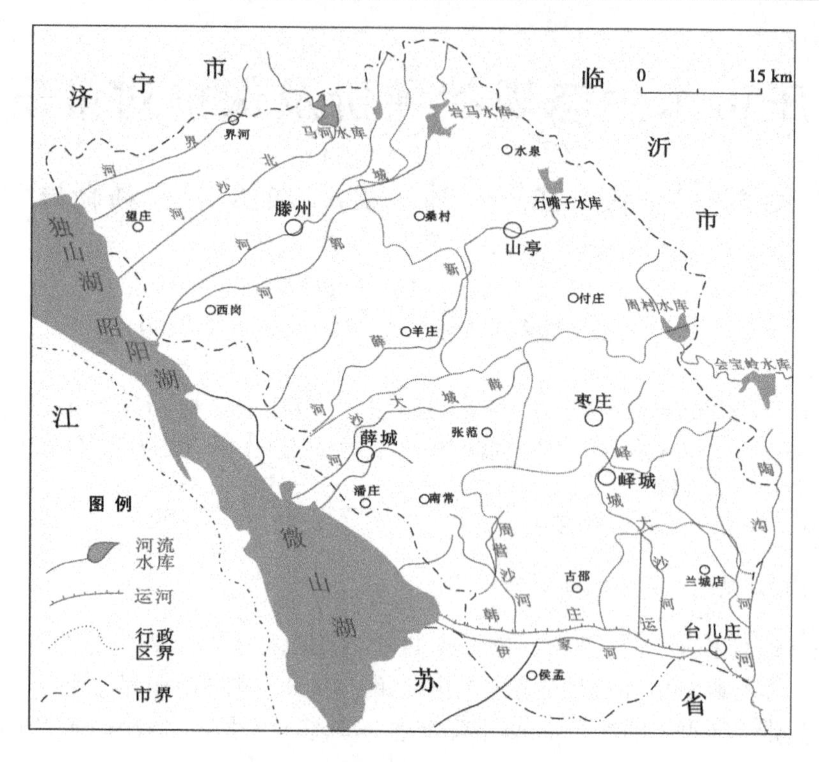

图1　枣庄市主要河流水库分布图

主要的湿地等，详见表1。

表1　枣庄市水生态评价范围一览表

水资源分区	县级行政区	评价河段及湖库	水生态功能类型	主要生态保护对象
北城郭河	滕州市	界河	河湖生境形态修复	滕州滨湖国家湿地
界北城郭河	滕州市	北沙河	河湖生境形态修复	水利风景区
界北城郭河	滕州市	城河	河湖生境形态修复	城头月亮湾国家湿地
界北城郭河	滕州市	十字河	河湖生境形态修复	水利风景区
界北城郭河	薛城区	蟠龙河	河湖生境形态修复	蟠龙河国家湿地
峄城沙河上游	峄城区	峄城大沙河	河湖生境形态修复	峄城大沙河滨河公园
韩峄台区间	台儿庄区	韩庄运河	水源涵养	台儿庄运河国家湿地
西伽河	市中区	周村水库	水源涵养	周村水库水利风景区
界北城郭河	滕州市	马河水库	水域景观维护	马河水库水利风景区
界北城郭河	滕州市	岩马水库	水域景观维护	岩马水库水利风景区
界北城郭河	滕州市	户主水库	水域景观维护	户主水库水利风景区
界北城郭河	山亭区	石嘴子水库	水域景观维护	石嘴子水库水利风景区

3.3　评价结果

3.3.1　满足程度评价

生态基流的评价除峄城大沙河为差，城河为中外，其余均为良好以上，其中界河、蟠龙河为优。敏感生态需水评价4处湿地均在(主要是针对河流湿地)良好以上，详见表2。

表2　枣庄市水生态满足程度评价结果一览表

评价河段及湖库	水生态功能类型	主要生态保护对象	满足程度评价	
			生态基流	敏感生态需水
界河	河湖生境形态修复	滕州滨湖国家湿地	优	优
北沙河	河湖生境形态修复	水利风景区	良	
城河	河湖生境形态修复	城头月亮湾国家湿地	中	良
十字河	河湖生境形态修复	水利风景区	良	
蟠龙河	河湖生境形态修复	蟠龙河国家湿地	优	优
峄城大沙河	河湖生境形态修复	峄城大沙河滨河公园	差	
韩庄运河	水源涵养	台儿庄运河国家湿地	良	优
周村水库	水源涵养	周村水库水利风景区	良	
马河水库	水域景观维护	马河水库水利风景区	良	
岩马水库	水域景观维护	岩马水库水利风景区	良	
户主水库	水域景观维护	户主水库水利风景区	良	
石嘴子水库	水域景观维护	石嘴子水库水利风景区	良	

3.3.2　水生态评价

3.3.2.1　水文水资源

文水资源评价包括水资源开发利用程度、流量变异程度2项指标。全市地表水水资源开发利用程度除周村水库为良，其余均为优。流量变异程度韩庄运河为劣，十字河为中，其余均为良。

3.3.2.2　水环境状况

水环境状况包括水功能区水质达标率、水库还包括富营养化指数。北沙河、城河、蟠龙河、韩庄运河、十字河水功能区达标，其余不达标。5座水库按照水库富营养化评价方法均为富营养，评价结果为中。

3.3.2.3　物理形态

物理形态包括纵向连通性和重要湿地保留率。纵向连通性除北沙河、界河为中外，其余均为劣。重要湿地保留率均为良好以上。

3.3.2.4　生物状况

根据查阅有关资料，枣庄市河流生态平均恢复度仅达到了70%，鱼类种类恢复率仅达到61.5%，水鸟种类恢复度达到89%；两栖动物的密度恢复率仅仅达到61.5%，距离20世纪60年代生态水平尚有一定的差距。

3.3.2.5　社会环境

主要指景观保护程度，均在良好以上。

3.3.2.6　问题分析

主要问题是水环境遭到一定破坏，生物多样性差；主要胁迫因素是部分水质污染。详见表3。

表3　枣庄市水生态评价结果一览表

评价河段及湖库	水生态评价指标						
	水文水资源		水环境状况		物理形态		社会环境
	水资源开发利用程度(%)	流量变异程度(%)	水功能区水质达标率(%)	湖库富营养化指数	纵向连通性(个/100 km)	重要湿地保留率(%)	景观保护程度
界河	优	良	良		中	优	优
北沙河	优	良	差		中	良	良
城河	优	良	差		劣	良	良
十字河	优	中	良		劣	良	良
蟠龙河	优	良	差		劣	优	优
峄城大沙河	优	良	差		劣	良	良
韩庄运河	优	劣	优		劣	优	优
周村水库	良	良	优	中(富)		良	良
马河水库	优	良	优	中(富)		良	良
岩马水库	优	良	优	中(富)		良	良
户主水库	优	良	优	中(富)		良	良
石嘴子水库	优	良	优	中(富)		良	良

3.3.2.7　河流健康评价

根据相关资料，枣庄市主要河流进行健康评价，结果见表4。由表4可以看出，全市主要河流健康等级评价均良好，其中韩庄运河、城郭河、薛城小沙河生物指标得分高，北沙河、新薛河、薛城大沙河、峄城大沙河生物指标得分低，这说明韩庄运河、城郭河、薛城小沙河的生境情况优于后面的4条河流。

4　水生态保护的现状

4.1　取得的成绩

"十一五"以来，枣庄市以建设"生态市"为目标，实施产业结构调整；运用工程的、技术的、生态的方法，加大治理水环境的力度，以水环境容量确定发展方式和发展规模，充分发挥水生态系统自我修复能力，全市地表水体的水生态状况有了明显的改善。

表4　枣庄市河流健康评价结果一览表

河流名称	生物指标总得分	极好等级标准	河流健康等级评价结果
韩庄运河	6.8	5.6～7.0	极好
城郭河	6.52	5.6～8.0	极好
薛城小沙河	6.7	5.6～9.0	极好
峄城沙河	3.0	2.4～3.0	极好
新薛河	3.0	2.4～3.0	极好
薛城大沙河	3.0	2.4～3.0	极好
北沙河	3.0	2.4～3.0	极好

4.2　存在的问题

(1)河流生态恢复程度还不够。由以上分析可以看出枣庄市河流虽然健康评价较好,但仍存在水功能区达标率仍较低,纵向联通性较差等问题、生物物种单一等问题。

(2)农业面源污染呈逐渐加剧趋势。农药化肥使用量大,畜禽养殖污染治理率低,特别是非规模化畜禽养殖企业,进一步加重河流污染。

(3)水土流失加剧。根据全国第二次遥感侵蚀调查图,枣庄市水土流失现状为:水土流失面积较大,程度剧烈,危害重。枣庄市轻度以上侵蚀水土流失面积为1 216.6 km^2。

5　水生态修复的总体模式

针对枣庄市水体生态功能分类及其修复特点,提出生态补水型、水质改善型、生境修复型、以绿代水型和维持保护型五种生态修复基本模式。枣庄市的河流生态,一是断流、干涸严重,二是水污染较为严重。因此,主要采取水质改善、以绿带水和维持保护等模式,进行生态修复。

6　水生态保护与修复的措施

(1)加大水污染治理和水资源保护的力度,充分利用污水处理回用等提高水资源循环利用水平,提高用水效率和效益,减轻水污染。

(2)合理优化大型水库以及闸坝调度,加强重要控制断面生态需水保障,维护河流生物多样性。

(3)河道开展建设橡胶坝,水生境保护与修复,修建生态护岸并划定缓冲带,建设人工湿地系统,进行河湖生态基底整治。

(4)加大全市小流域治理,进一步控制水土流失。

第三篇　水利信息化及新技术应用

水文数据统计分析方法研究与应用

余国倩[1]　陶光毅[2]　封得华[1]

(1. 山东省水文局,济南 250002;
2. 山东国基光晔信息科技有限公司,济南 250021)

摘　要　随着水文事业的发展和信息化技术的进步,产生并积累了海量的水文结构化数据、非结构化数据,包括计算机和电子设备生成的监测数据、测站信息、照片、视频、科技成果论文以及纸质载体水文资料数字化副本等,已经具有数据体量大、数据种类多等大数据的明显特征,且利用价值高。山东省水文局对临沂、日照、威海3个地市60多年的纸质降水自记纸记录、关系曲线图、水文监测数据记载簿等进行数字化,形成2.3亿个分钟降水量、50万个图像文件,40万页pdf格式文件。本文研究了利用文档型非关系数据库、索引、检索、中文自动分词和水文中文分词词典对水文结构化数据中的数值、日期、时间、文字信息和非结构化数据(电子文件)中抽取的文字信息进行统计分析的方法。该项研究成果可作为智慧水文大数据应用平台数据挖掘的基础,为水文数据的有效利用提供了新的解决途径。

关键词　水文数据;文字信息;非关系数据库;统计分析;中文自动分词;水文中文分词词典

1　引　言

水文数据中有大量的文字信息,包括水文结构化数据和非结构化数据(电子文件)中抽取的文字信息。水文结构化数据的文字信息一般按照类别存储在关系数据库中的字符串字段,或存储在Excel表中。例如,山东省测站的测验项目有13项,每个测站的测验项目不尽相同,存储在关系数据库的字符串字段“测验项目”,或存储在Excel表中的“测验项目”一列,这种存储方式难于快速统计分析出每个测验项目的测站数。山东省水文局收集和保存了大量的水文科技成果论文,在不知道其具体内容的情况下,尚无有效的方法找出题目相同或大致相同的水文科技成果论文,也无有效的方法找出主要内容大致相同的水文科技成果论文。

采用文档型非关系数据库存储水文数据,将水文结构化数据的文字信息存储在字符串字段,非结构化数据(电子文件)中抽取的文字信息存储在文本字段。字符串字段和文本字段中的每个词生成一个32位的哈希码,存入索引文件。此外,除了对字符串字段中的所有词一一生成索引外,还会对整个字符串字段(最长不超过255个字符)的内容作为一个词生成一个哈希码,也存入索引文件,这样,将所有相同的词和字符串字段相同的内容汇聚在一起。这种内容汇聚功能可用于水文数据的文字信息统计分析。

作者简介:余国倩(1963—),女,高级会计师,主要从事管理会计、水文水资源、水利信息化等工作的研究。

2　中文自动分词与水文中文分词词典

对水文数据的文字信息进行统计分析，需要对水文结构化数据和非结构化数据（电子文件）中抽取的文字信息进行中文自动分词。中文自动分词是把字符串中的中文切分成供查找的专用词。中文自动分词是基于中文分词词典和规则进行分词。例如，“城市超标洪水泄洪通道”可分为“城市、超标、洪水、泄洪、通道、洪水泄洪、泄洪通道、洪水泄洪通道、城市超标洪水泄洪通道”等 9 个词；单位名称“山东省水文局”可分为“山东、山东省、水文、水文局、省水文局、山东省水文局”等 6 个词；测站名称“卢家庄村”为 1 个多字词；测验项目“悬移质”为 1 个多字词。规则是教系统如何读数据，水文中文分词词典是告诉系统所读数据是不是一个词。在水文数据导入数据库时自动调用中文分词程序，同时扫描数据字符串，将其切分成供查找的水文中文词。

本研究编辑了 10 000 个水文中文词，包括水文基本术语、山东境内河流名称、山东主要地名、山东测站名称、部分论文作者等。水文中文分词词典提供 2 字词、3 字词……最长 10 字词，例如，2 字词：岸冰、凹岸、冰钻；3 字词：薄壁堰、饱和差、大断面；4 字词：矮桩水尺、坝上水位、包气带水；5 字词：自记水位计、自记蒸发器；6 字词：暴雨等值线图、测点抽样误差；7 字词：电子罗盘流向仪、定点式流量测验；8 字词：地下水水温测量仪；9 字词：中子土壤水分测定仪；10 字词：电阻法土壤水分测定仪。

3　文档型非关系数据库字段类型

字段类型包括字符串、数值、日期、时间、文本、二进制等。

（1）字符串字段：用于存储定长字符串和变长字符串。

（2）数值字段：用于存储整数和实数。

（3）日期字段：用于存储日期类型数据。

（4）时间字段：用于存储时间类型数据。

（5）文本字段：用于存储自由文本中的句子和段落，包括从电子文件中抽取的文字信息（或称文本数据）。

（6）二进制字段：用于存储任何类型的字符，包括 ASCII 字符，以及图像、视频、音频等二进制数据。

4　索　引

（1）为提高水文数据的文字信息统计分析的效率，对水文结构化数据的文字信息和非结构化数据（电子文件）中抽取的文字信息进行全文索引，包括：

①对字符串字段每个字、词、词茎、整个字段内容进行索引。

②对文本字段每个字、词、词茎进行全文索引。

（2）对日期、时间和数值进行索引。

5　统计分析前提条件的设定

统计分析前提条件的设定是采用检索的方法。检索方法包括：

(1)全文检索,是对全部字符串字段和文本字段的字符进行检索。

(2)字符串字段检索,是对具体字符串字段的字符进行检索。

(3)文本字段检索,是对具体文本字段的字符进行检索。

(4)数值检索,是用运算符在指定数值范围进行检索。

(5)日期检索,是用运算符在指定日期范围进行检索。

(6)时间检索,是用运算符在指定时间范围进行检索。

(7)布尔检索,是用逻辑“或”、逻辑“与”、逻辑“非”运算符进行检索。

6　水文数据统计分析方法

本文是利用文档型非关系数据库、索引、检索、中文自动分词、水文中文分词词典,在不同条件下对水文结构化数据中的数值、日期、时间、文字信息和非结构化数据(电子文件)中抽取的文字信息进行统计分析。从统计分析的结果可直接调取存储在数据库中水文数据的详细信息,包括水文非结构化数据(电子文件)。

6.1　数值字段统计

数值字段统计是对给定的数据库中部分记录或全部记录,计算数值字段的最大值、最小值、总和、平均值、方差等数据,以及有值记录数和无值记录数。

示例:对降水数据库的数值字段“日降水量”进行统计,得出数天、数月或数年的日降水量的最大值、最小值、总和、平均值等。

6.2　数值字段统计分析

数值字段统计分析是对给定的数据库中部分记录或全部记录,按照给定的数值范围和间隔值,分析数值字段的数值分布情况。

示例:对降水数据库的数值字段“30 min 时段降水量”进行统计分析。设定降水量数值范围为 20 ~ 60 mm,降水量间隔值为 10 mm,分析获得 20 ~ 30 mm、30 ~ 40 mm、40 ~ 50 mm、50 ~ 60 mm 降水量的分布情况。

6.3　日期字段统计分析

日期字段统计分析是对给定的数据库中部分记录或全部记录,按照日期范围以及年、月、日的间隔值,分析时间间隔记录数的分布情况。

示例:对降水数据库的日期字段“起始日”进行统计分析。设定日期范围是 2013 年 5 月 1 日至 10 月 31 日,间隔值是 1 个月,分析获得记录数(月降水次数)的分布情况,见图 1。点击数值(年月)或记录数(月降水次数),可获得月降水次数分析结果的详细信息和降水自记纸图像文件,如 5 月的降水次数和 5 月 25 日降水自记纸图像文件,见图 2。

6.4　时间字段统计分析

时间字段统计分析是对给定的数据库中部分记录或全部记录,按照时间范围以及时、分、秒的间隔值,分析时间间隔记录数的分布情况。

示例:对降水数据库的时间字段“起时间”进行统计分析。设定时间范围是 8:00—18:00,间隔值是 1 h,分析获得记录数(小时降水次数)的分布情况。

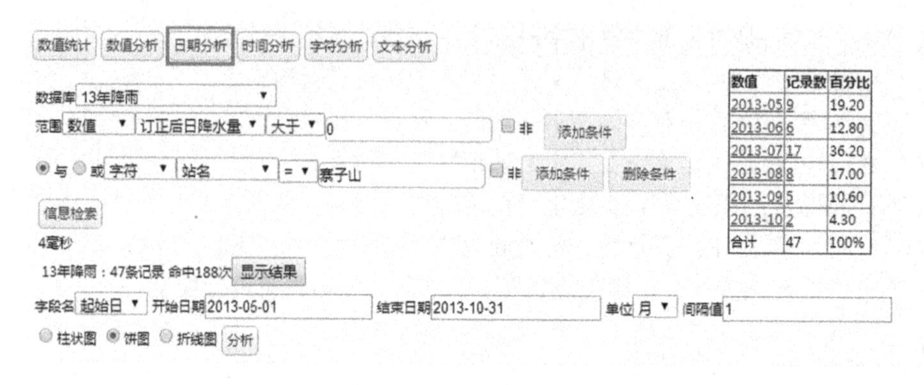

数值	记录数	百分比
2013-05	9	19.20
2013-06	6	12.80
2013-07	17	36.20
2013-08	8	17.00
2013-09	5	10.60
2013-10	2	4.30
合计	47	100%

图 1　记录数(月降水次数)的分布情况

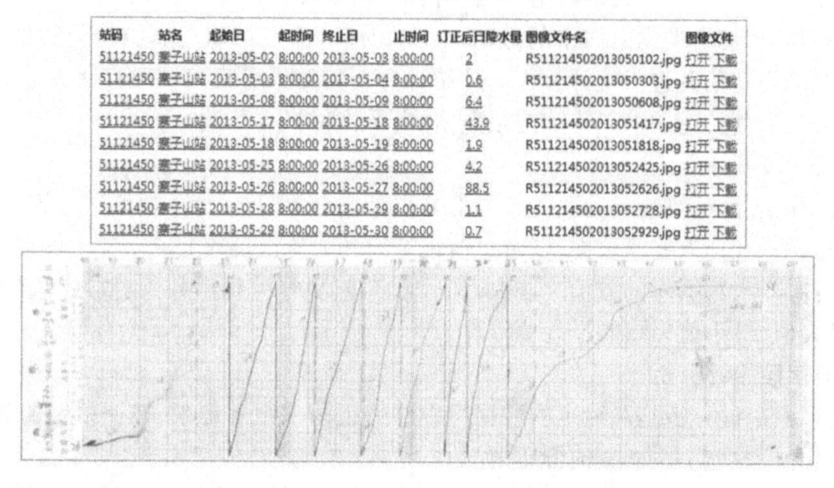

站码	站名	起始日	起时间	终止日	止时间	订正后日降水量	图像文件名	图像文件
51121450	寨子山站	2013-05-02	8:00:00	2013-05-03	8:00:00	2	R511214502013050102.jpg	打开 下载
51121450	寨子山站	2013-05-03	8:00:00	2013-05-04	8:00:00	0.6	R511214502013050303.jpg	打开 下载
51121450	寨子山站	2013-05-08	8:00:00	2013-05-09	8:00:00	6.4	R511214502013050608.jpg	打开 下载
51121450	寨子山站	2013-05-17	8:00:00	2013-05-18	8:00:00	43.9	R511214502013051417.jpg	打开 下载
51121450	寨子山站	2013-05-18	8:00:00	2013-05-19	8:00:00	1.9	R511214502013051818.jpg	打开 下载
51121450	寨子山站	2013-05-25	8:00:00	2013-05-26	8:00:00	4.2	R511214502013052425.jpg	打开 下载
51121450	寨子山站	2013-05-26	8:00:00	2013-05-27	8:00:00	88.5	R511214502013052626.jpg	打开 下载
51121450	寨子山站	2013-05-28	8:00:00	2013-05-29	8:00:00	1.1	R511214502013052728.jpg	打开 下载
51121450	寨子山站	2013-05-29	8:00:00	2013-05-30	8:00:00	0.7	R511214502013052929.jpg	打开 下载

图 2　月降水次数分析结果的详细信息和降水自记纸图像文件

6.5　字符串字段统计分析

6.5.1　字符串字段的整个字段内容统计分析

字符串字段的整个字段内容统计分析是对给定的数据库中部分记录或全部记录，给出整个字段内容相同的记录数以及各自所占的百分比。须选择重复次数(记录数)的范围：大于、小于、从……到……。

示例：山东省 4 786 个水文测站的测验项目有 13 项：流量、水位、悬移质、降水、蒸发、冰情、地下水水位、水质、墒情、水文调查、颗粒分析、比降、水温。每个测站的测验项目不尽相同，有一项或多项，测验项目名称全部放在测站基本信息数据库的字符串字段"测验项目"。分析字符串字段"测验项目"的整个字段内容，获得测验项目完全相同的记录数(测站数)。重复次数大于 0，表示记录数(测站数)统计分析从 1 开始。统计分析结果显示，测验项目仅 1 项"地下水水位"的测站有 1 990 个，测验项目仅 9 项"流量、水位、悬移质、降水、蒸发、冰情、水质、墒情、水文调查" 的测站有 9 个，见图 3。点击记录数(测站数)或内容(测验项目)，获得统计分析结果的详细信息，如仅 9 项"流量、水位、悬移质、降水、蒸发、冰情、水质、墒情、水文调查" 测验项目的 9 个测站信息，见图 4。

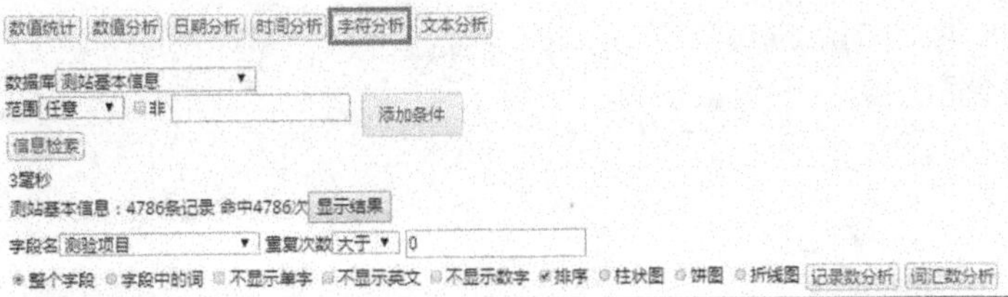

数值统计　数值分析　日期分析　时间分析　字符分析　文本分析

数据库 测站基本信息
范围 任意　非　添加条件
信息检索
3毫秒
测站基本信息：4786条记录 命中4786次 显示结果
字段名 测验项目　重复次数 大于 0
整个字段　字段中的词　不显示单字　不显示英文　不显示数字　排序　柱状图　饼图　折线图　记录数分析　词汇数分析

序号	记录数	百分比	内容	序号	记录数	百分比	内容	序号	记录数	百分比	内容
1	1990	41.58	地下水水位	2	1834	38.32	降水	3	348	7.27	水质
6	60	1.25	墒情	7	44	0.92	水位 降水	8	30	0.63	流量 水位
11	14	0.29	流量 水位 降水 蒸发 冰情 水质 墒情 水文调查	12	9	0.19	流量 水位 降水	13	9	0.19	流量 水位 悬移质 降水 蒸发 冰情 水质 墒情 水文调查
16	4	0.08	流量 水位 降水 水质 墒情 水文调查	17	4	0.08	流量 水位 降水 水质 水文调查	18	4	0.08	流量 水位 悬移质 降水 冰情 水质 墒情 水文调查
21	3	0.06	流量 水位 降水 冰情 水质	22	3	0.06	流量 水位 降水 墒情 水文调查	23	3	0.06	流量 水位 降水 水质 墒情
26	2	0.04	流量 水位 降水 蒸发	27	2	0.04	流量 水位 降水 蒸发 冰情 水质 水文调查	28	2	0.04	流量 水位 降水 蒸发 墒情 水文调查

图3　测验项目完全相同的测站数统计分析结果

测站名称	测站编码	测验项目
临清	31000100	流量,水位,悬移质,降水,蒸发,冰情,水质,墒情,水文调查
王铺闸	31100500	流量,水位,悬移质,降水,蒸发,冰情,水质,墒情,水文调查
堡集闸	31104100	流量,水位,悬移质,降水,蒸发,冰情,水质,墒情,水文调查
莱芜	41500100	流量,水位,悬移质,降水,蒸发,冰情,水质,墒情,水文调查
大汶口	41500690	流量,水位,悬移质,降水,蒸发,冰情,水质,墒情,水文调查
戴村坝	41501600	流量,水位,悬移质,降水,蒸发,冰情,水质,墒情,水文调查
汶河	41801300	流量,水位,悬移质,降水,蒸发,冰情,水质,墒情,水文调查
诸城	41806850	流量,水位,悬移质,降水,蒸发,冰情,水质,墒情,水文调查
大官庄（新）	51111900	流量,水位,悬移质,降水,蒸发,冰情,水质,墒情,水文调查

图4　仅9项测验项目的9个测站信息

6.5.2　字符串字段中的词的记录数统计分析

字符串字段中的词的记录数统计分析是对设给定的数据库中部分记录或全部记录，给出字段中的词出现的记录数以及各自所占的百分比。要统计分析的词须作为一个词放入水文中文分词词典，这样，才能对字符串字段中的词进行统计分析。须选择重复次数（记录数）的范围：大于、小于、从……到……。

示例：山东省4 786个水文测站的测验项目有13项：流量、水位、悬移质、降水、蒸发、冰情、地下水水位、水质、墒情、水文调查、颗粒分析、比降、水温。每个测站的测验项目不尽相同，有一项或多项，测验项目名称全部放在测站基本信息数据库的字符串字段"测验项目"。对字符串字段"测验项目"中的词进行统计分析，即对每个测验项目名称进行统计分析，获得每个测验项目的记录数（测站数）。重复次数大于0，表示记录数（测站数）统计分析从1开始。统计分析结果显示，2 032个测站有测验项目"降水"，1 991个测站有测验项目"地下水水位"，372个测站有测验项目"水位"，见图5。点击词汇数（测站数）或内容（测验项目），可获得统计分析结果的详细信息，如有测验项目"冰情"的92个测站和测验项目的详细信息，见图6。

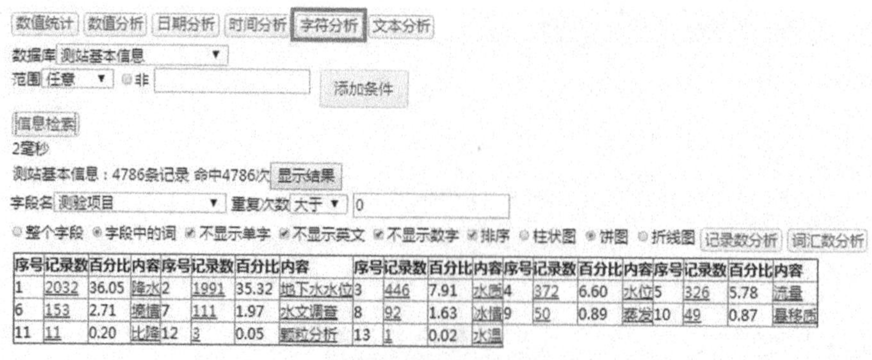

序号	记录数	百分比	内容	序号	记录数	百分比	内容	序号	记录数	百分比	内容	序号	记录数	百分比	内容	序号	记录数	百分比	内容
1	2032	36.05	降水	2	1991	35.32	地下水水位	3	446	7.91	水质	4	372	6.60	水位	5	326	5.78	流量
6	153	2.71	墒情	7	111	1.97	水文调查	8	92	1.63	冰情	9	50	0.89	蒸发	10	49	0.87	悬移质
11	11	0.20	比降	12	3	0.05	颗粒分析	13	1	0.02	水温								

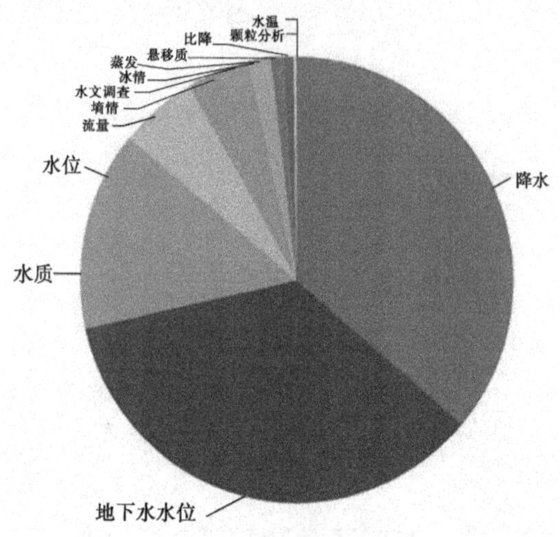

图5　每个测验项目的测站数统计分析结果

6.6　文本字段内容统计分析

6.6.1　文本字段中的词的记录数统计分析

文本字段中的词的记录数统计分析是对给定的数据库中部分记录或全部记录，给出文本字段中的词出现的记录数以及各自所占的百分比。要统计分析的词须作为一个词放入水文中文分词词典，这样，才能对文本字段中的词进行统计分析。须选择重复次数（记录数）的范围：大于、小于、从……到……。

示例：从水文科技成果论文中抽取的文字信息装入水文科技成果论文数据库的文本字段"文字信息"。对文本字段"文字信息"中的词出现的记录数（论文数）进行统计分析，获得每个词出现的记录数（论文数）。表1是每个词出现的记录数（论文数）统计分析结果。

6.6.2　文本字段中的词的词汇数统计分析

文本字段中的词的词汇数统计分析是对给定的数据库中部分记录或全部记录，给出文本字段中的词出现的次数以及各自所占的百分比。一个词可以在一条记录中出现多次。要统计分析的词须作为一个词放入水文中文分词词典，这样，才能对文本字段中的词进行统计分析。须选择重复次数（词汇数）的范围：大于、小于、从……到……。

测站名称	测站编码	测验项目
临清	31000100	流量,水位,悬移质,降水,蒸发,冰情,水质,墒情,水文调查
四女寺闸(南)	31000300	流量,水位,悬移质,降水,蒸发,冰情
四女寺闸(减)	31001800	流量,水位,悬移质,冰情
四女寺闸(漳)	31001801	流量,水位,悬移质,冰情
王铺闸	31100500	流量,水位,降水,冰情,水质
大道王闸	31101900	流量,水位,悬移质,降水,蒸发,冰情,水质,墒情,水文调查
郑店闸	31102600	流量,水位,降水,冰情,水质
白鹤观闸	31102700	流量,水位,悬移质,降水,冰情,水质
刘桥闸	31103500	流量,水位,悬移质,降水,冰情,水质
堡集闸	31104100	流量,水位,悬移质,降水,蒸发,冰情,地下水水位,水质,墒情,水文调查
崮山	41403500	流量,水位,降水,冰情,水质,墒情,水文调查
莱芜	41500100	流量,水位,悬移质,降水,蒸发,冰情,墒情,水文调查
大汶口	41500690	流量,水位,降水,蒸发,冰情,水质
戴村坝	41501600	流量,水位,悬移质,降水,蒸发,冰情,水质,墒情,水文调查
楼德	41503200	流量,水位,降水,冰情,水质
岔河	41801300	流量,水位,降水,冰情,水质,墒情
北园	41802700	流量,水位,悬移质,降水,蒸发,冰情,水质,墒情,水文调查
郝峪	41805100	流量,水位,降水,冰情,水质,墒情,水文调查
黄山	41805300	流量,水位,悬移质,降水,蒸发,冰情,水质,墒情,水文调查
诸城	41806850	流量,水位,悬移质,降水,蒸发,冰情,水质,墒情,水文调查
郭家屯	41808350	流量,水位,降水,冰情,水质,墒情,水文调查

图 6　有测验项目“冰情”的 92 个测站和测验项目的详细信息

表 1　每个词出现的记录数(论文数)统计分析结果

词	记录数(论文数)	词	记录数(论文数)
水资源	300	暴雨	136
流量	254	干旱	124
水库	252	雨量站	109
地下水	217	水污染	108
降雨	204	水质监测	107
洪水	193	蒸发量	102

示例:从水文科技成果论文中抽取的全部文字信息装入水文科技成果论文数据库的文本字段“文字信息”。对文本字段“文字信息”中的词出现的次数进行统计分析,给出每个词出现的次数。表 2 是每个词出现次数的统计分析结果。

表 2　每个词出现次数的统计分析结果

词	次数	词	次数
水土流失	2 953	农业用水区	1 693
入河排污口	2 809	暴雨	1 561
防洪	2 546	水质监测	1 517
污水处理	2 333	植被	1 310
饮用水源区	2 212	灌溉用水	1 210
水生态	1 755	污染物	1 173

7 结 语

山东省水文局积累和保存了大量的水文结构化数据和非结构化数据,包括计算机和电子设备生成的监测数据、测站信息、考证簿、任务书、流域图、照片、视频、设计图、科技成果论文等。从2015年开始对临沂、日照、威海3个地市60多年的纸质降水自记纸记录、关系曲线图、水文监测数据记载簿等进行数字化,形成2.3亿个分钟降水量、50万个降水自记纸和关系曲线图等图像文件,40万页水文监测数据纸质记载簿数字化副本,已经具有数据体量大、数据种类多等大数据的明显特征。为了更好地挖掘和利用水文数据的价值,研究和分析水文数据的相关关系和因果关系,并通过应用相关关系,比以前更容易、更快捷、更清楚地分析水文数据,本研究项目利用文档型非关系数据库、索引、检索、中文自动分词、水文中文分词词典,对已建成的数十个文档型非关系数据库,包括测站基本信息数据库、水文资料数据库、降水数据库、降水自记纸图像文件数据库、水文科技成果论文数据库等进行了动态统计分析,在不同条件下对千万条水文结构化数据和百万个非结构化数据(电子文件)进行统计分析,速度为秒级,获得了大量有价值的信息,为深入挖掘水文数据的价值和有效利用水文数据提供了新的解决途径。该项研究成果对硬件配置要求低,软件操作易掌握,大幅度减少了水文数据统计分析所需的人力成本、管理成本、时间成本,大幅度提高了工作效率,能够为管理决策提供有力支持。

参 考 文 献

[1] 中华人民共和国住房和城乡建设部. 水文基本术语与符号标准:GB/T 50095—2014 [S].

[2] Tao Guangyi, Lian Yachun, Lian Zichuan. Database Storage System based on Jukebox and Method Using the System [P]. 美国发明专利 US 10,255,235, 2019-04-09.

遥感技术助力沂沭泗局“清四乱”“强监管”

王　磊　屈　璞　杨殿亮

（沂沭泗水利管理局水文局（信息中心），徐州 221009）

摘　要　2018 年以来，沂沭泗局在“清四乱”“强监管”工作过程中，结合正在实施的淮委水政监察基础设施建设项目，利用遥感遥测数据采集系统、遥感遥测信息管理系统，对河湖工程系统数据建立了基于“一张图”影像和地图的图形化“清四乱”台账，针对“四乱”问题进行统一管理。通过对照遥感影像和现场照片、现场无人机图片等手段，对基层单位提供的“四乱”数据和相应坐标进行逐一核对、修改和补漏，确认每一处河湖问题及对应坐标，初步建立了沂沭泗直管河湖问题“一张图”，实现了直管河湖“清四乱”问题动态监管，精确显示“四乱”每个问题的位置、尺寸及所属管辖单位（河段）信息，精确描述问题区域的动态变化信息，分类显示已整改、未整改“四乱”信息，为变化跟踪、排查、整改、消号等工作及分析、会商提供了高效的图形化支撑。借助信息化手段，沂沭泗局开展“四乱”问题集中清理整治，有力清除违法建设、种植、养殖，成效显著，河湖管理秩序明显好转。

关键词　遥感；系统；助力；清四乱；监管

0　引　言

为全面贯彻习近平新时代中国特色社会主义思想和党的十九大精神，落实中央领导同志的重要批示精神，推动河长制、湖长制工作取得实效，进一步加强河湖管理保护，维护河湖健康生命。按照水利部的要求，自 2018 年 7 月 20 日起，用 1 年时间，在全国范围内对乱占、乱采、乱堆、乱建等河湖管理保护突出问题开展专项清理整治行动。

淮河水利委员会沂沭泗水利管理局（以下简称沂沭泗局）作为沂沭泗直管区水行政执法和管理的主体，依据《水政监察工作章程》（水利部第 20 号令），代表流域机构对公民、法人或者其他组织遵守、执行水法规的情况进行监督检查，对违反水法规的行为依法实施行政处罚，开展管辖范围内的水行政执法工作。

淮委根据水利部统一安排，在深入分析研究淮委水政队伍执法能力建设现状与需求的基础上，根据规划要求编制了《淮委水政监察基础设施建设（二期）可行性研究报告》，水利部于 2017 年 11 月 22 日以水规计〔2017〕386 号文件批复了上述可研报告。根据工作要求，沂沭泗水利管理局水文局（信息中心）组织编制完成了《淮委水政监察基础设施建设（二期）初步设计报告》。水利部淮河水利委员会于 2017 年 12 月 29 日以淮委规计〔2017〕250 号文件批复了上述设计，主要包括卫星遥感遥测监控工程、执法巡查监控工程

作者简介：王磊（1979—），男，高级工程师，主要从事水利信息化相关工作。

续建两部分建设内容。其中卫星遥感遥测监控工程是该项目的主要工作内容。

1　遥感为“清四乱”“强监管”服务工作内容

按照水利部“清四乱” 专项行动工作要求,沂沭泗局对沂沭泗局直管河段和湖区“四乱”信息进行了摸底,并形成了统计结果。为了更好地为“清四乱”提供遥感信息支持,研究确定了“清四乱”专题信息整理与集成初步方案,即利用“清四乱”专项行动获取的“四乱”信息坐标值进行整理和入库,并在遥感系统平台上进行展示。

“清四乱”专题信息整理与集成主要工作内容包括以下三个方面。

1.1　“四乱”统计信息矢量化

基于收集的沂沭泗局直管河湖“四乱”情况统计信息,按照遥感系统数据入库的要求对统计信息进行整理。

1.2　“四乱”统计信息位置校正

针对沂沭泗局直管河湖“四乱”情况统计信息整理和矢量化过程中存在的无坐标、坐标值不准确等问题,赴基层局进行 “四乱”统计信息位置校正。

1.3　“四乱”统计信息入库与系统展示

按照当前遥感系统数据库要求,统一入库;对现有系统进行开发,生成“四乱”专题模块,实现“四乱”信息的集中显示和属性查询等功能。

2　“四乱”统计信息矢量化

基于 2018 年 12 月和 2019 年 5 月两次沂沭泗局直管河湖“四乱”情况统计信息,我局开展了大量的工作。

2.1　“四乱”情况统计信息整理

对 2018 年 12 月“四乱”情况统计信息坐标值进行统一数据格式处理,形成统一的以度为单位的坐标值;同时,依据入库的要求按照①已处理(乱占、乱建、乱堆、乱采)和②未处理(乱占、乱建、乱堆、乱采)2 个大类、8 个子类进行入库格式整理。

对 2019 年 5 月“四乱”情况统计信息坐标值进行统一数据格式处理,形成统一的以度为单位的坐标值;同时,依据入库的要求按照①已处理(乱占认定、乱占其他、乱建认定、乱建其他、乱堆认定、乱堆其他、乱采认定、乱采其他)和②未处理(乱占认定、乱占其他、乱建认定、乱建其他、乱堆认定、乱堆其他、乱采认定、乱采其他)2 个大类、16 个子类进行入库格式整理。

2.2　“四乱”信息矢量化

2.2.1　2018 年 12 月“四乱”信息矢量化

对整理后的 2018 年 12 月“四乱”信息,按照提供的坐标值进行数字化上图,形成①已处理(乱占、乱建、乱堆、乱采)和②未处理(乱占、乱建、乱堆、乱采)8 个矢量点图层,见图 1。

根据沂沭泗局直管河湖“四乱”情况统计(见表 1),2018 年 12 月,“四乱”信息矢量化初步结果共计 5 975 处,其中乱占 1 843 处、乱建 3 963 处、乱堆 143 处、乱采 26 处。其余未能矢量化的“四乱”信息为无坐标值的数据。

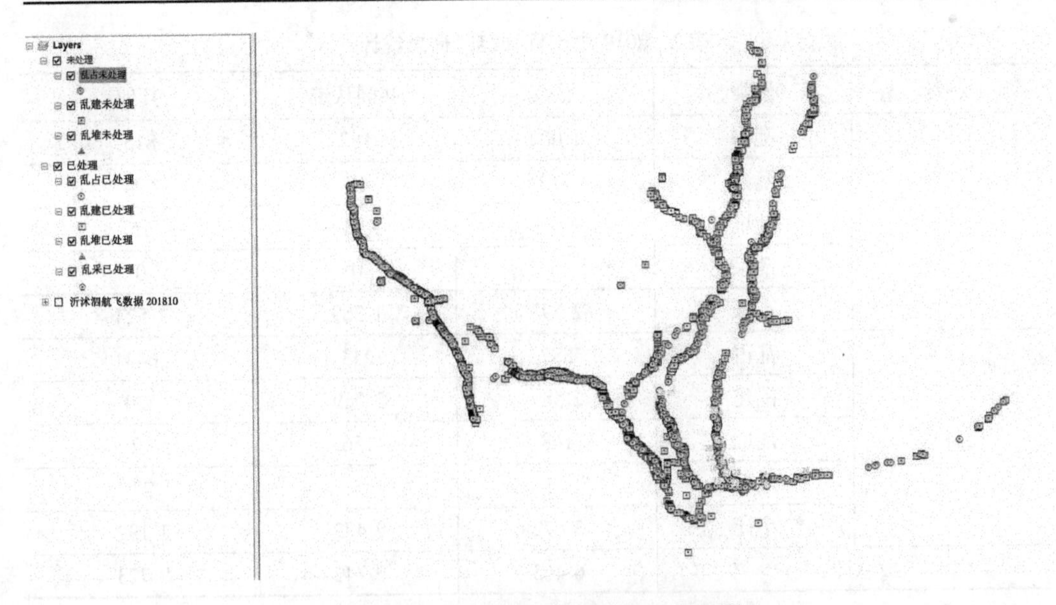

图 1　“四乱”信息矢量图层汇总显示图

表 1　2018 年 12 月“四乱”信息矢量化结果统计表

分类	子类	数量
未处理	乱占	1 411
	乱建	2 746
	乱堆	34
	乱采	0
	小计	4 191
已处理	乱占	432
	乱建	1 217
	乱堆	109
	乱采	26
	小计	1 784
总计		5 975

2.2.2　2019 年 5 月“四乱”信息矢量化

根据沂沭泗直管河湖“四乱”情况统计(见表 2),2019 年 5 月共有“四乱”信息6 465 处,其中沂沭泗局和地方共同认定 3 742 处,其他非共同认定 2 723 处。

共同认定的 3 742 处中,已经处理的 2 473 处;其他非共同认定 2 723 处中,已经处理的 1 199 处。

基于 2019 年 5 月整理后的四乱统计信息,矢量化形成了①已处理(乱占认定、乱占其他、乱建认定、乱建其他、乱堆认定、乱堆其他、乱采认定、乱采其他)和②未处理(乱占认定、乱占其他、乱建认定、乱建其他、乱堆认定、乱堆其他)14 类成果。

表 2　2019 年 5 月“四乱”信息统计

分类	子类	总数	共同认定	其他
未处理	乱占	1 002	187	815
	乱建	712	18	694
	乱堆	1 079	1 064	15
	乱采	0	0	0
	小计	2 793	1 269	1 524
已处理	乱占	887	243	644
	乱建	2 589	2 069	520
	乱堆	168	156	12
	乱采	28	5	23
	小计	3 672	2 473	1 199
总计		6 465	3 742	2 723

2.2.3　光伏电厂和围垦面积量算

根据航摄影像解译成果和沂沭泗局现场统计，沂沭泗局直管河湖内共存在 10 处光伏电厂（见图 2），其中未处理 4 处、已处理 6 处。光伏电厂占地面积 11 448 亩（1 亩 = 666.67 m^2），其中已经清除 9 706 亩，占总面积的 85%。2019 年 5 月光伏电厂信息统计如表 3 所示。

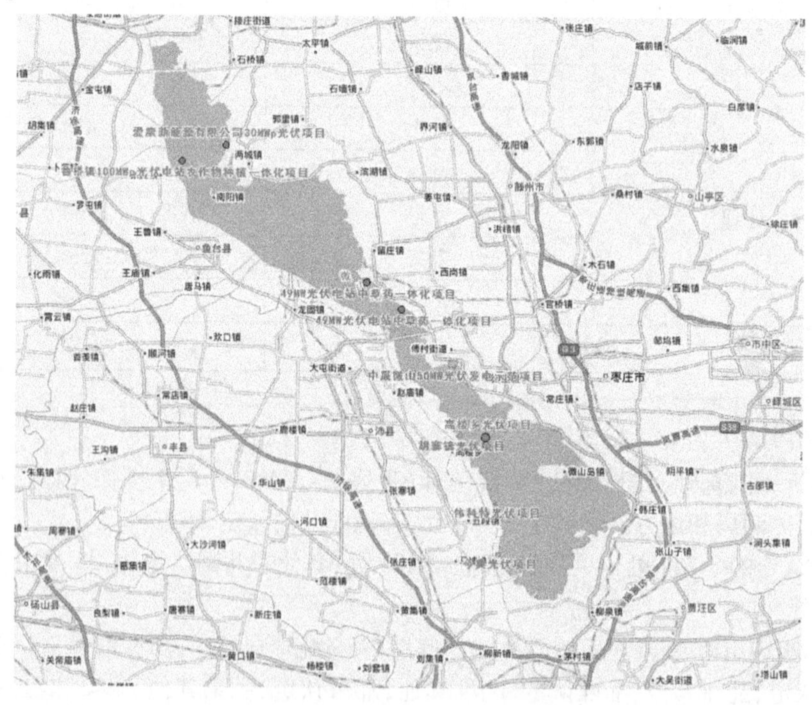

图 2　南四湖光伏电厂分布图

表3　2019年5月光伏电厂信息统计

是否处理	是否认定	项目名称	占地面积		位置
			m^2	亩	
未处理	其他	光伏项目(红日和亿通)	567 978	852.0	徐州市沛县胡寨镇
		伟科特光伏项目	200 684	301.0	徐州市沛县五段镇
	共同认定	今典光伏项目	376 993	565.5	徐州市铜山区马坡
		贾家庄1 MW光伏发电工程	15 400	23.1	临沂市沂南县苏村镇
	小计		1 161 055	1 741.6	
已处理	其他	49 MW光伏电站中草药一体化项目	1 465 076	2 197.6	济宁市微山县留庄镇
		49 MW光伏电站中草药一体化项目	947 880	1 421.8	济宁市微山县欢城镇
	共同认定	317中晟微山采煤沉陷区50 MW光伏发电示范项目	1 547 967	2 322.0	济宁市微山县付村街道
		高楼乡光伏项目	622 078	933.1	济宁市微山县高楼乡
		爱康新能源有限公司30 MWp光伏项目	284 027	426.0	济宁市微山县鲁桥镇
		鲁桥镇100 MWp光伏电站农作物种植一体化项目(未拆彻底)	1 604 128	2 406.2	济宁市微山县鲁桥镇
	小计		6 471 156	9 706.7	
合计			7 632 211	11 448	

基于淮委水政监察基础设施建设(二期)卫星遥感遥测监测成果,南四湖圈圩总面积约37 509 hm^2,骆马湖圈圩总面积约3 971 hm^2。相关信息统计见表4。

表4　遥感监测圈圩信息统计表

	管理单位	数量	面积(hm^2)
南四湖	上级湖局	1 087	16 912
	下级湖局	1 116	16 959
	二级坝局	68	773
	韩庄局	92	2 865
	小计	2 363	37 509
骆马湖	新沂局	106	3 328
	宿迁局	28	643
	小计	134	3 971

3　“四乱”统计信息位置校正

针对2018年12月沂沭泗直管河湖“四乱”情况统计信息整理和矢量化过程中存在的无坐标、坐标值不准确等问题，3月4—13日，由沂沭泗局水文局牵头，组成联合调查组，赴邳州局等18个(不包括大官庄局)基层局进行“四乱”统计信息位置校正。

整个“四乱”统计信息位置校正工作过程中。不仅对整理和矢量化过程中存在的无坐标、坐标值不准确等“四乱”信息进行了坐标补充和位置校正，同时，对其余绝大部分“四乱”信息也进行了位置确认工作，对部分“四乱”信息进行了位置校正。整个工作针对443处无坐标的“四乱”信息补充坐标376处，位置校正2 222处，位置不变3 753处。

形成的最终2018年12月“四乱”信息矢量化结果共计6 351处(见表5)，未能矢量化67处，总计6 418处。与2018年12月沂沭泗直管河湖“四乱”情况统计信息6 417处相比，多出1处信息，是由于乱建编号1213上报了韩庄港码头和峰伟港码头两处码头，因此在矢量化工作中按照2个对象处理。

表5　2018年12月“四乱”统计信息位置校正工作成果统计表

序号	单位简称	补充坐标	位置校正	位置不变	小计
1	邳州局	2	141	998	1 141
2	新沂局	8	337	494	839
3	宿迁局	23	81	60	164
4	沭阳局	0	46	8	54
5	灌南局	0	18	11	29
6	河东局	2	69	83	154
7	沭河局	218	132	22	372
8	刘家道口局	0	7	13	20
9	郯城局	26	67	84	177
10	沂河局	2	226	65	293
11	蔺家坝局	22	87	132	241
12	下级湖局	1	469	357	827
13	上级湖局	67	267	186	520
14	二级坝局	3	50	26	79
15	韩庄局	0	59	158	217
16	韩庄运河局	2	132	1 056	1 190
17	嶂山局	0	28	0	28
18	江风口局	0	6	0	6
合计		376	2 222	3 753	6 351

4　“四乱”统计信息入库与系统展示

4.1　“四乱”矢量信息入库

对形成的8个矢量图层,按照当前系统数据库要求,统一入库。对于8个矢量图层,在入库之前进行格式转换、拓扑错误检测与修改、属性字段添加等处理。矢量数据在生产过程中,由于种种原因,可能会造成数据格式不满足系统需要的情况,为了解决这个问题,在系统入库之前,需要对数据进行格式转换。同时,在数据生产过程中,矢量数据可能会出现几何形态上的不一致性,即拓扑错误,包括面状地物相互重叠、面状地物有缝隙、线段有悬挂等。这些拓扑错误若不进行修改,系统计算中可能会出现错误结果。特别是对于多年的矢量对比数据,由于不同作业人员的解译方式不同,可能会出现同一图斑边界不重合现象,这种拓扑错误若不经过数据预处理,系统在进行多年对比分析时可能会得出错误结论。对于属性数据,若出现与数据库表结构不一致的现象,在入库的过程中,可能会造成数据丢失。因此,在数据入库之前,需要对矢量数据的属性字段与空间数据库的表结构进行比对,若字段缺失,则添加字段,若字段名称不一致,则需要进行字段匹配。

4.2　“四乱”信息系统展示

对现有系统进行开发,生成清四乱专题模块,实现“四乱”信息的集中显示和属性查询等功能(见图3)。

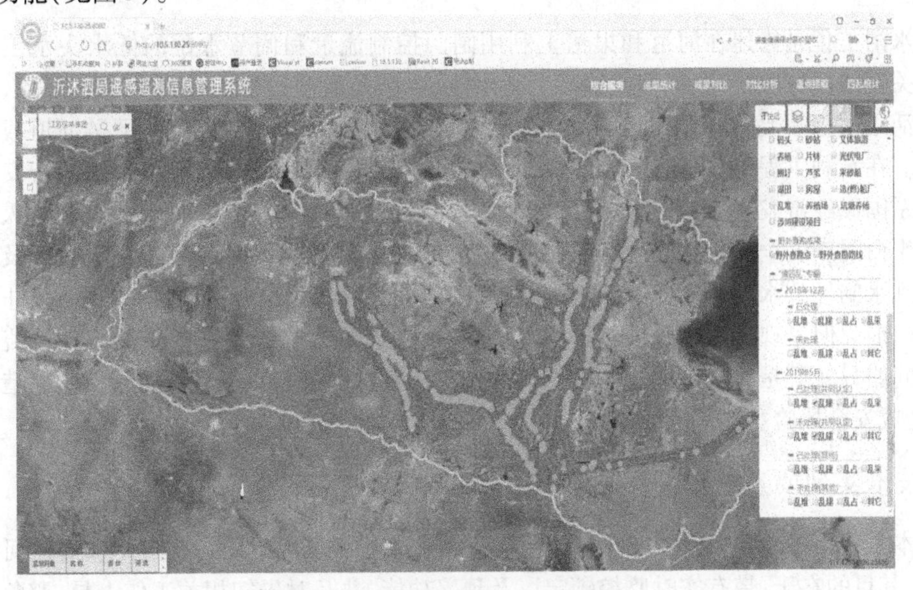

图3　综合信息展示平台系统截图

5　结　语

沂沭泗局水文局下一步将按照淮委水政监察基础设施建设(二期)总体进度安排,对“四乱”信息在卫星遥感遥测监控工程搭建的综合信息展示平台展示的基础上,进一步进行软件功能开发,实现统计、分析等功能,为沂沭泗局水利行业“强监管”工作做好服务,为实现沂沭泗流域的“河畅、水清、堤固、岸绿、景美”的目标而不懈奋斗。

浅析智慧型拦河防撞装置应用

庄万里[1] 刘 伟[2]

(1. 骆马湖水利管理局宿迁水利枢纽管理局,宿迁 223800;
2. 骆马湖水利管理局,宿迁 223800)

摘 要 淮河流域历史悠久,水闸众多,河道多以行洪功能为主兼具航运、调水、灌溉等功能。中华人民共和国成立后我国大力推进水利建设,水利工程点多面广量大,许多工程建于20世纪50—70年代,工程建设时间久、标准低、质量不高,多年的运行过程中对于拦河防撞设施配套不完善,大多节制闸只有简易的拦河索,并不能起到较好的防护作用。节制闸高流量行洪期间船只、障碍物下顺威胁闸门问题较为突出,存在安全隐患,运行管理风险大。研究安全可行智慧的拦河防撞装置极其必要且迫在眉睫。

关键词 节制闸;拦河防撞装置;风险;安全;必要

1 前 言

水闸工程是修建在河道和渠道上利用闸门控制流量和调节水位的低水头水工建筑物。关闭闸门可以拦洪、挡潮或抬高上游水位,以满足灌溉、发电、航运、水产、环保、工业和生活用水等需要;开启闸门,可以宣泄洪水、涝水、弃水或废水,也可对下游河道或渠道供水。在水利工程中,水闸作为挡水、泄水或取水的建筑物,应用广泛。水闸运行安全直接关系国民经济发展,特别是重要位置上的水闸,在汛期以及行洪期间时刻威胁着人民群众的生命财产安全和正常的生活秩序,所造成的损失和影响巨大。为防止船只以及障碍物撞到水闸导致水闸运行安全,通常会在水闸前方几百米处设置拦河锁,以提示阻止船只继续向前。但是现有的拦河锁只提到警示左右,在夜里等视线不好的情况下和大流量行洪期间船只尤其是船队未注意则会直接冲过拦河锁从而驶至水闸警戒区域对闸门造成威胁,造成安全风险。

2 技术实现要素

本实用新型装置(见图1~图3)针对背景技术中的不足,提供了一种水闸拦河防撞系统,其目的在于:带有实时监控锁定以及预警功能,并及时告知相关工作人员,避免安全风险。为实现这个目的,本实用新型技术解决方案如下:

水闸拦河防撞系统,包括横跨河面依次设置的基座、钢丝绳和防撞系统。基座上设置有支撑杆,支撑杆上设置有锁孔;钢丝绳依次穿过各基座上对应锁孔,形成拦河索,钢丝绳

作者简介:庄万里(1990—),男,助理工程师,主要从事水闸工程管理等工作。

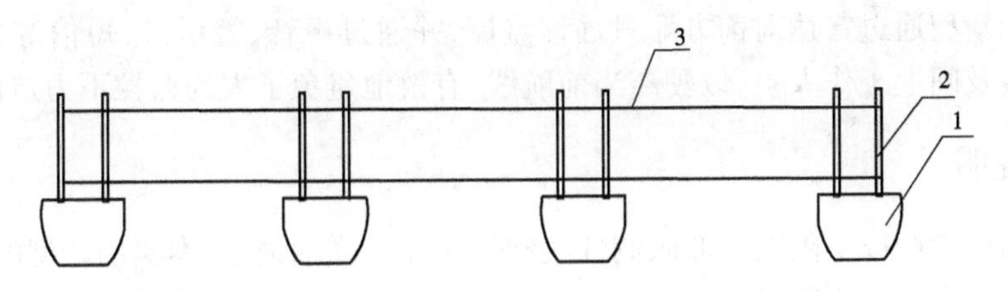

1—基座;2—支撑杆;3—钢丝绳

图1　本实用新型整体结构示意图

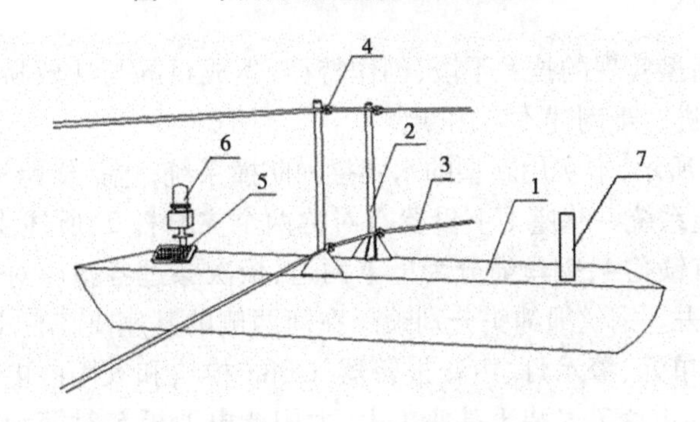

1—基座;2—支撑杆;3—钢丝绳;4—锁孔;5—太阳能电池板;6—警示灯;7—雷达

图2　本实用新型基座具体结构示意图

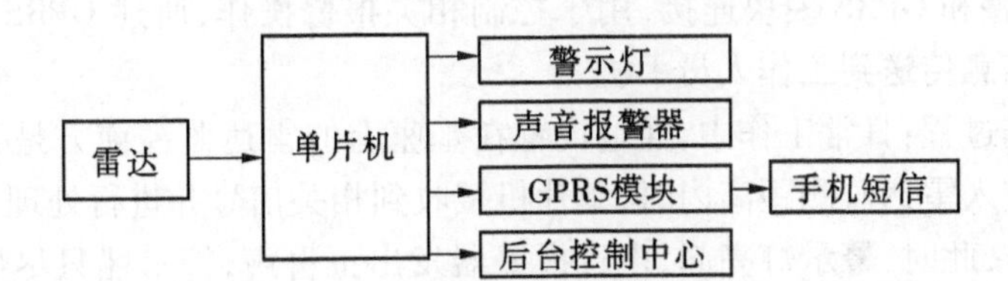

图3　本实用新型电路原理图

绳头分别锁死在河两侧的基座支撑杆上;防撞系统包括雷达、数据处理单元、报警装置、GPRS模块和太阳能电池板,报警装置包括警示灯和声音报警器,其中,太阳能电池板、警示灯和雷达安装于基座上,太阳能电池板对警示灯和雷达供电,雷达用于监控前方是否有船只驶来,雷达与数据处理单元连接,数据处理单元用于接收雷达信息并进行处理,并与报警装置和GPRS模块联接,用于控制相关报警操作,所述GPRS模块用于通过短信的形式将信息传送到工作人员手机。

基座为中空铁质结构。基座上设置有对称两个支撑杆,支撑杆上部和下部对应位置分别设置有锁孔,钢丝绳分为上下两道,依次穿过各基座对应锁孔,形成两道拦河索,阻止船只过去。

钢丝绳绳头分别通过固定在支撑杆上的钢丝绳锁锁死。

声音报警器为喇叭报警,其通过支杆设置于河岸两侧高处位置。

雷达为两个,分别设置在两侧对应基座上,防止单个雷达监控距离无法覆盖河面,实现全面监控的目的。

数据处理单元为单片机。数据处理单元与后台控制中心连接,发送报警信号。

相对于现有技术,本装置有益效果如下:

本实用新型通过雷达对前方船只远程监控，并通过声音、警示灯、短信等多种方式通知船上人员及闸上工作人员，以驶离当前航线，有效地避免了人为监控不力造成的危险。

3　附图说明

通过阅读参照以下附图对非限制性实施例所作的详细描述，本实用新型的其他特征、目的和优点将会变得更明显。

4　具体实施方式

为使本实用新型实现的技术手段、创作特征、达成目的与功效易于明白了解，下面结合具体实施方式，进一步阐述本实用新型。

如图1～图3所示，本实用新型的水闸拦河防撞系统，包括横跨河面依次设置的基座1、钢丝绳3和防撞系统。基座1上设置有对称两个支撑杆2，所述支撑杆上部和下部对应位置分别设置有锁孔4，钢丝绳分为上下两道，依次穿过各基座对应锁孔，形成两道拦河锁，阻止船只过去。钢丝绳绳头分别锁死在河两侧的基座支撑杆上。所述防撞系统包括雷达、数据处理单元、警示灯、声音报警器、GPRS模块和太阳能电池板，所述太阳能电池板5、警示灯6和雷达7安装于基座1上，太阳能电池板5对警示灯6和雷达7供电。所述雷达通过无线与单片机输入口连接，所述数据处理单元用于接收雷达信息并进行处理，并与报警装置和GPRS模块连接，用于控制相关报警操作，所述GPRS模块用于通过短信的形式将信息传送到工作人员手机。

其具体工作过程：日常工作中，通过设置在基座上的雷达监控前方是否有船只驶入，当检测到船只进入雷达监测距离内时，单片机接收到相关信号并进行处理，控制警示灯和声音报警器工作，此时，警示灯亮起，声音报警器发出报警声，警示船只尽快驶离该航线，同时，单片机将警示信息发送至水闸控制后台并通过GPRS模块发送短信给水闸工作人员，以使相关工作人员及时采取措施使船只驶离航线。本系统通过报警提示船只人员，通过短信、后台警示的方式提示水闸工作人员，有效地避免因任何一方未注意拦河锁和报警而产生撞闸的风险，进一步降低安全隐患。

5　实际案例

宿迁节制闸位于骆马湖下游中运河上，是骆马湖流域水量南下的重要口门，是“东调南下”工程的重要组成部分，也是南水北调梯级控制工程。宿迁闸兼具泄洪、排涝、调水、航运于一体位置险要功能齐全。建设初期宿迁闸受限于建设年代久远，上游拦河防撞设备仅限于两根用浮箱托起的钢丝绳。（下称拦河索）2015年汛期由于骆马湖流域有较大的降雨过程导致中运河行洪流量较往年同期较大，导致三起单一船只动力不足顺行洪水道而下的应急事件发生。虽然都成功处理了险情，但是由于都是在夜晚发生视线较差发现较晚给水闸造成了较大威胁。2015年汛后宿迁水利枢纽管理局针对上游障碍物以及船只下顺威胁设计智慧拦河防撞系统。2019年汛期宿迁闸上游段行洪流量为近十年来最大流量。2019年8月13日由于长期高流量行洪导致锚固在宿迁闸上游3 km外的十条船船队顺流而下，情况十分危急。智慧型拦河索在距离水闸超视距的1 km多范围外监视系统率先发现船队对值班人员发出警报。值班人员及时汇报防办启动宿迁闸应急预案消除了险情,保护了宿迁节制闸工程安全,保障了此次行洪安全。

6　结　语

综上所述,淮河流域拦河防撞问题的解决,需要我们水利工程团队综合考虑各方面的因素。一要仔细分析障碍物下顺等问题的成因,考虑自然环境对水利工程项目的巨大制约,根据不同的情况具体分析选择装置设备;二要大力培养水闸管理人员的专业创新能力,不断的更新专业知识,提升整体技术以及管理水平;三要合理地采用其他先进成功水闸防撞方案,紧跟国际科技前沿,将其利用到我们水利工程项目之中。只有制订合理有效的创新方案,才能促进我国水利工程项目可持续发挥应有的作用。

江苏省流速仪检定/校准水槽通风除湿系统方案研究

郦息明[1]　陈　霞[2]　周　强[2]　刘婧婧[3]

（1. 江苏省水文水资源勘测局，南京 210029；
2. 江苏省水土保持生态环境监测总站，南京 210012；
3. 南京中网卫星通信股份有限公司，南京 210032）

摘　要　因为场地条件限制，江苏省流速仪检定/校准水槽为坐南朝北、东西通风、半地下长条式建筑，水槽自然采光通风条件不理想，场内湿度大，造成电子器件凝露，检测设备经常发生故障。为解决水槽湿度大这一问题，本文根据该水槽的自身情况，研究了通风设施、设计了通风管道及基础、电源控制、噪声处理等部分详细通风除湿系统方案。此方案已实施完毕，并已取得理想效果，解决了江苏省流速仪检定/校准水槽湿度大的问题。

关键词　通风；除湿；方案；研究

1　背　景

江苏省流速仪检定/校准设施（又称水槽）位于南京市雨花台区江苏省水文发展基地内。自运行以来，发现水槽空间湿度非常大，已经造成了轨道生锈变形、电子线路板凝露、墙体发霉脱落等情况，影响水槽的检定精度、安全生产和电器设备线路等。之前已采取了定时开窗通风、轨道上油和给电子线路板涂防水胶等措施，但均不能彻底解决潮湿问题。决定研究江苏省流速仪检定/校准水槽的通风除湿方案以彻底解决水槽潮湿问题。

2　水槽基本情况

水槽位于江苏省水文仪器实验楼内，工作用房长约 154 m，内墙净宽 6.7 m，高 3.6 m（其中地下 1.8 m、地上 1.8 m）。水槽槽体长 135 m，水面净宽 3 m，水面离房顶约 2.7 m。工作用房面积为 1 031.8 m^2，水面面积约 400 m^2，水面面积占整个水槽工作用房面积的 39%；工作用房体积为 3 714 m^3，水槽水体体积约为 1 050 m^3，占工作用房总体积的 28%。

2.1　水槽内潮湿形成的原因

由于自然通风不畅，水文仪器实验楼建为一坐南朝北、东西向通风的半地下建筑。根据水槽基本情况，得出水槽潮湿形成的原因主要有以下三方面：

一是江浙地处长江下游，属于亚热带季风气候，春夏盛行偏南风，秋冬盛行偏北风，水文仪器实验楼的东西向通风结构，不利于建筑内部的通风除湿。

作者简介：郦息明（1964—），男，高级工程师，主要从事水文水资源管理与研究。

二是半地下建筑:水槽工作用房为半地下建筑,有着地下建筑所共有的潮湿阴暗的特点,虽然工作用房东西两侧设有许多窗户,但窗户面积小,且贴近地面,不利于采光和室内外空气流通。

三是水体面积和体积大:大的水体面积和体积,蒸发量大,只要室内外温度不一致,就会导致空气湿度的增加。

2.2　水槽湿度情况观测

从 2015 年 6 月至 2016 年 5 月对水槽室内的湿度进行了监测记录(见图 1),可以看出,水槽湿度值非常大,最高点出现在 2016 年 1 月,达到 95.58RH%;最低值出现在 2016 年 4 月,也达到 59.75RH%,平均值高达 83.15RH%。

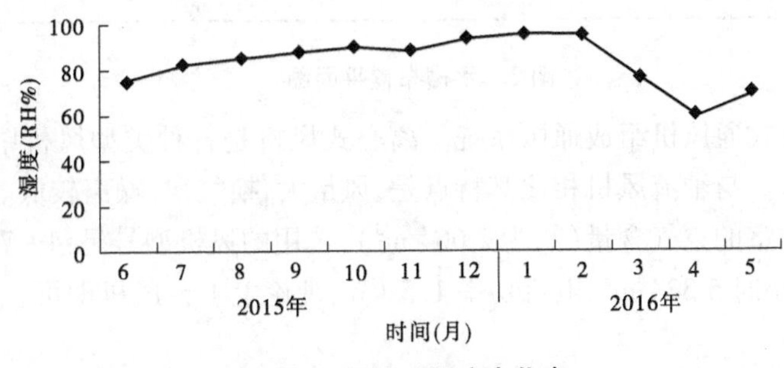

图 1　月平均湿度变化表

3　通风除湿方案研究的思路

根据水槽的基本情况和特点,研究水槽通风除湿方案必须基于以下几方面要求。

(1)长期稳定有效。江苏省流速仪检定/校准水槽是一项精细检定工作,必须有一个恒湿的良好环境,彻底解决水槽湿度高凝露的问题。

(2)操作、维修方便易行。江苏省水文仪器检测中心是专职从事水文仪器检测维护的事业机构,人员编制按岗定员,不可能另外配备专业人员专门从事通风除湿系统的管理与维护。因此,水槽通风除湿系统方案要做到操作简单易行,且维护方便。

(3)运行成本经济合理。江苏省水文仪器检测中心是公益性事业单位,主要经费由国家财政拨款。因此,水槽通风除湿系统方案不能好高骛远,即在保证稳定有效的前提下,能够装得起,用得起,节约维护成本。

(4)噪声低。水槽位于江苏省水文发展基地内且与三江学院一墙之隔为邻。噪声大会干扰基地内职工的日常工作以及学校学生的正常学习生活。因此,设计通风方案时对噪声提出较高的要求。

4　通风除湿系统方案

4.1　通风系统设施的选择与布置

因水文仪器实验楼东侧与三江学院之间有 7 m 间距,可用于安装设备,而水槽西侧是院内主干道,不宜布置通风设施,故通风系统主设备布置在水槽东侧。其具体布置如图 2 所示。

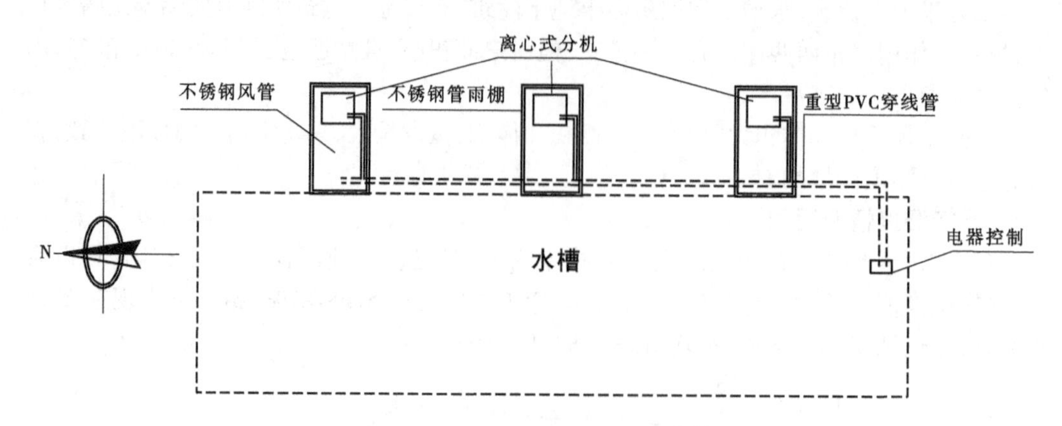

图2　水槽布置平面图

设备选用离心式通风机组成通风系统。离心式风机是各种类型风机中效率较高，较为实用的风机类型。与轴流风机相比其特点是，风量大，换气快，噪声较低。

根据水槽工作室的空气含量（约为 2 664 m^3），选用的风机型号是：4－72－6A 离心式通风机，流量为每小时 6 324 m^3，电机功率 1.5 kW，理论上 1 台风机即可在 1 h 内将水槽内空气更换 2 遍。

为了使水槽内空气流动更快而且均匀，并使风机使用寿命延长，设计成甲、乙、丙 3 套风机机组，每天早上 9 点，运行风机机组甲 0.5 h，充分通风后再运行水槽设备；下午 3 点半，运行风机机组乙 0.5 h，充分通风；风机机组丙的主要作用是重要检测工作前全面通风和在甲、乙两套风机出现故障时替补。根据需要风机机组轮换使用，效果会更好，也可省电。

4.2　风机通风管道及基础设计

风机管道采用不锈钢板制作，在所有的管道拐弯处尽量设计成圆滑过度，最大限度地减少通风阻力，以提高效率。由于管道采用不锈钢板制作有一定的重量，为避免管道重量压在风机上，在施工中将会采取增加支点的办法予以卸载，确保风机长期可靠运行。一般情况下风机在运行时，管道往往会与风机产生共鸣造成噪声，为控制这一现象，本方案将采取软连接的方式，截断共振源，降低噪声。

风机管道吸风口的高度是重点考虑的问题。由于湿气比重较空气比重大，室内底部湿度较大。因此，把空气的吸风口安装在距离地面 1 m 的高度，以便充分抽出潮湿空气。当风机开机时整个水槽工作用房内会在风机口形成一个负压区，使潮湿的空气源源不断地被抽出，而室外新鲜的空气将会随气流通过窗户进入水槽工作用房，从而达到除湿换气的目的。为使风机稳定可靠，在使用时减少震动和噪声，每个风机将建设一个 1 m^2 的水泥基础，以便风机与地面牢固连接。风机通风管道及基础如图 3 所示。

4.3　电源控制部分设计

电源控制部分是通风系统的一个重要组成部分。为了不影响水槽内设备的用电平衡，通风系统用电将单独制作一个电器箱，以保证通风系统安全稳定的运行。连接风机的导线为四平方的电缆线，在施工中该电缆线穿过 PVC 管套埋入地下。电源控制部分可以人工操作风机启闭，同时具有间隙、间隔单机自动切换功能。

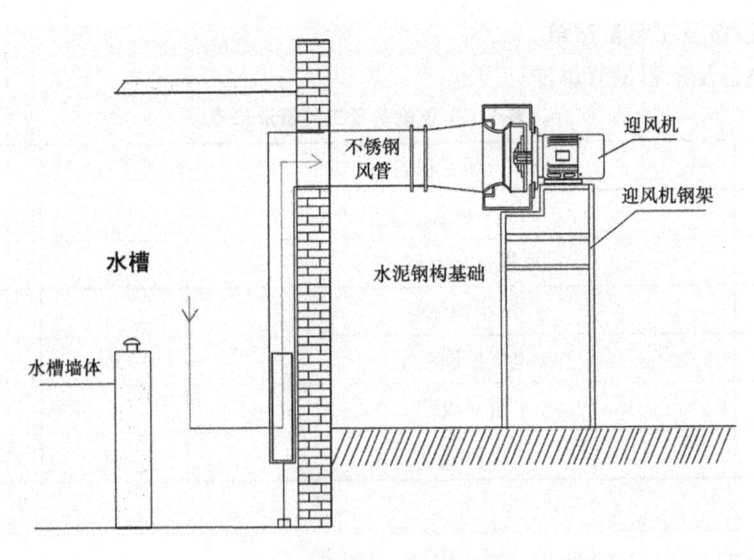

图3 风机通风管道及基础

4.4 噪声处理

由于与三江学院为邻,降低噪声污染非常重要,同时也必须保证足够的通风量。因此,选用大扭力、低转速的6级1.5 kW功率的电机;由于风机外壳的最大尺寸达1 m,在安装时还要对电机基础做增大处理,同时在周围设置减震槽,以尽量减少振动和降低噪声。为进一步降低噪声,将为每一台风机制作一套全封闭噪声隔离棚,隔离棚采用全不锈钢材料,内用不锈钢管焊制骨架,外包不锈钢板,在内衬上采用挤塑泡沫板(吸音、保温)贴敷,在噪声隔离棚两端留孔,便于电机串风、散热。在安装上噪声隔离棚也是独立连接,以免共振,产生噪声(见图4)。

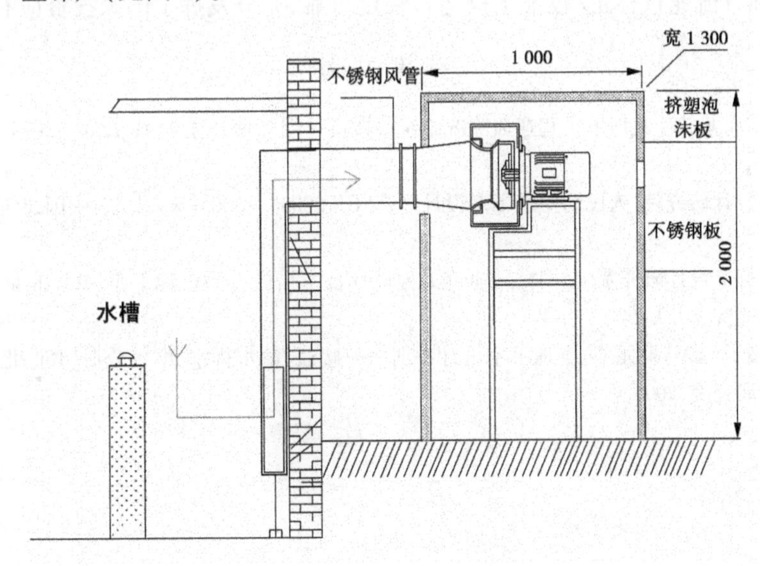

图4 风机防护棚示意图 (单位:mm)

4.5 主要设备及工程量清单

主要设备及工程量清单详见表1。

表1 主要设备及工程量清单表

序号	分部分项工程名称	单位	数量
1	4－72－6A 离心式通风机	台	3
2	通风机安装附属设施	套	3
3	不锈钢风管	m	15
4	电气控制系统	套	3
5	窗户改装	项	1
6	噪声处理	项	1

5 通风除湿运行达到效果

通风除湿方案将彻底解决水槽内湿度大的问题。达到的效果有:水槽轨道不再易生锈变形;电子线路板不再凝露,运行稳定正常;水槽内墙墙壁不再发霉和脱皮;水槽工作用房内湿度与外界达到一致等。

实施通风除湿方案,除彻底解决水槽湿度问题,一方面为水槽工作人员提供了较为舒适卫生的工作环境,有益于职工的身心健康;另一方面,又为水槽仪器设备提供了一个安全的运行存放环境,提高了它们的工作效率和精度,延长了它们的使用寿命。

从2017年3月按照该方案的实施,除湿效果明显,预期效果均已达到,解决了水槽湿度问题,江苏省流速仪检定/校准水槽运行稳定可靠,充分发挥了国家投资应有的效益。

参考文献

[1] 刘贵廷,霍尚龙,等.某地下工程通风除湿系统改造设计[J].暖通空调 HV&AC ,2009,39(11):104-106.

[2] 中国建筑设计研究院.人民防空地下室设计规范:GB 50038—2005[S].北京:中国建筑工业出版社,2005.

[3] 中国建筑标准设计研究院.全国民用建筑工程设计技术措施　防空地下室[R].北京:中国建筑标准设计研究院,2003.

[4] 朱培根,崔长起,葛洪元.防空地下室设计手册——暖通、给水排水、电气分册[R].北京:中国建筑标准设计研究院,2005.

基于机器视觉的水面漂浮物目标智能监测及报警系统

胡文才　李　智　张煜煜

（沂沭泗水利管理局水文局（信息中心），徐州 221018）

摘　要　近年来，由于水面漂浮物撞击水利工程而导致的事故频发，造成严重的财物损失。为了避免类似事故的产生，部分水利工程管理单位开始采用人工值守监测的方式，在泄洪期或汛期进行全天候人工预警。然而，限于人类视觉的疲劳周期且对环境光学噪声敏感性，人工值守的方式仍存在巨大的安全隐患且所需耗费巨大的人力。针对这一问题，本文提出了一种采用机器视觉技术[1]，采用视频成像与智能计算[2]相结合的水面漂浮物目标监测及报警系统，融合图像超分辨率重构[3]、三帧差分[4]、粒子滤波[5]3 种方法，并结合沂沭泗水利管理局所辖水域的实际情况研制开发了一种水面漂浮物目标智能监测及报警系统，并在韩庄节制闸进行了试点，实验验证了系统的有效性和稳定性。

关键词　水面目标检测；图像超分辨率重构；三帧差分；粒子滤波

1　引　言

近年来，由于水面漂浮物撞击水利工程而导致的事故频发，造成严重的财物损失。为了避免类似事故的产生，部分水利工程管理单位开始采用人工值守监测的方式，在泄洪期或汛期进行全天候人工预警。然而，限于人类视觉的疲劳周期且对环境光学噪声敏感性，人工值守的方式仍存在巨大的安全隐患且所需耗费巨大的人力。

随着沂沭泗流域东调南下工程的实施，沂沭泗流域新建了大量的水闸、码头、橡胶坝和桥梁等水利工程。由于一直以来都没有有效的方法对水面漂浮物进行预测预警。沂沭泗水利管理局在《沂沭泗局直管重点工程监控及自动控制系统》项目实施过程中已实现了对沂沭泗直管重点工程、堤防重点部位的高清图像的实时动态采集，并将采集到视频监控信息进行展示和存储，并为其他视频监控系统的接入提供了接口。

在“沂沭泗局直管重点工程监控及自动控制系统”项目已布设设备的基础上，本文提出了一种采用机器视觉技术，采用视频成像与智能计算相结合的水面漂浮物目标监测及报警系统，融合图像超分辨率重构、三帧差分、粒子滤波 3 种方法，并结合沂沭泗水利管理局所辖水域的实际情况研制开发了一种水面漂浮物目标智能监测及报警系统，并在韩庄节制闸进行了试点，实验验证了系统的有效性和稳定性。

作者简介：胡文才（1975—），男，高级工程师，主要从事水文水资源与信息化相关工作。

2　水面漂浮物目标智能监测及报警系统设计

水面漂浮物目标智能监测及报警系统涉及复杂场景条件下对水面漂浮物的实时检测、预警等功能，具体包括传输模块和处理模块两部分，其中处理模块又分为监视系统与报警系统上下两层，主要包括：①视频图像预处理；②监测区域设定；③入侵目标检测；④报警。其中，视频图像预处理主要采用图像超分辨率重构方法通过对成像噪声的抑制以及视频图像对比度拉伸等智能化的图像处理过程提高图像的质量，一方面为用户提供更加清晰的监视视域中的客观图景；另一方面通过提高图像的峰值信噪比，有助于后续的背景抑制和漂浮目标检测的性能和准确性。其中，监测区域设定能够根据用户的需求对视域中的关键区域和关键位置处中所出现的漂浮目标为兴趣目标或重点目标，对其进行检测，忽视区域外的虚假目标。其中，入侵目标检测主要采用基于三帧差分、粒子滤波方法提取出监测区域中所出现漂浮目标的位置以及运动信息。其中，报警是综合专家经验、知识库系统对漂浮目标进行识别，并对其可能造成的危害进行评估和预警。

水面漂浮物目标智能监测及报警系统是一个以信息流监控为核心的综合环境监控平台，采用组态方式、中间构件和模块化结构，实现对各类信息的实时监控和管理；通过Internet/Intranet技术集成监控信息，提供对设备及子系统的管理职能，监视其实时信息，控制其工作状态，报告各种异常状况，确保所有设备及子系统的安全、可靠、高效运行。

水面漂浮物目标智能监测及报警系统主要由现场采集中心、集中监控中心、远程管理中心等组成，其结构如图 1 所示。

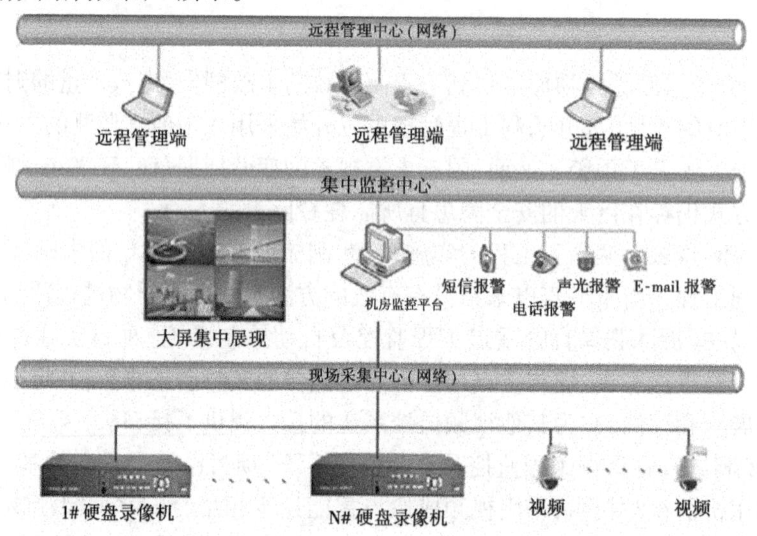

图 1　水面漂浮物高清动态图像识别及报警系统结构

2.1　现场采集中心

现场采集中心主要由各监控探头，智能摄像机和硬盘录像机等组成。智能摄像机用于采集现场视频图像信号，将视频图像信号传输给硬盘录像机，并实时上传给监控主机。

2.2　集中监控中心

集中监控中心主要由监控主机、报警模块、监控软件、智能化监控平台等一起构成的，负责对现场采集中心的各个设备进行集中监控管理,接收前端摄像机传来的各种实时数据(设备信息和报警信息等),显示监控画面内容,实现对监控数据的实时处理分析、存储、显示和输出等功能,处理所有的报警信息,记录报警事件,输出报警内容,发送管理人员的控制命令给现场设备。

2.3　远程管理中心

为便于管理人员随时随地了解系统的实际工作状况,实现管控一体化,系统提供内嵌于 WEB 浏览器的远程监控模块,方便用户的远程管理。系统可采用浏览站实时查看监视场景中所出现的可疑目标,可方便地查看实时视频及历史视频中的可疑目标,还可进行远程数据的存储功能。

3　水面漂浮物目标智能检测方法

3.1　基于水面图像超分辨率重构的水面图像预处理

采用基于子粒子群优化的加权平均序列图像超分辨率重建方法对水面图像进行预处理,一方面能够在传感器分辨率受限和噪声较强的条件下,提高场景图像的分辨率,使得水面目标检测算法对较为弱小的水面目标敏感;另一方面,用于实现河面观测目标增强及成像背景抑制,为用户提供更加清晰的客观图景,同时通过峰值信噪比的增强有助于提高后端水面目标检测的正确率。

水面图像超分辨率模型如图 2 所示。

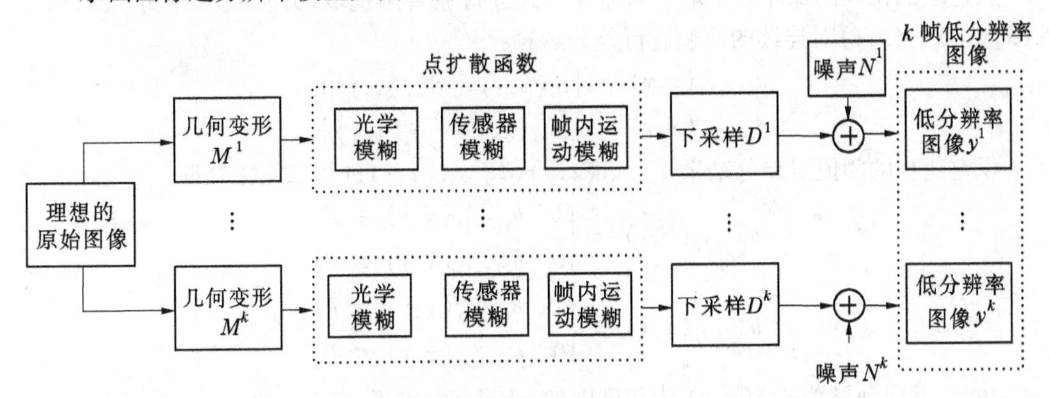

图 2　用于超分辨率重建的水下图像预处理

在图像获取的过程中,由于成像条件的限制造成得到的图像并不是场景中所有的信息,受到几何变形、模糊、下采样和噪声等因素影响,使得输出的图像分辨率低。

由图 2 超分辨率重建观测模型可以得知:对于第 N 帧低分辨率图像 $y^k, k=0,1,\cdots,k$ 假设图像大小为 $M_1 \times M_2$ 的低分辨率图像是由 $N_1 \times N_2$ 的高分辨率图像经过图像降质得到的,其成像过程可以表示为:

$$y^k = D^k B^k M^k x + N^k \quad (k = 0,1,\cdots,k)$$

其中 k 表示低分辨率图像序列中的第 k 帧,y^k、M^k 是运动变换矩阵,B^k 是模糊矩阵,D^k 为降采样矩阵,N^k 是加性噪声。

3.2 基于三帧差分法的水面漂浮物目标检测

三帧差分法是在两帧差分法基础上发展起来的，首先将相邻近的连续三帧图像进行两两差分计算，再将差分的结果相与，能够较好地提取出实际运动目标的轮廓。算法具体的实现流程如图3所示。

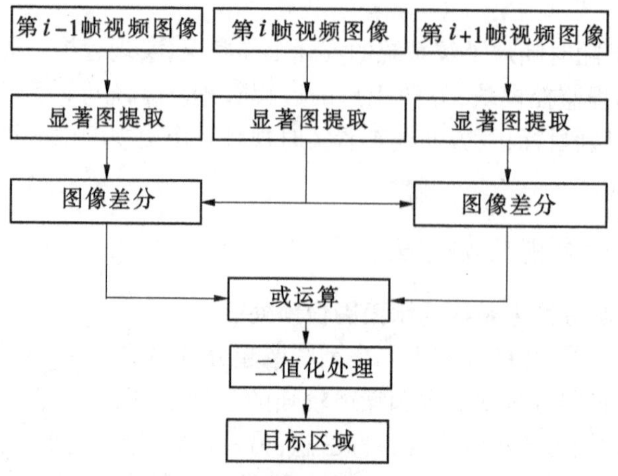

图3　三帧差分法的计算流程

其具体计算过程如下：

从连续的视频图像序列中取三帧图像对其进行显著图提取，分别表示为 $S_{i-1}(x,y)$，$S_i(x,y)$，$S_{i+1}(x,y)$ 对连续的两帧进行差分运算：

$$d_{(i,i-1)}(x,y) = |S_i(x,y) - S_{i-1}(x,y)|$$

$$d_{(i+1,i)}(x,y) = |S_{i+1}(x,y) - S_i(x,y)|$$

设定适当的阈值对差分结果 $d_{(i,i-1)}(x,y)$、$d_{(i+1,i)}(x,y)$ 进行二值化处理：

$$b_{(i,i-1)}(x,y) = \begin{cases} 1 & b_{(i,i-1)}(x,y) \geqslant T \\ 0 & b_{(i,i-1)}(x,y) \leqslant T \end{cases}$$

$$b_{(i+1,i)}(x,y) = \begin{cases} 1 & b_{(i+1,i)}(x,y) \geqslant T \\ 0 & b_{(i+1,i)}(x,y) \leqslant T \end{cases}$$

在此，考虑到显著图 $S(x,y)$ 为灰度图像，选择 $T = 0.5$ 。

对得到的二值图像 $b(x,y)$ 做逻辑相“与”运算，得到 $b_{(i,i-1)}(x,y)$ 和 $b_{(i+1,i)}(x,y)$ 的交集，作为运动目标区域 $B_i(x,y)$ ：

$$B_i(x,y) = \begin{cases} 1 & b_{(i+1,i)}(x,y) \cap b_{(i,i-1)}(x,y) = 1 \\ 0 & b_{(i+1,i)}(x,y) \cap b_{(i,i-1)}(x,y) \neq 1 \end{cases}$$

在形态学处理中，首先使用腐蚀运算来消除所得二值图中的边界点，同时，也将目标周围孤立的小区域去除，使边界向内部方向收缩。随后采用膨胀运算填充小间隙部分，主要的算法过程是将与物体接触的所有背景点合并到该物体中，使边界向外扩张。

3.3 基于粒子滤波的水面漂浮物目标运动状态估计

在运动矢量估计的基础上，采用粒子滤波算法对目标的运动状态进行估计并实现预测的功能。其基本原理是：首先根据布朗运动模型在输入图像中采样粒子，得到新的目标矩形框状态向量。当目标满足更新条件时,对目标参考量进行在线更新。

当前时刻采样得到 N_P 个粒子 $s_t^{(j)}$ ($j = 1,2,\cdots,N_P$),区域分割处理后得到各粒子对应的子区域 $R_{t,i}^{(j)}$ 。

对于第 j 个粒子 $s_t^{(j)}$ ($j = 1,2,\cdots,N_P$),提取其子区域 $R_{t,i}^{(j)}$ 的运动矢量特征:

$$p_{t,i}^{(j)} = \frac{c}{\left|\sum\right|^{\frac{1}{2}}}\sum_{l=1}^{n} k(\tilde{y}_l^{\mathrm{T}} \sum{}^{-1} \tilde{y}_l)\delta[b_u(I(y_l)) - u]$$

式中　n ——子区域像素点总数;

$\tilde{y}_l = (y_l - y)$ ——区域内各像素点与区域中心点的距离;

y_l ——像素点坐标;

y ——区域中心点坐标;

$\sum$ ——核带宽矩阵;

$k(\square)$ ——核函数;

c ——归一化常数;

$b_u(I(y_j))$ ——运动矢量索引函数。

依据式 $p_{t,i}^{(j)}$ 与 $q_{t,i}^{\mathrm{ref}}$的巴氏系数,$q_{t,i}^{\mathrm{ref}}$为相应子区域归一化参考直方图。

令$\nabla_y \rho(p_{t,i}^{(j)}, q_{t,i}^{\mathrm{ref}}) = 0$,得到 $R_{t,i}^{(j)}$ 区域中心点坐标估计值:

$$\hat{y}_{t,i}^{(j)} = \frac{\sum_{l=1}^{n} \omega_l g(\tilde{y}_l^{\mathrm{T}} \sum{}^{-1} \tilde{y}_l) y_l}{\sum_{l=1}^{n} \omega_l g(\tilde{y}_l^{\mathrm{T}} \sum{}^{-1} \tilde{y}_l)}$$

式中,$\omega_l = \sum_u \sqrt{\frac{q_u}{p_u(y_0, \Sigma_0)}}\delta[b_u(I(y_l)) - u]$,$g(\square) = -k'(\square)$。

令$\nabla_{\Sigma}\rho(p_{t,i}^{(j)}, q_{t,i}^{\mathrm{ref}}) = 0$,得到 $R_{t,i}^{(j)}$ 核带宽矩阵估计值:

$$\hat{\sum}{}_{t,i}^{(j)} = 2\frac{\sum_{l=1}^{n} \omega_l g(\tilde{y}_l^{\mathrm{T}} \sum{}^{-1} \tilde{y}_l) \tilde{y}_l^{\mathrm{T}} \tilde{y}_l}{\sum_{l=1}^{n} \omega_l k(\tilde{y}_l^{\mathrm{T}} \sum{}^{-1} \tilde{y}_l)}$$

其进行迭代运算,直到二者收敛,得到 $\hat{y}_{t,i}^{(j)}$ 和 $\hat{\sum}{}_{t,i}^{(j)}$ 的最佳估计值。

$R_{t,i}^{(j)}$ 的状态参数 $h_{t,i}^{(j)}$ 、$\omega_{t,i}^{(j)}$ 和 $\theta_{t,i}^{(j)}$ 与核带宽矩阵 $\sum{}_{t,i}^{(j)}$ 满足如下关系:

$$\sum{}_{t,i}^{(j)} = R^{\mathrm{T}}\begin{bmatrix} (h_{t,i}^{(j)}/4)^2 & 0 \\ 0 & (\omega_{t,i}^{(j)}/4)^2 \end{bmatrix} R$$

式中,$R = \begin{bmatrix} \cos\theta_{t,i}^{(j)} & \sin\theta_{t,i}^{(j)} \\ -\sin\theta_{t,i}^{(j)} & \cos\theta_{t,i}^{(j)} \end{bmatrix}$ 为旋转矩阵。将 $\hat{\sum}{}_{t,i}^{(j)}$ 进行特征分解,即 $\hat{\sum}{}_{t,i}^{(j)} = V\Lambda V^{-1}$,其中 $V = \begin{bmatrix} \boldsymbol{v}_{11} & \boldsymbol{v}_{12} \\ \boldsymbol{v}_{21} & \boldsymbol{v}_{22} \end{bmatrix}$,$\Lambda = \begin{bmatrix} \boldsymbol{\lambda}_1 & 0 \\ 0 & \boldsymbol{\lambda}_2 \end{bmatrix}$,得到 $h_{t,i}^{(j)}$ 、$\omega_{t,i}^{(j)}$ 和 $\theta_{t,i}^{(j)}$ 的估计值为:

$$\hat{h}_{t,i}^{(j)} = 4\sqrt{\lambda_1} \quad \hat{\omega}_{t,i}^{(j)} = 4\sqrt{\lambda_2} \quad \hat{\theta}_{t,i}^{(j)} = \tan^{-1}(\boldsymbol{v}_{21}/\boldsymbol{v}_{11})$$

式中，$\boldsymbol{v}_{11}$ 和 $\boldsymbol{v}_{21}$ 为 $\hat{\sum}_{t,i}^{(j)}$ 的主特征向量所包含的元素；λ_1 和 λ_2 为 $\hat{\sum}_{t,i}^{(j)}$ 的特征值，λ_1 为主特征值。

将所得估计区域 $\hat{R}_{t,i}^{(j)}$ 的状态参数恢复为粒子 $s_t^{(j)}$ 的整体矩形框状态向量：

$$\begin{aligned}\hat{s}_t^{(j)} &= [\hat{y}_t^{(j)}, \hat{h}_t^{(j)}, \hat{\omega}_t^{(j)}, \hat{\theta}_t^{(j)}]^{\mathrm{T}} \\ &= \sum_{i=1}^{M} \bar{\xi}_{t,i}^{(j)} [\hat{y}_{t,i}^{(j)} + \Delta_i, r_i^h \hat{h}_{t,i}^{(j)}, r_i^{\omega} \hat{\omega}_{t,i}^{(j)}, \hat{\theta}_{t,i}^{(j)} + \alpha_i]^{\mathrm{T}}\end{aligned}$$

$\hat{s}_t^{(j)}$ 的权重更新公式为：

$$w_t^{(j)} = \frac{1}{N} \sum_{i=1}^{M} W_{t,i}^{(j)} \hat{n}_{t,i}^{(j)} D(\hat{C}_{t,i}^{(j)}, C_{t,i}^{\mathrm{ref}})$$

式中，$\hat{n}_{t,i}^{(j)}$ 为估计区域 $\hat{R}_{t,i}^{(j)}$ 中像素点个数，$N = \sum_{i=1}^{M} \hat{n}_{t,i}^{(j)}$ 为各估计区域像素点个数总和，$W_{t,i}^{(j)}$ 为阈值函数，$D(\hat{C}_{t,i}^{(j)}, C_{t,i}^{\mathrm{ref}})$ 为 $\hat{R}_{t,i}^{(j)}$ 的协方差矩阵与相应的参考方差矩阵的相似度。对 $w_t^{(j)}$ 做归一化处理，得到下式：

$$\bar{w}_t^{(j)} = \frac{w_t^{(j)}}{\sum_{j=1}^{N_P} w_t^{(j)}}$$

目标整体矩形框状态向量的后验估计由带权重的粒子加权得到：

$$\hat{s}_t = \sum_{j=1}^{N_P} \bar{w}_t^{(j)} \hat{s}_t^{(j)}$$

通过上述计算，能够对当前目标的运动状态进行估计并实现预测。

4　试验结果分析

本文中所提出的水面漂浮物目标智能监测及报警系统在韩庄水利枢纽管理局进行部署，采用“集中监控”的监控模式，将各个 IP 摄像机和每台硬盘录像机集中监控到本系统，基于信息光学与机器视觉理论，实时分析硬盘录像机的实时录像数据，进行水面漂浮物智能识别和预警，在水面漂浮物进入到划分的Ⅲ级监视区域后，能够根据不同的报警级别，发出不同的声、光、色的报警。

4.1　软件系统介绍

软件系统界面主要包括相机参数设定及成像数字矩阵界面。软件启动后，根据用户的需求设定预警界面，如图 4 所示。当漂浮物目标进入预警区域后软件进入监测状态，进行不同级别的预警。

4.2　水面目标检测试验

水面目标检测试验开始于 2015 年 12 月 26 日早上 9:50，设计木船模拟水面漂浮物闯入目标。可以看到木船目标被水面漂浮物目标智能监测及报警系统检测并实现了不同级别的预警，如图 5 所示。可以看到，所闯入的水面漂浮物目标被准确检测出来，并根据距闸门不同的距离实现了不同级别的预警。该试验验证了本文方法的有效性。

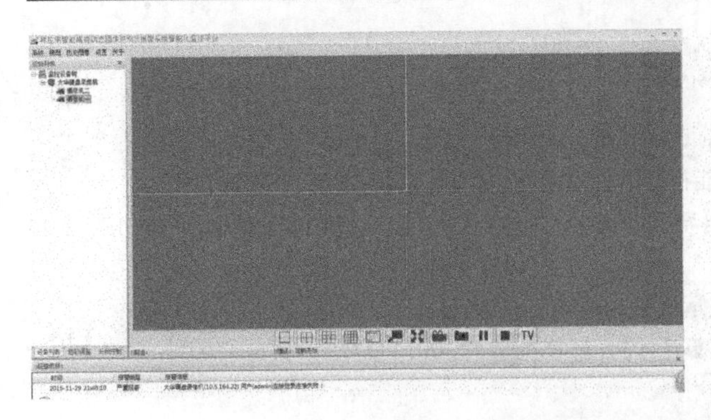

图4　软件系统界面及预警区域设计

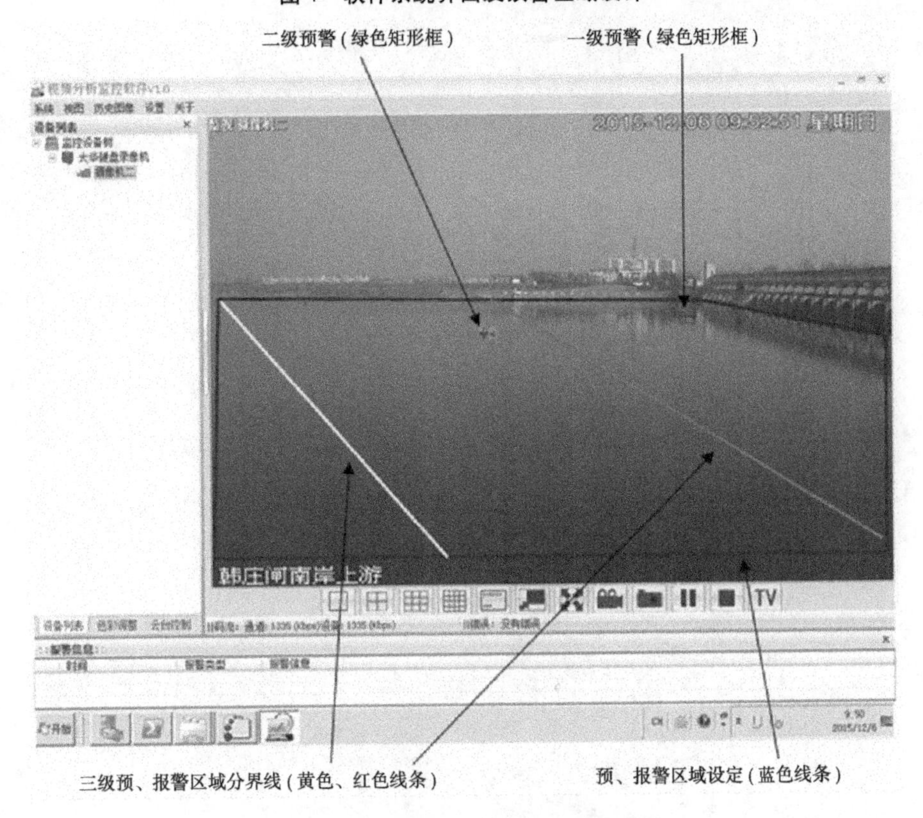

图5　水面漂浮物目标检测及预警现场试验

5　结　语

水面漂浮物目标检测及预警具有理论意义和显著的应用价值，本文通过融合图像超分辨率重构、三帧差分、粒子滤波3种方法，并结合沂沭泗水利管理局所辖水域的实际情况研制开发了一种水面漂浮物目标智能监测及报警系统。

本系统在实际应用中，该系统捕获目标准确，预警及时，对于保障闸门安全运行起到较好的预防报警作用，且具有较好的推广应用前景。

参考文献

[1] 韩九强.机器视觉技术及应用[M].北京:高等教育出版社,2009.
[2] 刘明宇.视频图像处理关键算法与智能视频监控系统研究[D].杭州:浙江大学,2011.
[3] 孙小霞,王彦钦,罗先刚,等.图像超分辨率重构算法研究进展[J].计算机光盘软件与应用,2013(14):90-92.
[4] 丁磊,宫宁生.基于改进的三帧差分法运动目标检测[J].电视技术,2013,37(1):151-153.
[5] 王法胜,鲁明羽,赵清杰,等.粒子滤波算法[J].计算机学报,2014,37(8):1679-1694.

沂沭泗局重要信息系统安全等级保护建设

李　智

（沂沭泗水利管理局水文局（信息中心），徐州 221018）

摘　要　信息安全等级保护是国家保护关键信息基础设施、保障信息安全的必要措施，也是我国多年来信息安全工作经验的总结。近些年以来，信息安全事件不断发生，信息安全形势比较严峻，而沂沭泗局外网的信息系统配备的安全设备不足，也没有统一的安全管理策略，因此提高信息系统的安全性迫在眉睫。沂沭泗水利管理局为了保证局里骨干网络的安全，建设了沂沭泗局重要信息系统安全等级保护项目，该项目通过对沂沭泗局外网节点的改造，实现了核心交换机双机热备，保障了沂沭泗局网络业务系统的安全。

关键词　信息安全；等级保护；信息系统；双机热备

1　概　述

沂沭泗水利管理局（简称沂沭泗局）信息系统经过多年的建设，开发了沂沭泗局防汛抗旱综合业务应用系统、电子政务系统、沂沭泗局网站等重要信息系统，部署在沂沭泗局外网，为各项业务管理工作开展提供了保障。按照公安部、水利部要求，沂沭泗局开展了重要信息系统等级保护建设，已经备案的有3个系统，其中淮委沂沭泗局电子政务系统和淮委沂沭泗局网站为二级重要信息系统，淮委沂沭泗防汛抗旱综合业务应用系统为三级重要信息系统，这些信息系统运行于沂沭泗局外网环境。沂沭泗局外网主机房设在徐州，所属3个直属局和19个基层局均建成了计算机网络。

随着计算机网络的发展，网络中的安全问题也日趋严重，加强网络与信息安全体系，是沂沭泗局信息化建设的重要任务之一，是提高信息系统安全性、促进信息系统效益发挥的重要措施。为了确保沂沭泗局水利信息的安全应用，沂沭泗局建设了重要信息系统安全等级保护项目。

2　建设内容

按照国家信息安全等级保护的相关规定，针对沂沭泗局外网重要信息系统，从物理安全、网络安全、主机安全、数据安全、应用安全和安全管理等方面采取相应的安全防护措施，采购、部署了相关安全防护设备，对沂沭泗局外网节点现有设备以及采购的设备进行集成，使沂沭泗局外网节点重要信息系统达到《信息系统安全等级保护基本要求》第三级安全保护能力，并使沂沭泗局防汛抗旱综合业务应用系统通过国家信息安全等级保护测评。同时，建设沂沭泗局外网机房门禁与环境监控系统，满足等级保护对于物理安全防护

作者简介：李智（1983—），男，工程师，主要从事水利信息化方面相关工作与研究。

的要求。

2.1 物理安全建设内容

沂沭泗局外网中心机房位于徐州市沂沭泗防汛调度设施2层，2012年建成投入使用，基本按照《电子信息系统机房设计规范》（GB 50174—2008）要求建设，可达到C级机房标准。机房面积约120 m^2，安装有1台不间断电源、2台精密空调，机柜综合布线系统。除了增加机房门禁监控系统外，还增加机房环境监控系统，从而实现对机房精密空调的监测、温湿度的监测以及定位式漏水的检测等。

2.2 网络安全建设内容

配置上网行为管理，对上网访问互联网行为进行管控，同时对上网记录进行监控，设置关键字过滤，对敏感信息传递进行控制；配置防病毒网关，实现对网络病毒、蠕虫、混合攻击、端口扫描、间谍软件、P2P软件带宽滥用等各种广义病毒全面的拦截，阻止病毒通过网络的快速扩散，将经网络传播的病毒阻挡在外，可以有效地防止病毒从其他区域传播到内部其他安全域中。配置汇聚交换机，结合已有的核心交换机、2台汇聚交换机以及各楼层接入交换机，保证整个网络的业务处理能力具备冗余空间，网络各部分带宽满足业务高峰期需要。配置网络审计，能对特定安全事件进行报警，确保审计记录不被破坏或非授权访问，提供访问互联网日志记录、查询、分析和存储的功能。满足网络安全审计需求。配置漏洞扫描定期对网络系统和业务应用系统进行漏洞扫描，及时发现系统自身存在的高危风险漏洞。除此之外还配备安全管理服务器、千兆防火墙等设备并进行了集成。

2.3 主机安全建设内容

配置主机监控与审计系统，实现终端监控、终端审计、移动存储管理及发现和阻断非法接入等功能；配置主机安全加固等设备，对现有的应用系统进行加固并进行了集成。

2.4 应用安全建设内容

对三级应用系统沂沭泗防汛抗旱综合业务应用系统等重要信息系统进行安全方面的改造和完善。重点针对早期开发水情信息查询服务、水文预报以及防汛信息服务等三个子系统进行系统身份鉴别、访问控制、安全审计等方面的改造，实现其与CA身份认证系统集成，实现各应用系统在CA平台上的统一用户管理、统一用户登录、最小权限分配、三员角色明确，并形成应用系统访问记录，实现日志记录与审计、软件容错和资源控制等功能。

2.5 数据安全建设内容

配置数据库审计、安全管理服务器等设备，实现数据库安全策略加固以及系统集成。

2.6 安全管理建设

在安全管理体系建设方面，沂沭泗局参照淮委相关制度进行执行。

3 建设成效

项目完成后示意图如图1所示。

核心交换区由核心交换机、楼层接入交换机、汇聚交换机等网络设备，以及防火墙、入侵检测、网络安全审计等安全设备组成，承担外网的核心交换和边界防护等功能，实现各区域间数据的交换和传输。

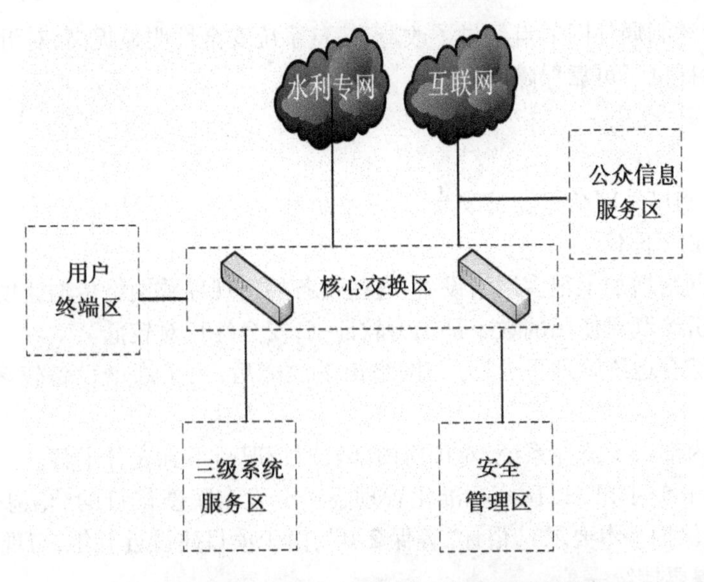

图1　沂沭泗局外网节点信息安全等级保护示意图

公众信息服务区,该区域与核心交换区采用防火墙隔离,利用双向 NAT 技术,实现内部网络访问公众信息以及国际互联网访问沂沭泗局公众信息;利用防火墙访问控制功能以及网站防护系统,采用细密颗粒度严格控制互联网对内部的访问和攻击防护。在互联网接入防火墙前端布设负载均衡管理设备,对采用不同网络运营专线接入互联网进行流量均衡控制,保持传输畅通。沂沭泗局网站及子网站部署在这一区域。

三级系统服务区,此区域主要部署三级系统应用服务器、数据库服务器以及存储等设备。基于节约投资和简化系统结构的原则,将二级系统及以下系统纳入三级系统服务区,按三级系统防护。利用已有入侵检测设备,网络审计设备满足不同的安全需求。

安全管理区、建设安全管理中心由安全管理中心对安全保障体系中的安全策略、审计信息进行统一维护和管理。集中部署各种安全产品或安全措施的管理维护中心,实现对定级系统的统一安全管理。部署了网络、主机、应用及数据库审计管理平台,接收各个区域的审计日志,为审计信息的存储、分析和处理提供平台,作为管理员实施事件追踪、责任认定以及实施应急响应的依据。

终端区主要包括外网办公区工作人员的工作终端,在每台终端上部署终端安全管理与审计系统,实现补丁管理、准入控制、存储介质(U 盘等)管理、非法外联管理等功能,增加风险管理、违规监测、风险分析和主动防范机制,实现有效防护和控制。并通过在安全管理区部署的终端准入控制和非法外联管理中心,对终端进行有效监控。远程通信互联链路包括沂沭泗局外网与沂沭泗局外网、直属局园区网等网络之间的通信互联链路以及因特网接入链路。主要是负载均衡设备,VPN 设备、防病毒网关、上网行为管理系统等。

沂沭泗局重要信息系统安全等级保护项目的实施,提高了沂沭泗外网信息系统安全防护能力和水平,使沂沭泗重要信息系统达到《信息系统安全等级保护基本要求》第三级安全保护能力,依照等级保护相关的要求,系统定级备案后需要通过专业检测机构每年一次的等级保护测评。我局沂沭泗防汛抗旱综合业务应用系统于 2015 年底经过了首次测评,系统总体安全保护状况基本符合三级等级保护要求。2019 年 11 月,该系统通过了第五次测评。沂沭泗局外网节点经过了改造，信息系统安全性明显提高，对沂沭泗局信息系统效益的发挥提供了可靠保障。

4 结　语

虽然沂沭泗局外网结点经过改造，信息系统基本达到了等级保护第三级安全保护的能力，但还存在以下不足：

(1)主干网络增加了很多网络设备，这些设备的出现导致网络传输速度变慢。

(2)目前沂沭泗局使用的数字证书为软证书，安全性相对较低。

(3)缺少综合运维管理平台，万一网络出现故障后，由于新增设备较多，排除故障将会更加困难。

(4)机房内部缺少监控系统，对机房内部实时情况得不到充分了解。

(5)2019 年 5 月 13 日，国家标准化管理委员会发布了新修订的《信息安全技术——网络安全等级保护基本要求》，俗称“等保 2.0”，由于项目建设近五年，与现有等保 2.0 要求还有差距，需要持续完善。

参考文献

[1] 谢希仁. 计算机网络[M]. 北京：电子工业出版社，2009.

[2] 杨殿亮，洪为. 信息化技术在沂沭泗水利信息系统中的应用[J]. 治淮，2006(12)：35-37.

[3] 王磊. 数据仓库技术在水利信息化中的应用[J]. 治淮，2006(4)：44-45.

[4] 武建，曹先玉，朱庆利. 我国水利行业信息化建设存在的问题及对策[J]. 水利技术监督，2015(5)：15-17.

ADCP的水下支撑系统及其实施方法

徐雷诺　孙　勇　丁韶辉

（淮河水利委员会水文局（信息中心），蚌埠 233000）

摘　要　研发设计了一种 ADCP 的水下支撑防护装置，包括水下固定桩、支撑臂、支撑平台等。能够实现 ADCP 的上浮与下潜，以方便其维护检修，同时亦可为传感器提供防护。本装置解决了天然河道，尤其是水体相对浑浊，水深较深的河道中水下传感器难以检修维护的问题。目前，对水下传感器的检修与维护，需要潜水员潜入河底，取下需要检修更换的传感器或清除附着在传感器上的杂物。

关键词　水文监测；ADCP；支撑系统

1　技术背景

水下传感器由于位于水下，日常维护与检修较为不便，尤其对于水下能见度较低的天然河道，水下传感器的维护检修更为不便。此外，对于通航河道，水下传感器还极易受到捕鱼作业，船舶拖锚及水中杂物的影响。因此，急需一种方便对水下传感器进行维护检修的支撑系统和防护装置，经过广泛检索，尚未发现较为理想的技术方案。

2　设备说明及实施方法

2.1　设备说明

ADCP 水下支撑系统可为水下 ADCP 提供支撑防护装置，以解决现有技术中存在的水下 ADCP 进行维护检修比较困难的问题。

图 1、图 2 所示为装置示意图，包括固定桩 1、支撑臂 2、固定装置 5 和支撑平台 3；固定桩 1 为 2 ~ 3 m 的钢桩，通过垂直嵌入的方式固定在河底，顶部高出河床 0.2 ~ 0.5 m。支撑臂 2 的一端与固定桩 1 活动连接，另一端固定有固定装置 5，支撑臂 2 上还设置有支撑平台，支撑平台 3 为 20 cm × 40 cm 的不锈钢支撑平台 3，支撑平台 3 上设置有上浮装置 4，上浮装置 4 为充气气囊，充气气囊通过位于水平支撑臂 2 中的导气管与岸上的气泵连接，气泵用于工作时给充气气囊充气，在固定装置 5 上固定有防护钢爪 8，在固定装置 5 上还设置有用以固定传感器 6 的抱箍 7，抱箍 7 还可以调节传感器 6 与水平面之间的角度。固定桩 1 与支撑臂 2 之间通过活动关节连接，例如，固定桩 1 和支撑臂 2 之间通过销钉、销钉孔连接，支撑臂 2 可绕着支撑点做上下任意角度的自由旋转。支撑臂 2 由多节钢管组装而成，长度可自由调节，以适应不同水深条件，传感器 6 和上浮装置 4 所需的线缆

作者简介：徐雷诺（1991—），男，工程师，主要从事流域规划和水文监测方面的工作以及计算水力学方面的研究。

和气管均位于钢管中,并从末端引出连接至岸上的站房。固定装置 5 通过抱箍 7 将传感器 6 固定住,传感器 6 与线缆间的连接可实现水下插拔。

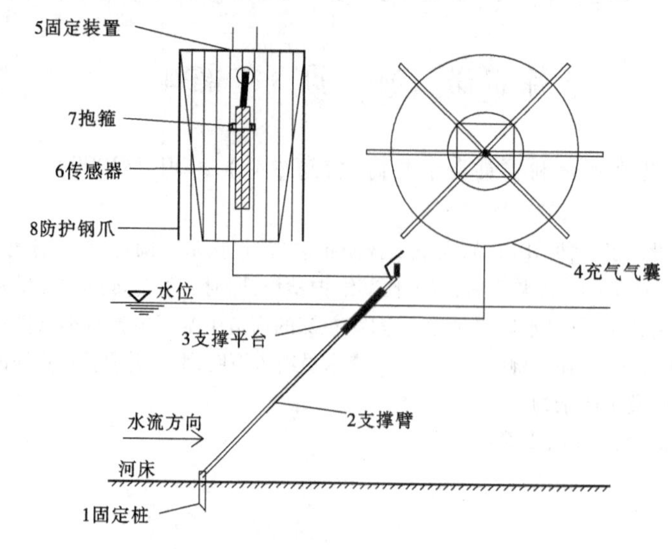

图 1　设备检修维护状态

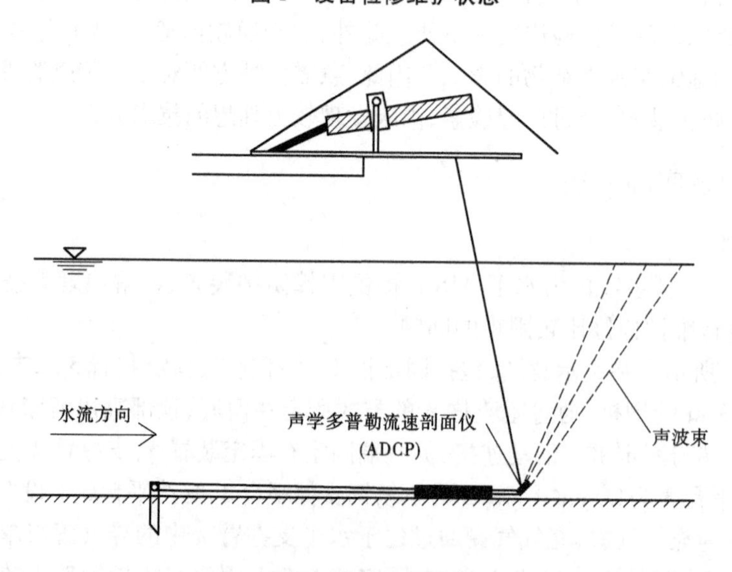

图 2　设备工作状态

2.2　实施方法

实施方法为:①先用气泵给上浮装置 4 充气,使其浮出水面;②工作人员乘船到达传感器 6 所在位置,即可对其进行检修维护作业;③作业完成后再利用气泵放掉上浮装置 4 中的气,即可使装置回到工作状态。

3　应用前景

本装置通过传感器自动浮出水面的设置,有效地避免了潜水员潜水作业的风险,降低了水下传感器的维护成本，且操作简单；通过选择不同长度的水平支撑臂和水下固定桩，适应了不同水深和河床条件的河道，且水平支撑臂与水下固定桩的连接装置设计简单，不仅能够保证支撑臂自由转动，且能够同时保持稳定；装置造价低廉，操作简单，替代了成本高昂的潜水员潜水作业，节约了人力物力财力；通过在防护装置上设计结构简单的钢爪，有效地减少了水中杂物与传感器的接触，提高了监测精度，延长了传感器寿命。

本装置解决了天然河道，尤其是水体相对浑浊，水深较深的河道中水下传感器难以检修维护的问题。目前，对水下传感器的检修与维护，需要潜水员潜入河底，取下需要检修更换的传感器或清除附着在传感器上的杂物。

地下水自动监测站管理的问题及思考

陈　梅　刘松涛

（江苏省水文水资源勘测局淮安分局，淮安 223005）

摘　要　通过对地下水自动监测的监测数据、监测设备、监测环境等方面存在的问题进行分析总结，提出相应解决办法或意见建议，为进一步做好地下水自动监测站的运行维护管理工作提供参考，保证地下水自动监测站稳定高效运行，发挥地下水自动监测站的最大效益。

关键词　地下水；自动监测站；运行维护

2009年《国家地下水监测工程项目建议书》通过评估，2014年国家发展改革委批复《国家地下水监测工程可行性研究报告》；2015年初设报告通过审查、工程投入建设，2018年地下水自动监测设备试运行，2019年正式投入运行。经过长达10年的论证和建设，国家地下水自动监测站正式建成。地下水自动监测站的建设在实现水文现代化的道路上迈出了坚实的一步，改变了地下水监测工作在水资源管理方面严重滞后的局面，大幅提高了地下水监测与信息服务能力，为经济社会发展和生态环境保护提供可靠的技术支撑。

为保障地下水自动监测站稳定、安全、高效运行，地下水自动监测站的运行维护管理起着不可或缺的作用。现结合地下水自动监测站运行维护管理的实际工作，对发现的问题分析其产生的原因并探讨解决办法，为进一步做好地下水自动监测站的运维管理工作提供参考，发挥地下水自动监测站的效益。

1　监测数据的时效性与可靠性

时效性和可靠性是水文监测信息实际生产的两大基本要素。对于地下水自动监测站，数据的时效性取决于遥测终端机（RTU）的稳定性，数据的可靠性取决于监测设备的精度。

1.1　监测数据的时效性

数据的时效性取决于遥测终端机（RTU）的稳定性。RTU用于自动采集、存储、发送地下水监测传感器的数据，其特点是体积小、功耗极低。RTU通过RS232/RS485接口连接监测传感器，自动采集传感器数据；RTU按通信规约定将监测数据通过数据传输模块传输至数据信息中心，通过数据存储模块存储监测传感器数据。

地下水自动监测站数据采集报送形式是六采六发，即每日0点、4点、8点、12点、16点、20点为监测时间点，监测设备上电采集数据后实时发送至遥测采集平台。水利部水

作者简介：陈梅（1982—），女，工程师，主要从事地下水、水文水资源等方面工作。

文局以监测站实报率和监测条数缺报率来体现地下水监测数据时效性。监测站实报率就是实际报送地下水监测数据的站数占地下水应报站数的比例,缺报率是指缺报条数占应报总条数的比例。

地下水自动监测站运维管理人员需熟练掌握地下水运维软件,每日查阅监测站数据,跟踪实报率和缺报率。实际工作中发现存在数据缺报、中断的情况。数据缺报、中断有多种原因:一是数据卡松动,导致不能正常发送数据,这种故障产生的主要原因是数据卡槽设计偏松,数据卡不能较好地卡合,对于这种故障最好的解决办法是更换设计合理的卡槽,但在不能及时更换卡槽的情况下将数据卡重新拔插并加塞垫片也是很好的解决办法。二是电池接触不良,这种情况比较少,南禄监测站数据中断就是这种情况,数据时有时无,现场故障排查未发现异常,排查后数据依然是断断续续缺数,再次检查才发现电池正极与设备连接处存在空隙,导致供电不良影响数据的正常采集和报送。三是电池电压不足,电池正常工作电压一般为7.2 V,当电池电压不足6.5 V时建议更换电池。因此,在运维巡查中需重点关注电池电压。四是接线松动或脱落,新渡监测站数据缺数的原因就是传感器与RTU之间的接线有一根松动,重新接上后数据恢复。五是数据卡欠费,及时充话费可解决。六是天线故障信号不好,及时更换天线可解决。七是遥测设备时间未与实际时间同步,解决办法是将设备连接上校测计算机,把校测计算机的时间调整为准确的北京时间,然后刷新设备的时间。八是数据延时,所谓数据延时就是应该报送数据的时间点数据未能及时报送到遥测采集平台,而在下个报送时间点或者更晚的报送点才将数据一并报送,对于这种情况产生的原因分析为RTU已定时上电并采集数据,但在发送过程中出错,导致数据在上电期间未发送成功就进入休眠状态,此故障不影响时效性但会影响值班人员对设备状态的误判,需完善设备的程序BUG。以上为已发生故障导致的数据缺数,维护人员须第一时间到现场排除故障,确保监测数据的时效性。

1.2　监测资料的可靠性

目前,江苏省采用的地下水自动监控设备选用WDY-1S,包含遥测终端机(RTU)、压力式水位计(传感器/探头)、电源及数据发送模块。压力式水位计布设水下,是基于所测液体静压与该液体的高度成比例的原理,将静压转变为电信号,再通过温度补偿和线性修正转换为标准电信号(4~20 mA)。压力式水位计的性能质量主要决定于压力测量元件的类型、是否有温度修正功能以及设计、工艺、产品化程度,设备的质量及精度起着至关重要的作用。

采集设备故障分常规故障及非常规故障两种。常规故障,在监测平台中缺数,极易被发现,及时更换设备即可解决。非常规故障有以下两种。

(1)高沟监测站,在第一季度运维校测的时候发现自动监测埋深数据与人工校测埋深数据相差1.05 m,远远超过了误差允许范围,根据参数设置规则,现场对设备参数进行了调整,调整后自动检测设备埋深数据与人工校测埋深数据一致,人为调整上下高度20 cm,查看数据持续为同一个值,推断该传感器故障,更换后数据正常。这类情况为可预见性故障,在值班过程线查看中,需关注当日数据无变化站点。

(2)马坝监测站,日常值班中该站点数据有变化,但在第二季度运维校测的时候发现自动监测埋深数据与人工校测埋深数据相差0.41 m,人为调整后数据仍有变化。在未改变任何参数、人工校测埋深数据依然不变的情况下，多次现场召测数据，发现召测数据发生较大变化，且每召测一次，判断传感器故障，及时更换传感器后数据恢复。这类情况为不可预见性故障，需巡查中才可以发现。

采集器发生任何一种故障，都会造成数据的严重缺失，建议增加一个传感器使之达到双备，同时增加人工巡查频率，保证监测数据的可靠性。

2　监测设备的实用性

地下水自动监测站多建于野外，户外环境对监测设备及设备的防护要求极高，设备保护机箱要求外表面应无锈蚀、裂纹及涂敷层剥落等现象；文字标志应清晰完整。机械紧固部位应无松动；塑料件不应出现起泡、开裂、变形；电气接点应无锈蚀；各种电缆、气管、部件之间的接头应可靠且方便装拆。实际运维中发现保护机箱存在螺丝、固定导轮锈蚀、内部水汽凝结等问题，监测设备的实用性需要进一步提高。

2.1　螺丝、固定导轮易锈蚀

对于易锈蚀的螺丝、固定导轮等配件，首先应选用不锈钢材质，无法采用不锈钢材质的，选用能适用于野外环境材质的。例如机箱内固定传感器线缆的导轮在试运行一段时间后，已出现不同程度的锈蚀，锈蚀不仅影响监测站形象，也会侵蚀传感器线缆，长久下去，必将影响监测设备的正常运行。为了解决这种情况，选用同样规格大小的尼龙固定导轮替换掉已经生锈的固定导轮，不仅解决了导轮易生锈的问题，同时也提升了监测站的形象。

2.2　保护机箱下部水汽凝结

由于地下水水温与大气气温存在温差，就是我们所感觉的冬暖夏凉，冬季，外界气温低，地下水水温高，地下水水汽上升过程中遇冷凝结，聚集于机箱隔离盖板下；夏季，外界气温高，地下水水温低，空气中的水汽遇到井内低温环境水汽凝结于盖板下。保护机箱为防止箱体内温度过高影响仪器性能，箱体顶盖下方预留 20 mm 高通气带，以便上部空气对流；箱体设置通气窗，内置不锈钢防虫网，防虫网与箱体点焊连接。但保护机箱隔离盖板与井台之间形成密闭空间，未设置通气窗或通气带。建议在机箱隔离板下方机箱两侧设置底通气窗，有利于水汽的散发，保护机箱设备的正常运行，内置不锈钢防虫网，防虫网与箱体点焊连接。

3　监测环境维护的简便性

3.1　监测站周围环境处理

地下水自动监测站大多位于野外，经常会发生杂草丛生的现象，虽然考虑对部分监测井的保护，设置了围栏，但未对地面采取任何措施，围栏反而成了藤蔓植物生长的摇篮，杂草问题也成了地下水自动监测站运维的主要问题，关于除草的问题想过很多办法：一是用除草剂，但是考虑除草剂的农药污染性，会对土壤及地下水产生污染，因此否定此方案。二是人工、机械除草，但是比较费时费力，地下水自动监测站面广量大，运维管理人员有限，采用人工、机械除草的方法将增加一倍以上的工作时间。三是对监测井附近地面进行硬化，地面硬化前，清理干净监测井周围 3 m×3 m 范围内的杂草、草籽，地面找平后进行地面硬化。地面硬化考虑与周围环境的相适应性,尽可能地采用与周围环境同样的材质。考虑地下水与降水量之间存在补给关系,尽可能地采用透水砖的地面硬化形式,考虑经费或其他原因,也可以采用不透水地面硬化,毕竟硬化地面最大面积不超过 9 m^2。对降水量的入渗补给影响不大。

3.2　监测井及辅助设施维修

在实际运维过程中,发现存在井台瓷砖破裂、部分损坏、整体下沉情况。一般这些情况需进行设施维修,井台修补、重新补贴瓷砖或井台加高。对于监测井附近的地面沉降坑洞应及时填平压实。

3.3　监测井的安全

本省所设立的监测井大多位于水管单位或学校等有安全保障的单位院内,但为防止其他有碍监测井安全的事情发生,建议设立全国统一服务热线并喷印在监测井机箱侧面,如不能设立全国统一的热线服务电话,则可将管理单位的联系电话喷涂于监测井机箱侧面,以便能及时联系到管理单位,保障监测的安全。

对于监测环境维护可考虑购买服务政策,通过采购程序委托一家外包公司,负责遥测设备现场的保洁工作,清理仪器观测场地内的杂草杂物,维修损坏的土建设施等。

4　备品备件库的必要性

地下水自动监测站的正常运行离不开运行维护,运行维护离不开备品备件,充足的备品备件,精细化的管理,是自动监测稳定高效运行的保障,一旦自动监测站任何部件发生故障,都能第一时间更换备品备件,建立备品备件库很有必要。

通过国家地下水监测工程的实施,可实现对全国地下水动态的有效监测和实时监控,为各级领导各部门和社会提供及时、准确、全面的地下水动态信息,满足科学研究和社会公众对地下水信息的基本需求,为优化配置、科学管理地下水资源,防治地质灾害,保护生态环境提供优质服务,为水资源的可持续利用和国家重大战略决策提供基础支撑,实现经济社会的可持续发展。

参考文献

[1] 香天元,梅军亚. 效率优先:近期水文监测技术发展方向探讨[J]. 人民长江,2018,49(5):26-30.

遥感在沂沭泗局“清四乱”工作中的应用

胡文才[1]　邢　坦[2]

(1. 沂沭泗水利管理局水文局(信息中心)，徐州 221018；
2. 沂沭泗水利管理局防汛机动抢险队，徐州 221018)

摘　要　2018 年沂沭泗水利管理局在“淮委水政监察基础设施建设(二期)”项目中建设了沂沭泗局遥感系统。系统边建设边试用，结合了航拍、卫星影像、无人机影像等，在沂沭泗局“水利行业强监管”的治水新思路下的“清四乱”工作中发挥了很好的作用。

关键词　遥感；强监管；清四乱；作用

1　系统结构

沂沭泗局遥感遥测信息管理系统分为“遥感遥测数据采集系统”和“遥感遥测信息管理系统”两部分。工程总体构成见图 1。

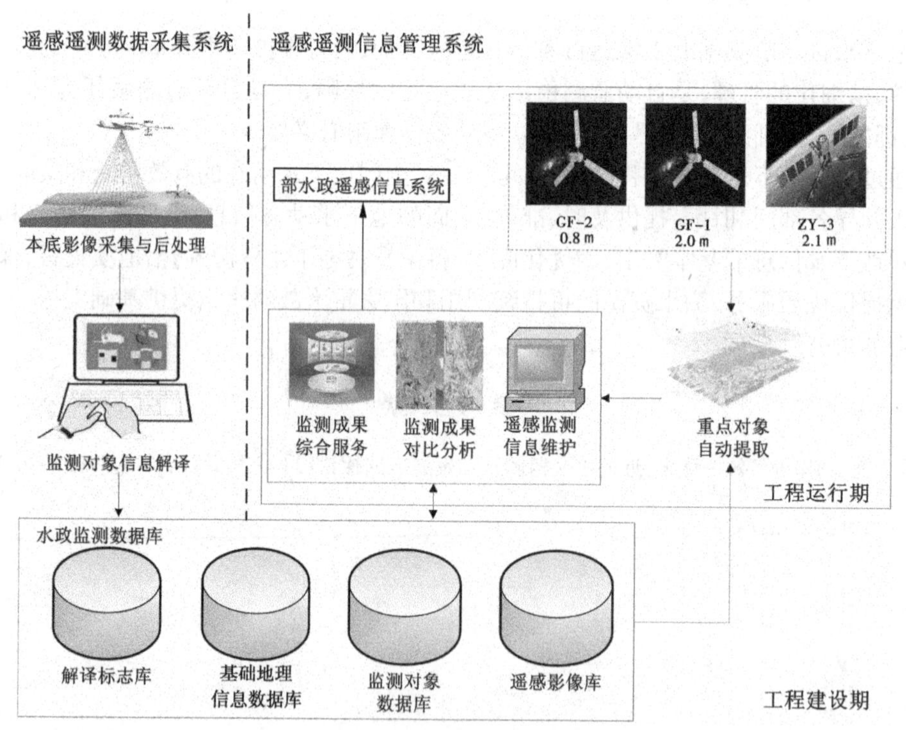

图 1　工程总体构成图

作者简介：胡文才(1975—)，男，高级工程师，主要从事水文水资源与信息化相关工作。

遥感遥测数据采集系统主要包括本底遥感影像采集与处理、本底信息遥感解译和解译标志库建立。

遥感遥测信息管理系统主要包括监测成果综合服务子系统、监测成果对比分析子系统、重点对象自动提取子系统、遥感监测信息维护子系统。

2　总体框架

本项目的总体架构如图2所示。

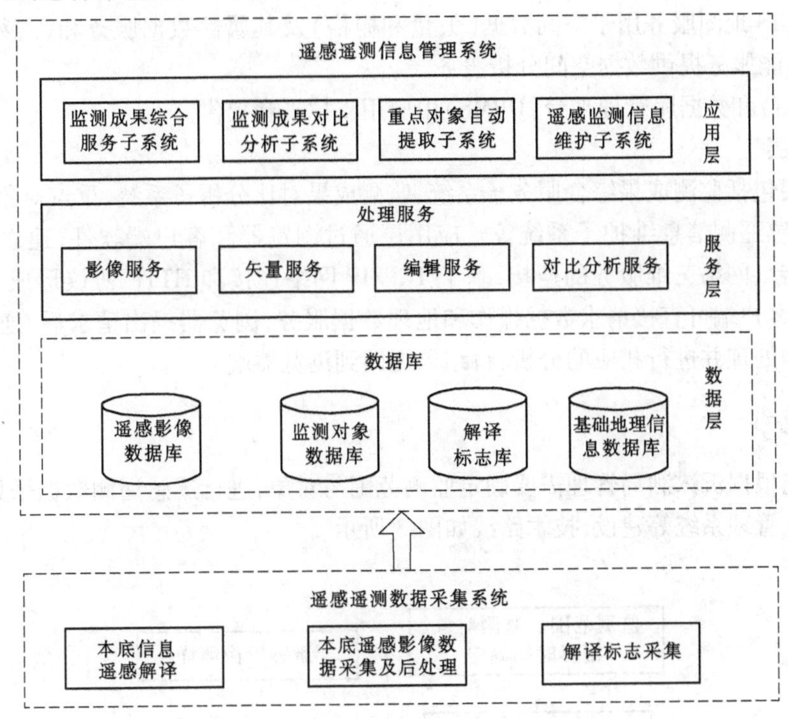

图2　总体架构图

遥感遥测数据采集系统：采集本底调查遥感数据，并进行数据处理，结合必要的外业实地野外调查，采用目视解译的方法，进行遥感影像解译，获取采砂、圈圩、文体旅游、光伏电厂、码头、造船厂、房屋（含窝棚）、养殖、芦苇、橡胶坝（拦河闸坝）、跨河桥梁、片林、上堤路、穿河管线、穿堤涵闸、堤防、取水口、泵站等监测对象的分布范围、数量等本底信息，并对监测对象信息进行统计分析，同时，对河道监测对象信息在遥感影像上的表现特征进行分析与描述，建立监测对象解译标志库，为河道监测对象信息解译提供依据。

遥感遥测信息管理系统：构架设计将采用成熟的三层体系架构，即数据层、中间服务层和应用层。中间层部署在服务器，隔离了应用层直接对数据库系统的直接访问，保护了数据库系统和数据的安全；业务逻辑运行在中间服务器，采用组件化方式构建，当业务规则变化后，用户界面层不需要做任何改动，就能立即适应，易于维护。

2.1　数据支持层

数据支持层的数据来源于水政执法遥感监测工程获取的遥感影像、解译的监测对象的解译信息成果、收集整编的基础地理数据成果以及建立的解译标志库。

本项目建设的基础信息资源库采用统一集中存储模式，即在沂沭泗局水文局（信息中心）部署数据库服务器，在数据支持层利用已有网络基础设施和硬件基础设施，统一存储和管理基础地理数据、影像数据、解译成果信息等。

2.2　中间服务层

中间服务层由数据访问服务、GIS 地图服务、GIS 功能服务组成，分别由基础信息资源管理平台和 GIS 平台提供支撑。

其中 GIS 地图服务用于空间数据（矢量和栅格）及其属性数据服务和（二维）地图服务。GIS 功能服务提供数据空间分析服务。

GIS 平台和数据库管理平台（DBMS）由应用支撑平台提供。

2.3　应用层

应用层包括监测成果综合服务子系统、监测成果对比分析子系统、重点对象自动提取子系统、遥感遥测信息维护子系统等。应用层通过浏览器和客户端软件，建立与数据服务、支撑平台、网络三维服务的连接，基于 TCP/IP 网络连接和 HTTP 协议形成 B/S 、C/S 工作模式，客户端可直接请求数据操作和地理数据服务，浏览器提出请求后，通过中间服务层的数据处理并进行相应的分析，将结果返回到浏览器端。

3　技术路线

本系统根据沂沭泗局管理需要确定监测范围与对象，进行遥感遥测数据采集系统、遥感遥测信息管理系统等建设，技术路线如图 3 所示。

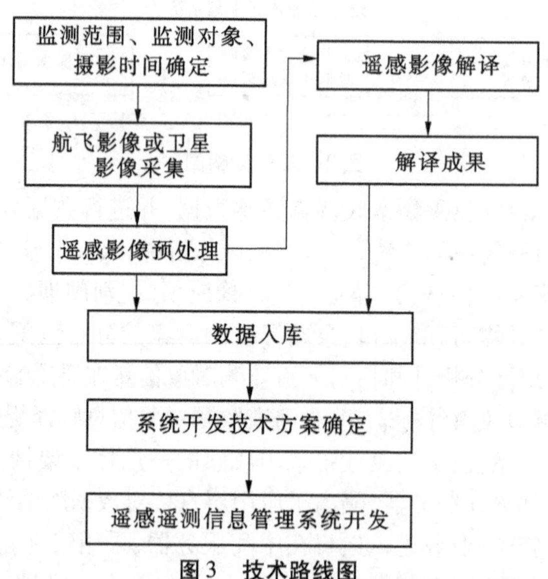

图 3　技术路线图

该系统采用以航空遥感手段采集沂沭泗直管区域遥感影像，结合必要的外业实地野外调查，根据规范化、标准化的遥感解译操作流程对水事活动信息进行解译与分析，绘制监测对象信息专题图；利用多种数据库技术为遥感监测矢量、影像、业务等数据建立数据库，并将数据入库存储；采用基于 ArcGIS Server 的 WebGIS 技术实现对河道监测对象矢量、影像信息的动态对比、信息综合服务，现监测信息的统一管理、快速查询与浏览、高效对比分析，提升沂沭泗局对直管区水事活动监管能力。项目采用分级用户权限管理、访问日志等措施对遥感影像、监测对象信息等各类数据进行保护。

4　建成系统

系统初步建设完成，集成了卫星影像、航空影像和无人机影像。

监测成果主要有基础工程、重点监管对象、野外查勘成果和“清四乱”专题等。主要为沂沭泗局工程管理和行业强监管服务。

5　系统应用

2019 年 4 月，水利部办公厅发出了《关于开展全国河湖“清四乱”专项行动的通知》，沂沭泗水利管理局领导根据通知要求，在正在建设的遥感系统中加入强监管“清四乱”的工作内容。本文以沂河支流祊河上澜公馆为例，展示本系统在水利行业强监管“清四乱”中所发挥的作用。

从图 4 ~ 图 6 三张图片，可以清晰地看到一处违建从建设开始到全部拆除的整个过程。遥感为监管部门提供了详实可靠的信息，在水利行业强监管方面起到了“千里眼”的作用。

图 4　2008 年 11 月违建工程还未开建

6　结　语

遥感已经经历了 100 多年的发展，现在利用卫星技术，结合航拍，其可靠度和精度有了很大的提高，在水利行业强监管中起到了技术支撑作用，在节省费用提高效率方面有人工不可取代的作用。

图5　2010 年违建建成

图6　2019 年 5 月,违建全部拆除

智慧水闸建设思路探讨

王　磊　李　智　张大鹏　张煜煜

（沂沭泗水利管理局水文局（信息中心），徐州 221018）

摘　要　按照新时期工程管理现代化和精细化的要求，提出研究开发水闸工程管理信息系统，全面实现水闸技术管理的数字化、网络化，具体表现为工程管理全过程信息的存储、管理、统计、检索、查询及维修养护项目的申报、审批和监管，利用先进的标签、微信及数据魔方技术、实现设备的全寿命周期管理，以提高工程管理的工作效率，降低管理成本，实时掌握工程信息，有效地规范日常管理行为，创新符合水利现代化建设要求的工程管理新方式，有效地规范水闸管理单位的日常管理行为，提高工程管理水平和效率。

关键词　工程；管理系统；系统；建设；探讨

长期以来，水利工程管理手段较为传统和粗放，工程管理过程控制不规范，没有形成流程化管理；形成的工程档案和信息大都以纸质保存，信息收集保存不及时，查询不方便，检索不直观，不能实时全面了解工程管理信息，对管理过程情况的检查、监督不能及时到位；项目的申报、审批程序较为烦琐，办事效率不高。

按照新时期工程管理现代化和精细化的要求，提出研究开发智慧水闸管理信息系统，全面实现水闸技术管理的数字化、网络化，具体表现为工程管理全过程信息的存储、管理、统计、检索、查询及维修养护项目的申报、审批和监管，利用先进的标签、微信及数据魔方技术、实现设备的全寿命周期管理，以提高工程管理的工作效率，降低管理成本，实时掌握工程信息，有效地规范日常管理行为，创新符合水利现代化建设的要求的工程管理新方式。

1　系统构建目标及原则

智慧水闸系统建设目标主要包括以下几点：一是水闸管理规范化。在水闸管理平台实际运行阶段，采取了精益生产的管理思想，尽可能实现设备精细化管理，并做到设备维护作业的全面开展，以便提高设备管理效率和质量。同时在信息有效共享下，能为工作人员设备运行情况的分析提供有关指标。二是管理业务流程化。将设备管理平台应用在实际工作中，可提高设施运作环节的流程化，即是在具体运作时按照规范标准执行各项操作。例如，在平台发出指令后，各设备能自动调拨、分配及出库等。三是资源集中化。在进行设施管理时，要确保各类资源的有效整合，根据设备资源安排方案采取调度处理，以便做到资源的科学配置，为设施管理工作高质量开展加以保障。

作者简介：王磊（1979—），男，高级工程师，主要从事水利信息化相关工作。

在系统设计原则方面,应满足业务需求原则,从水闸基础设施管理要求角度出发,确保在对客户需要的业务信息进行分析的基础上,提高管理系统适用性。同时还应满足统一规划这个原则,管理系统建设主要采取分步实施、统一规划的设计原则,在对设备管理整体要求和管理体系有所掌握的条件下,逐步进行管理平台的建设,体现平台建设中的一体化原则。

2　系统整体框架

在进行管理系统整体框架分析时,可发现智慧水闸建设主要包括信息数据中心、数据服务集群、水闸管理系统、应用服务集群以及收费系统等部分,通过借助网络系统的数据传递作用,能保证数据及时传输到服务器上,进而执行各项管理操作。管理人员利用管理系统,合理开展任务执行、设备维修等作业,在执行一系列操作行为的同时将产生大量数据信息,而系统收集到的数据将通过传输接口上传至管理中心云平台上,这时工作人员可根据信息反映的设备运行情况,有针对性地规划设施管理方案,是管理平台应用价值的体现。管理中心借助管理平台作用,能随时查看平台上的数据信息,并在网络系统中发布会议通知、维修任务等信息,同时,信息的及时传输还能保证管理人员全面掌握其业务范围内的数据,并进行报表统计,为之后设备运维工作的开展提供保障。

智慧水闸系统设计主要包括四层架构(见图1),分别包括:一是互联网层,指的是用

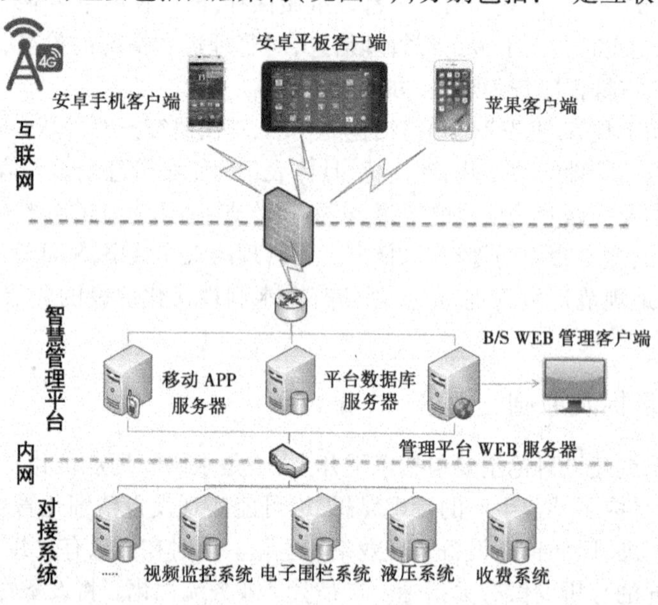

图1　系统层次结构

户能通过使用无线或4G网络来访问管理服务器。二是智慧管理平台,该平台包括数据库服务器、移动软件服务器等,利用数据库储存设备运行信息,并在系统内部进行数据处理等。其中移动软件服务器,可提供软件访问接口,设备运行阶段产生的数据都将储存在这一服务器中,在实际设计这一服务器时,应通过开放互联网端口实现,并在接口处进行数据交换。三是管理平台服务器可为管理人员提供操作界面,从而实施网页登录、巡检计

划设定以及发布操作指令等操作。四是其余系统的对接,管理中心目前实现了水闸管理系统、监控系统、收费系统以及液压系统的对接,将这些系统与接口连接起来,进而将各类业务数据整合到管理平台中。

3 软件系统解决方案

在进行该管理平台的软件系统设计及构建时,应主要从以下功能着手合理设计:一是账号登录及退出界面的设计。当用户输入正确的账号信息后,可进入系统中开展管理工作,账号及密码应在后台数据库中储存并分发配置,从而保障账户安全性。二是对水闸运行状态的管理。为了实时监控水闸运行状况,则需要借助视频监控系统、液压系统等功能系统的作用,将这些系统与数据传输接口对接起来,以便保证设备运行数据呈现在移动设备上。并且系统内功能模块在接收到相关信号信息后,将自动对其进行分析,当水闸运行过程中存在故障问题时,管理系统间在接收故障信号后发生预警,进而保证在管理系统作用下,真正实现智慧化管理。以液压系统为例,管理平台收集该系统数据后,如果不存在异常情况,则界面显示正常,异常状态下将发出报警信号。对于智慧水闸来说,是智慧水闸整体运行、管理及调度执行单位,负责一定范围内的工程管理及日常调度运行等。在设计组织架构时,应能在功能界面显示出部门职工数量、部门名称、自动拨打电话等内容,当用户点击任一部门时,则系统将为其提供职工信息,包括姓名、岗位职能、电话等基本信息,并且在点击拨打电话按钮后,能实现自动拨打电话。而在考勤方面,可通过点击考勤按钮,进一步查看打卡日期,在考勤界面,系统将实现拍照功能,并自动定位员工位置信息。

在培训及反馈这一系统功能上,管理人员主要是在信息平台上发布培训方案及日期通知后,用户终端将接收到相关信息,这时用户打开培训界面,则系统将推送数据库中的培训方案等,并提供有关培训信息,用户可点击有用信息查看详情,并在接收信息后点击确认按钮。在会议管理功能上,工作人员可在系统平台发布系统信息,当用户接收信息后,可确认已签收,方便管理人员掌握信息传达情况。另外,管理平台还应具有文件流转功能,在相应功能模块作用下,管理人员可将文件上传至系统后台,并且系统将直接形成文件传输列表,之后用户可进行文件流转或查看等操作。从设备管理角度出发,当管理人员将设施型号、规格等信息输入后台后,系统将为各个系统安排其对应编号,同时打印体现设备类型的标签。在设备信息记录完成后,移动终端用户能在设备管理界面,查看数据库中包括的设备信息,并且用户可通过扫描二维码,进一步收集设备相关信息。处理设备基础信息外,系统将为用户提供各设备运行状态、安全等级等详细信息,有利于管理工作的高效开展。另外,在等级鉴定方面,为了确保智慧水闸稳定运行,则需要对设备等级有所掌握,用户可点击界面按钮获取设备等级界面,之后可将重新鉴定得到的设备等级输入对话框中,从而系统数据库中将储存设备新的等级信息。在对上述软件系统进行合理设计的基础上,能为管理系统运行功能的发挥奠定基础。

4 硬件解决方案

这一管理平台主要包括多个服务器硬件设施,具体为台负载服务器、台数据库服务器、台应用服务器等,其中应用服务器与数据库服务器可分开使用,在受到资源限制时,可在同一管理平台下结合运用。在对服务器进行说明时,可发现移动端应用在与应用服务器连接后发挥作用,管理平台中负载服务器由两个应用服务器共同组成服务群;而数据库服务器主要由两个服务器构成。为了达到理想的服务器应用效果,有必要注重服务器安装内容、配置要求的合理设置,以应用服务器为例,该管理平台对应的应用服务器主要配置包括 CPU 核心、CPU 频率、本地磁盘以及内存等,其中 CPU 核心配置要求为 8 核、CPU 频率为 1.86 GHz 以上、内存为 32 G、本地磁盘内存要求为 1 024 G。要求系统设计人员能结合项目运行情况,合理设置数据库储存容量,以便保证数据信息的全面收集。具体来说,管理平台整体运行效果与其硬件设计情况有紧密联系,因此应重点关注数据库服务器、应用服务器以及负载服务器等硬件设施的设计,以便充分发挥管理平台在设备运行管理及维护等方面的应用价值,有利于加大管理中心对设备运行信息的实时把握,进一步提高管理质量。

5 结 语

按照新时期工程管理现代化和精细化的要求,研究开发水闸智慧管理系统,为工程管理全过程信息的存储、管理、统计、检索、查询及维修养护项目的申报、审批和监管提供支持,实时掌握工程信息,提高工程管理过程规范化,提高信息化水平实现办公无纸化,提高工作人员工作效率。实现信息资源共享、深度挖掘水利信息资源等应用提供科学的技术基础,进而促进管理单位水利信息化建设,促进新技术的研发应用,有效解决管理单位人员不足,各种涉河湖活动特别是采砂、岸线利用、建设项目、圈圩围垦涉水事件难以及时发现和处理的难题,提高水利工程管理业务工作效率,为防洪安全管理、维护河湖健康生命提供技术保障。

菏泽市城市防汛水文监测与预警系统建设方案

孟令杰　王捷音　周　静　黄存月

（菏泽市水文局，菏泽 274008）

摘　要　以信息技术为基础，以实现水文现代化为目标，以“理念领先、设施超前、技术先进、服务优质”为核心，利用通信、计算机、多媒体、网络等高新技术，采用云架构，结合物联网技术，实现城市水文信息采集、传输、存储的自动化，提高城市水文信息的时效性和利用率。通过及时畅通的雨情、水情信息，为城市防汛工作提供全面优质的水文信息服务，为实施城区防汛应急预案提供技术支撑和决策依据。菏泽市城市防汛水文监测与预警系统是在充分整合、利用菏泽水文现有信息化设施基础上，以城市防汛水文服务为重点，提高信息处理能力，实现菏泽城市防汛抗旱和水资源的优化配置、科学保护相统一，为城市的社会－经济－自然的可持续协调发展提供技术支撑。

关键词　水文信息化；水文监测；预警预报

1　前　言

菏泽市位于山东省西南部，属淮河流域，辖 8 县 1 区，地处东经 114°48′～116°24′，北纬 34°52′～35°52′。东南部与江苏省丰县、安徽砀山县为邻，南部和西部与河南省商丘、开封、濮阳地市毗连；北部隔黄河与我省聊城市相望，东部与济宁市接壤，南北长 157 km，东西宽 140 km，面积 12 239 km^2。

菏泽市多年平均降水量 656 mm，降水量年际年内变化较大，年最大降水量多达 1 054 mm（1964 年），而年最小降水量仅为 372 mm（1988 年），最多年份降水量为最少年份的 2.7 倍。年内降水量的 70% 集中在汛期 6—9 月，而汛期又以 7、8 两月最为集中，约占全年降水量的 47%。在汛期内降水频繁，局部性暴雨时有发生，且突发性强、来势猛、速度快、降水时间集中，可预报时效短。

近年来，菏泽市由于城市发展一方面带来经济快速增长，现代化进程加快；另一方面城市人口增多，对水的需求增大，这样污废水排放量也在不断增加，城市水文循环和水环境质量发生了变化，与人类生存发展密不可分的水资源受到了严重影响，出现了一系列的水文效应；同时由于人口密度加大、建筑物增加、柏油马路铺设增多，造成整个城市的不透水面积增大，天然雨洪径流的下垫面条件因此而发生改变，导致了城区降水偏多、暴雨洪水峰高量大、汇流时间短等一系列水文规律的变化。同时，随着城市人口和财富相对集

作者简介：孟令杰（1980—），男，工程师，主要从事水文水资源相关工作。

中，一旦遭灾，损失巨大。因此，城市防汛工作是一项关系到广大人民群众生命财产安全、关系到经济社会健康稳定发展的重要工作。城市防汛水文监测与预警系统作为城市防汛工作中的重要非工程措施，对于研究和掌握城市暴雨洪水形成演化规律、监测发布城市重点部位洪水信息，指导城市规划、建设和管理具有重要意义。

2　菏泽市城市防汛水文监测与预警系统建设目标及内容

菏泽市城市防汛水文监测与预警系统建设按照“统一规划、统一标准、统一开发、统一使用”的“四统一”进行，实现对监测站点处水位变化的自动实时监测和上报，可靠运行和最大限度的免维护，适应野外环境要求；实现雨量、水位监测的数据无线传输（同时也支持有线传输方式）和现场汛情雨量、水位信息发布，从而实现对城市重点地段的雨量、水位变化情况的及时掌握监控；提供多汛情情况监测和变化情况分析，为防汛和排涝提供决策；对防汛关键节点的信息，可以通过网络和手机方式向公众发布城市汛情信息，从而合理计划和实施泄洪排水、人员疏散、交通疏散等。结合城市防汛发展的实际需求，优化站网分类，调整站网布局，提高站网功能，建成具有菏泽特色的城市水文站网体系。规划建设城区低洼地段监测站点，监测积水深度，包括部分立交桥下积水深度。在发生大暴雨时可以及时发布或现场显示城区低洼地段积水状况信息。同时也可以对照雨量信息，系统分析和研究暴雨与城市重要地段积水相关关系，必要时进行低洼地区积水预报预警，从而为防汛应急预警系统、城市交通、市民安全、市政建设提供信息保障。

通过对菏泽市城市防汛水文监测现状的梳理与分析，系统建设内容包括 3 处水文站、12 处水位站、8 处城市低洼监测站、5 处雨量站以及预警预报系统的建设。

3　菏泽市城市防汛水文监测与预警系统建设方案

本方案依据上述设计目标，其整体系统包括：雷达式水位计和翻斗式雨量计信息采集单元，测控通信单元（包括 GPRS 的数据无线传送模块），监控中心汛情管理及信息发布系统 4 个部分，如图 1 所示。

在本系统中，传感器所测得的雨量水位数据一方面进入测控通信单元，另一方面通过 GPRS 数据发送模块实时地发送到监控中心，监控中心接收通过无线信道上报的数据并由专门的软件处理，形成实时的汛情水位信息，水情水位变化信息，汛情排洪及泄洪过程检测信息，水位变化历史信息及未来变化趋势等重要信息，从而达到对整个城市重点地段及其他场所的汛情完全监控和实时测报。保证城市重点部位和其他重要场所防汛工作的安全调度、防汛抗洪科学有效进行。

3.1　系统工作原理

（1）水情分中心：通过串口与一个 GSM Modem 设备相连接，可读取 Modem 设备接收到的短消息，另外一个网口与 GPRS Modem 远端传来的测量数据，完成水情数据的处理、保存等功能，也可通过 Modem 设备发送控制指令到远程终端。报警时，可将短消息转发至远端工作人员的手机。

（2）遥测终端机：主要是基于数据采集设备及各采集单元的设备，终端数据采集设备获取水情数据后可通过 GPRS 发送给主控中心的 Modem，同时也可接收主控中心命令进

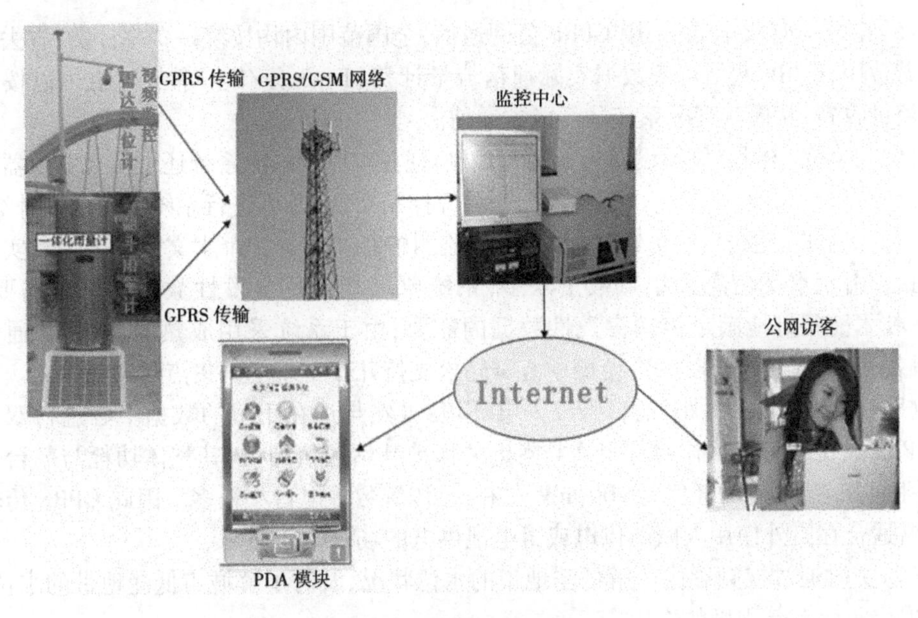

图 1　系统总体设计框图

行相应的操作,比如召测实时数据,修正时间,修改其配置等。

(3)GPRS 网络(即数据传输部分):终端数据采集设备与主控中心实现通信,可通过各自的 GPRS Modem 经过 GPRS 无线网络传递。

(4)系统工作方式主要有以下几种:

①监控方式(召测方式):由主控中心下发指令,终端响应。

②监视方式(自报方式):终端定时、定条件(如变幅)向主控中心上报。

③监控/监视方式(召测/自报方式):综合召测和自报的方式。

④休眠方式:终端处于不工作状态。

3.2　系统优越性

(1)可靠性高:与 SMS 短信息方式相比,GPRS DTU 采用面向连接的 TCP 协议通信,避免了数据包丢失的现象,保证数据可靠传输。中心可以与多个监测点同时进行数据传输,互不干扰。GPRS 网络本身具备完善的频分复用机制,并具备极强的抗干扰性能,完全避免了传统数传电台的多机频段“碰撞”现象。

(2)实时性强:GPRS 具有实时在线的特性,数据传输时延小,并支持多点同时传输,因此 GPRS 监测数据中心可以多个监测点之间快速,实时地进行双向通信,很好地满足系统对数据采集和传输实时性的要求。目前 GPRS 实际数据传输速率在 30 kbps 左右,完全能满足系统数据传输速率(≥10 kbps)的需求。

(3)监控范围广:GPRS 网络已经实现全国范围内覆盖,并且扩容无限制,接入地点无限制,能满足山区、乡镇和跨地区的接入需求。由于水文信息采集点数量众多,分布在全省范围内,部分水文信息采集点位于偏僻地区,而且地理位置分散。因此,采用 GPRS 网络是其理想的选择。

(4)系统建设成本低:由于采用 GPRS 公网平台,无须建设网络,只需安装设备就即可,建设成本低;也免去了网络维护费用。

(5)系统运营成本低:采用 GPRS 公网通信,全国范围内均按统一费率计费,省去昂贵的漫游费用,GPRS 网络可按数据实际通信流量计费(1 ~ 3 分/1 K 字节),也可以按包月不限流量收费,从而实现了系统的低成本通信。

(6)可对各监测点仪器设备进行远程控制:通过 GPRS 双向系统还可实现对仪器设备进行反向控制,如:时间校正、状态报告、开关等控制功能,并可进行系统远程在线升级。

(7)系统的传输容量,扩容性能好:水文监测中心要和每一个水文信息采集点实现实时连接。由于水文信息采集点数量众多,系统要求能满足突发性数据传输的需要,而 GPRS 技术能很好地满足传输突发性数据的需要;由于系统采用成熟的 TCP/IP 通信架构,具备良好的扩展性能,一个监测中心可轻松支持几千个现场采集点的通信接入。

(8)GPRS 传输功耗小,适合野外供电环境:虽然与远在千里的数据中心进行双向通信,GPRS 数传设备在工作时却只需与附近的移动基站通信即可,其整体功耗与一台普通 GSM 手机相当,平均功耗仅为 200 mW 左右,比传统数传电台小得多。因此 GPRS 传输方式非常适合在野外使用太阳能供电或蓄电池供电的场合下使用。

(9)实时通过视频影像了解低洼地带的水位状况,及时了解城市低洼地带的水位,对提高安全防汛有着积极的作用。

3.3　系统基本功能

中心软件可以根据用户需要基于国家水文信息标准量身定做。做到水文信息的及时准确的自动收集雨、水情及积水流速等数据信息,统一的水情信息编码标准(水情信息编码标准 SL 330—2005)。软件实现了数据精确及时的采集,报警,自动编报,自动校时及丰富多样的过程趋势,以方便用户的信息处理;历史查询保存时间长,软件界面友好,用户可自行配置每台仪器的设置;并能提供数据备份及还原功能;可实现硬件设备的故障报警、暴雨报警、GPRS 流量报警及电压报警等。建立了 Web 水文信息发布系统平台,提高了用户的信息查询自主性,各级领导将通过网络自由查询所有雨水情信息,为防汛调度提供极大便利,同时为提高菏泽市整体防汛协作提供科学依据,系统集成了水利、气象、水文雨量站网雨水情数据。菏泽市城市防汛水文监测与预警系统结构图如图 2 所示。

(1)满足水情中心日常各种报表查询分析,天气预报、卫星云图等功能需求,并做好基于 GIS 的标准化雨水情等值分析和过程图表分析等;整合现有各类软件优势功能于一体,让水情工作打开一个系统即可完成所有烦琐工作。

(2)满足各级领导和防办人员防汛要求,以完善的 GIS 形式显示出当前雨水情信息以及场次、日降雨的查询,可以使防汛决策者迅速准确地了解雨水情、地理位置、防汛预案等重要信息,为防汛决策者提供科学依据。

(3)满足测站人员日常发报、简化测站人员查询操作,一键式操作及完善的视频帮助功能,协助用户更好地使用本系统;系统采用 B/S 结构,免去各测站维护升级,只需中心服务器端升级即可。网页中的警示信息,使用户了解当前雨水情情况及流域内雨水情信息。

(4)综合信息的查询功能,让决策者只打开本系统就能了解到最新的雨水情信息、墒情信息、雨水情简报、旱情简报、地下水情况、水质、防汛工程信息、天气预报、卫星云图等功能。

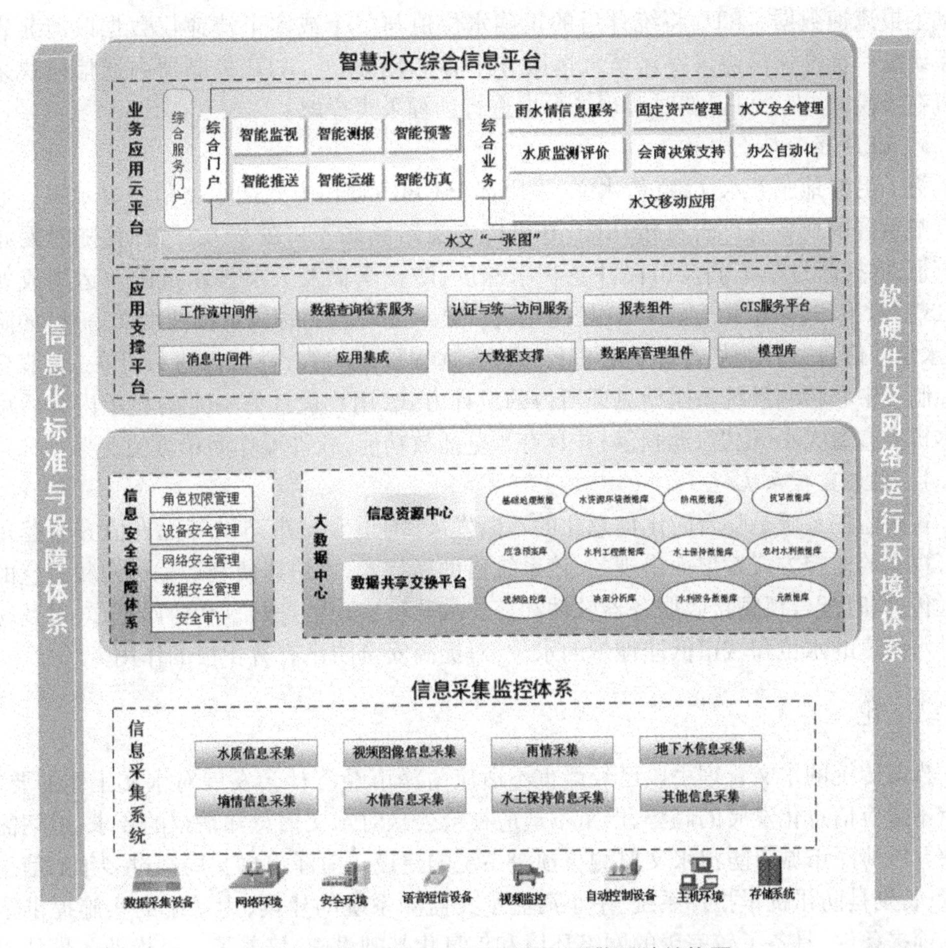

图2　菏泽市城市防汛水文监测与预警系统结构图

各级权限功能设计各不相同，即能满足用户的需求，又能达到各级之间的敏感数据信息保密，所有的权限均可在管理员账号中自由调整，从测站人员到水情中心人员各取所需，根据输入的权限自动对应打开相应的功能服务，争取让每一位用户觉得功能够用、操作方便。

3.4　水文监测系统采用设备

3.4.1　雨量观测

为满足安装雨量计的要求，建设4 m×4 m观测场一处。围栏采用304不锈钢管围栏，围栏高1.2 m，竖条式。四周立柱C25混凝土浇筑，围栏基础为砖基础，场内铺设1 m宽、2 m长混凝土观测小路，其他地方种植不高于20 cm的小草。雨量自动监测站由一体化遥测雨量计组成。包含雨量计、远传遥测终端、通信模块、太阳能板、蓄电池等。

3.4.2　雷达波测流

雷达测流传感器总成安装在桥上或桥下，探头向下约45°倾斜，对准测流断面，以流入方向与流出方向为最佳。同一断面内采用配套雷达水位计进行水位测量；每六分钟采集一次消浪后的水位数据实时传送到RTU，采用短传或GRPS方式，接收流速仪子站采集的非接触式测流仪的数据，流速采集间隔12 min，或者流速与上次发生变化超过设定值后自动上报流速数据。RTU 将统计后的正确水位值与一个或多个流速仪数据以河北省水文系统统一标准通信协议发送至水情服务中心平台;此外,RTU 控制器内通信模块采用一直在线模式,中心可以随时对现场数据进行远程采集提取。

3.4.3 LED 显示屏

为了更好地服务水文,宣传水文,采用基于 GPRS 通信方式的水文信息显示屏。通过 LED 显示屏的所特有广告宣传功能,并可以在道路涵洞入口处积水严重时,随时发布防汛警情,以提醒过往车辆及市民注意积水深度,防止车辆及人员涉水危险。运用成熟的 GPRS 技术手段,采用相应的 LED 控制系统。显示屏可以实时显示各种水文信息,如降雨量,水位等信息。并能从管理中心进行 GPRS 远程更新内容,并可以进行开关,调节亮度等控制。中心控制系统采用所见即所得的设计方式,用户设计好一定的显示内容后可以在本机上查看大小、位置、动画等,并具有预览播放功能,软件操作简单方便。

3.4.4 视频监控系统

视频监控系统是随着防汛信息化的不断发展,河道和城市防洪等无人值守监控正在向可视化的监控方式发展而出现的,该系统借助新技术,可快速便利地完成视频信息的无线远传,同时配合视频接收服务器软件和客户端软件实现信息共享和协同工作,对及时了解排水河道的水位和城市低洼地带的水位,对提高安全防汛有着积极的作用。

4 结 论

当前传统的水文管理手段已经严重不适应菏泽市经济社会发展对水文工作的要求,严重不适应信息化发展的趋势,严重不适应社会公众对水文信息知情权的要求,迫切需要尽快开展菏泽市城市防汛水文监测与预警系统的建设。菏泽市水文局经过多年的信息化建设,特别是防汛抗旱指挥系统、中小河流水文监测系统的建设,为系统的实施提供了必要的前提条件,具备了较完善的网络环境和信息化基础设施,培养了一批懂业务懂技术的骨干,为城市防汛水文监测与预警系统建设打下了良好的基础。

菏泽市城市防汛水文监测与预警系统选用成熟的 J2EE 多层技术架构;利用城域网和水利光纤专网及 GPRS 相结合的方式进行数据信息和系统信息的采集、传输;以计算机网络技术、GIS 技术等为重要的技术支撑,建设完善水文信息实时监控、实时调度、实时管理等软件平台;系统采用模块化设计,雨量水位检测,数据传输及中控管理模块自成体系,经过一定的集成就可实现系统功能,用户可以根据自身要求自由组合,系统的实用性较强。以信息化带动提高水文管理水平,最终达到水文一体化、信息化管理的目标是必要的,也是可行的。

济宁市城市水文智慧监测系统的设计与实现

舒博宁[1]　刘　猛[1]　邵志恒[1]　李晓霜[1]　于江华[2]

(1. 济宁市水文局,济宁 272019;
(2. 南京信息工程大学环境科学与工程学院,南京 210044)

摘　要　济宁市地处南四湖、北五湖的中心地带,洪涝灾害发生频繁。滞后的城市水文建设阻碍城市的进一步发展,建立完善高效的城市水文监测系统势在必行。本文设计并实现了济宁市城市水文监测系统。系统构架包括感知层、传输层和应用层3部分。服务层采用Spring框架,兼容各类标准通用服务;数据层采用Spring Data JPA;表示层采用ExtJS。系统建设、整合了防汛监测站与智慧服务平台,实时监测城区内涝情况,利用城市防汛预报模型开发了灾害预报系统,具备预警、报警发布功能,并能分析积水情况,智能提供合理化解决方案。

关键词　济宁市;城市水文;水文监测;灾害预报

1　系统开发的必要性

济宁市是山东省重要的工业中心城市之一,也是鲁南经济带的中心城市,地处南四湖、北五湖的中心地带,洪涝灾害频繁[1]。但是,目前济宁市城区河流水文预测预报、信息发布和水文特征分析研究方面还都是空白。为了尽可能地把灾害程度降到最低,建立完善高效的济宁市城市水文监测系统势在必行。

与此同时,智能监测设备的出现,以及物联网、智能处置专业模型等技术的快速发展,为建立高效的城市水文监测系统提供了可能[2-4]。济宁市水文局对现有水文站网进行升级完善,本着增强城市防洪排涝水平的原则,牵头设计开发了“济宁市城市水文监测系统”。该平台使用Spring Framework,能提供WebService、SOAP、REST等各种标准通用的服务,能够与已有信息系统集成;数据层采用Spring Data JPA,兼容各种主流的关系数据库和非关系数据库;表示层采用ExtJS,拥有广泛的浏览器支持和良好的人机界面。该平台建设、整合了防汛监测站,能够实时监测城区内涝情况,并利用城市防汛预报模型开发了灾害预报系统,具备预警、报警发布功能,并能分析积水情况,智能提供合理化解决方案。

在国外水文监测系统领域,处于领先地位的主要是美国和日本。他们的水文监测系统都是定位于全国性的系统。美国幅员辽阔,河流湖泊众多,加之科技发展起步早、水准高,尤其在传感器方面处于领先地位[5]。目前美国正在研究下一代水文监测系统,主要是新型传感器自动探测水文数据,卫星传送和处理数据,构建出海平面和大流域水文监测网络[6]。日本是个自然灾害频发的岛国,建立了大量的水文监测站点,集成化和综合程

作者简介:舒博宁(1980—),男,高级工程师,主要从事水文水资源监测、评价工作。

度高是其主要特征[3]。

在国内,水文监测事业自20世纪70年代起步;迄今,其发展经历了3个阶段,即人工采集阶段、传感器采集阶段、智能化阶段[7]。2014年,水利部发布《水文监测环境和设施保护办法》,对水文监测提出了更高的要求。我国水文监测起步较晚,整体上与国外发达国家存在一定差距。目前,我国的水文监测系统研究主要服务于区域性河流和大型湖泊(例如宋阁庆针对祖厉河的研究[2]、萧晓俊等针对青海湖的研究[8]、张永嘉针对松花江畔哈尔滨地区的研究[9]等),或者关注于水文监测系统的局部技术研究(例如沈芳婷针对监测系统的数字图像处理技术的研究[10]、田园针对水文远程监测网关的设计与实现研究[4]、张拓针对水文监测数据通信规约解析方法的研究[11]、李中原等针对水文监测人员管理信息系统开发与应用研究[12]等)。

综上所述,具体到城市水文监测系统的研究都基本处于空白。究其原因,主要在于两点:①流域性水文监测和城市水文监测侧重点明显不同。例如,流域性水文监测不会过多考虑地表建筑对雨水下渗的影响,而城市水文监测结果受地表建筑的影响很大;流域性水文监测目标主要在于防范流域性洪水,而城市水文监测系统的目标致力于城市的内涝灾害预测、发现与交通疏导,涉及的监测项目包括低洼地的积水情况、地表径流情况等等。所以,两者设计方式、算法模型等存在显著差异。②城市水文系统实现起来复杂,既有技术层面,也有城市交通,城市规划,人员疏散等诸多社会管理的因素,单个部门推动起来比较困难。

2　需求分析

针对济宁市水文监测系统的需求,分别从功能需求和性能需求两个方面进行阐述。

2.1　功能需求

济宁市水文监测系统要对现有水文站网进行完善,在原有监测项目的基础上增强城市的防洪排涝水平,对市区内河道、低洼区、路段及内涝易发区增设水位、雨量等监测设施、设备,形成专门用于针对城市内涝的集水位、雨量监测及信息发布、灾害预警、视频监控于一体的监测设备和业务应用。

对各监测站点而言,自动视频、水位、雨量数据采集设备应具有如下功能:①能自动、实时采集并传输水位、雨量信息;②对采集数据能进行自动存储和处理;③视频监控现场内涝情况;④具有较好的防雷击、抗干扰能力,有防破坏及防盗措施;⑤能对内涝情况进行现场显示以及数据越限进行监测及告警等。

2.2　性能需求

系统的性能需求分析主要涵盖系统中所涉及的技术性指标和元器件的相关性能参数。水文站基础设施建设应分别满足防洪标准和测洪标准。就本文的水文站而言,防洪标准为30年一遇,测洪标准为20年一遇。水位监测站传感器及室外设备性能指标分别是,工作温度:-10～+50 ℃;相对湿度:≤95%。

3　系统架构

济宁市城市水文系统采用物联网技术建设,实现“信息采集感知化、数据处理智能化、现场处置自动化”的目标;通过物联网协议开放、标准的特性,实现水文信息交互和共享。本系统分为感知层、传输层、应用层3个层次(见图1)。

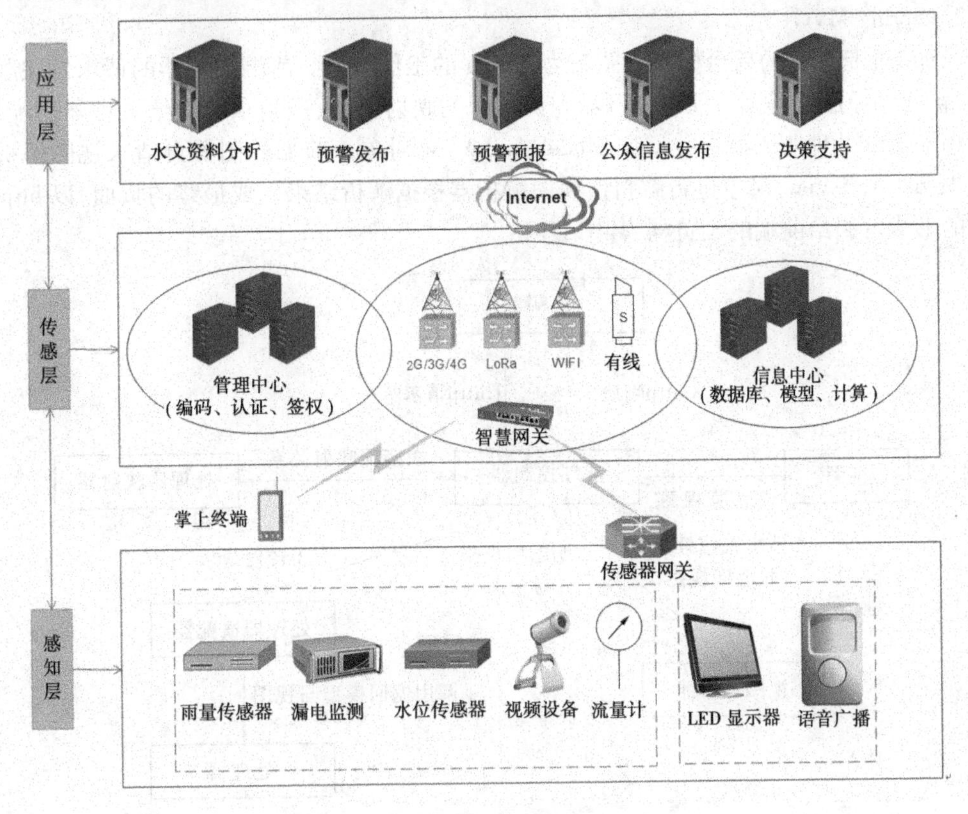

图1　系统架构图

感知层主要包括积水点、水文站、雨量站的水文信息以及预警信息发布体系的建设,实现水文信息在线监测,预警信息现地发布等功能。网络层是物联网对数据进行统一存储与管理的体系,主要包括通信管理、设备管理、数据存储管理等部分。应用层分为应用支撑层和业务应用层。应用支撑层提供统一的技术架构和运行环境,为应用系统建设提供通用应用服务和集成服务,为资源整合和信息共享提供运行平台。业务应用层涵盖城市水文防汛功能应用系统,包含信息采集、信息入库、信息发布、预警预报、预案管理等功能,是程序设计的主要内容。

4　关键技术与硬件

济宁市城市水文系统是集自动测报、智能处置、通信与物联网技术、数据库、“3S”(GIS、GPS、RS)、专业数学模型、系统集成等一系列技术于一体的规模庞大、结构复杂、功能强大、涉及面广的系统工程。关键技术包括物联网技术、Spring MVC、智能硬件等。

4.1　物联网技术

物联网指的是将无处不在的末端设备和设施,通过各种无线或有线的长距离或短距离通信网络实现互联互通、应用大集成,以及基于云计算的SaaS营运等模式,在内网、专网和互联网环境下,采用适当的信息安全保障机制,提供安全可控乃至个性化的实时在线监测、定位、报警等管理和服务功能。

4.2 Spring MVC

Spring 是经典的后台框架。图 2 为 Spring 的工作流程。前端浏览器的请求发往服务器,被前端控制器得到。前端控制器查询匹配的映射关系,把请求转发给处理器适配器,处理器负责处理业务请求并返回 Model And View 对象。前端控制器再请求视图解析器对 Model And View 对象进行解析。视图解析器根据解析结果生成最终的页面,以 http 响应的形式发回给前端的浏览器[13,14]。

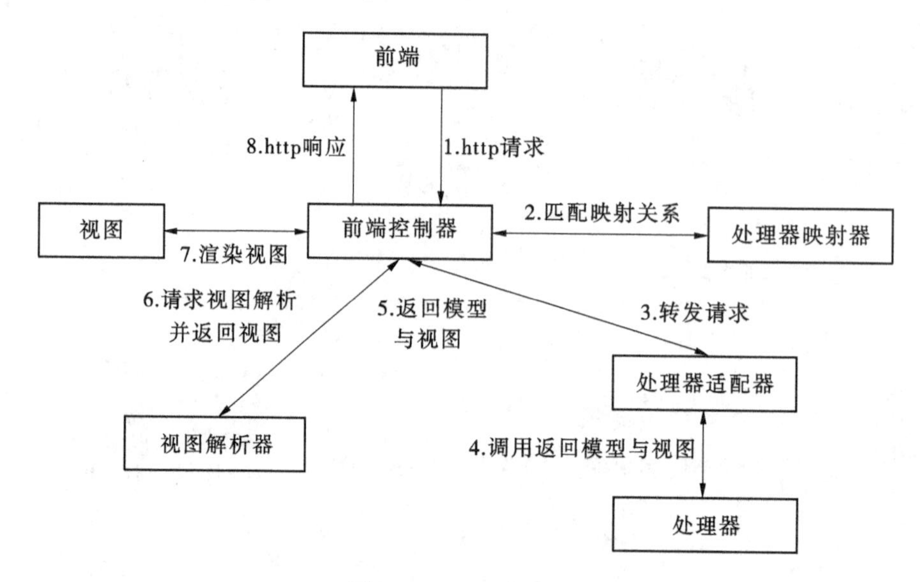

图 2 Spring 工作流程

4.3 **智能硬件**

从基础硬件来看,随着硬件技术的快速发展,计算能力已经不是问题,在这种情况下,采用统一的硬件架构,利用软件功能的不同来定义硬件逐渐兴起,带有操作系统的 RTU 代替以前单片机支撑的 RTU 已经逐渐形成趋势。

4.3.1 智慧网关

智慧网关不仅是网间连接器、协议转换器,也兼有逻辑及数据处理能力。在系统中,其将物联网采集单元通过 LoRa 网络发送上来的信息进行处理后转发至控制中心,同时智慧网关对数据处理后进行发布或不发布。控制中心下发的指令通过智慧网关,以实现与物联网采集单元的通信。

4.3.2 物联网连接网关

物联网连接网关与水位站、雨量站、漏电监测仪相结合组成智能水位站、智能雨量站、智能漏电监测仪。使水位站、雨量站、漏电监测仪具有自动组网和连接公网的能力。从而实现了设备的智能化。

4.4 **工作机制**

在未下雨时,除雨量计外,其他监测设备都处于待机状态。待机状态可以由雨量计输出雨量信号,或者由系统控制中心来唤醒,从而进入工作状态。测量数据达到预警阈值时,智慧网关对数据进行初步判断,再通过规则库进行判断,通过后进行预警显示,并通知中心;达到报警阈值时,进行报警显示,同时通过电信渠道全面推送报警通知。

5 功能实现

5.1 测量数据的获取

本系统的水文站点包括城区低洼地水深监测站、水文站、雨量站等,根据站点类型,所处环境不同,配置不同的传统设备及智能感知设备。例如,对于水位监测设备,主要采用了激光水位计和雷达式水位计(前者适用于泥沙较少的道路水深站,后者适用于城市街道、隧道、桥底安装);对于流量监测设备,主要采用 ADCP(微型)、旋桨式流速仪、流速测算仪;对于雨量站,考虑到本市降水观测方式,采用一体化雨量计。该雨量计能够将以"mm"计的降雨深度转换为信号输出;对于视频监测设备,采用高清网络球形摄像机。测量数据获取后的显示界面见图 3。

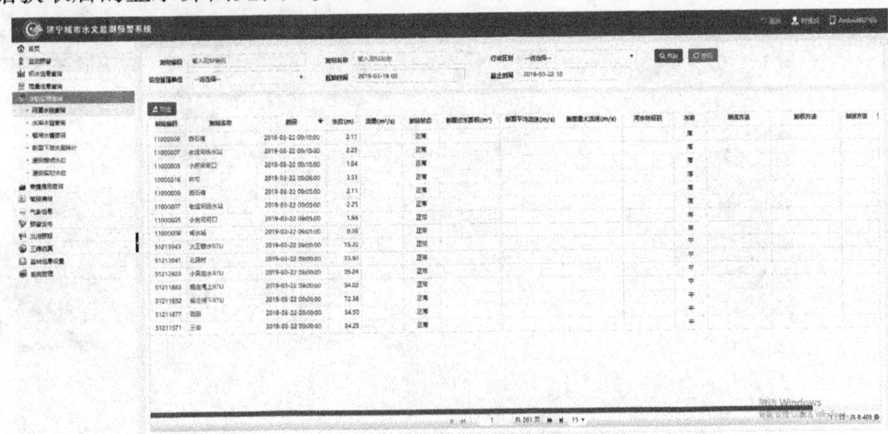

图 3 获取的测量数据

5.2 信息平台功能实现

信息平台采用了统一用户认证平台作为本系统用户管理的基础平台,实现对各类应用的统一用户管理。即登录信息平台的必须是平台认可的合法用户,具备特定的权限角色。

系统功能由 9 大模块所组成,即实时监测、信息查询、城市内涝预报、积水点三维展示、预警服务及发布平台、信息发布服务、运维平台、移动应用平台和数据维护。实时监测模块涉及水位、水深、雨量、气象信息、工情险情、视频等监视信息,具备多种展示方式,比如图表展示、报表展示、GIS 地图等。信息查询模块涵盖雨量信息查询、水情信息查询、内涝信息查询、气象信息查询、防洪排涝工程查询等。

城市内涝预报模块首先实现基于经验模型的预报,侧重于积水点积水深度、积水时间、积水量、积水面积等。建模完成后,应用模型进行模拟计算,开展洪涝模型预报。预报的结果,以多种方式进行展示,比如结合 GIS,通过二维、三维方式等(见图 4)。

积水点三维展示模块对积水点进行三维建模,并可以根据监测、预报的成果对当前或未来的防洪动态进行模拟,能够查看积水点、涵洞、立交桥等积水淹没的状况(见图 5)。

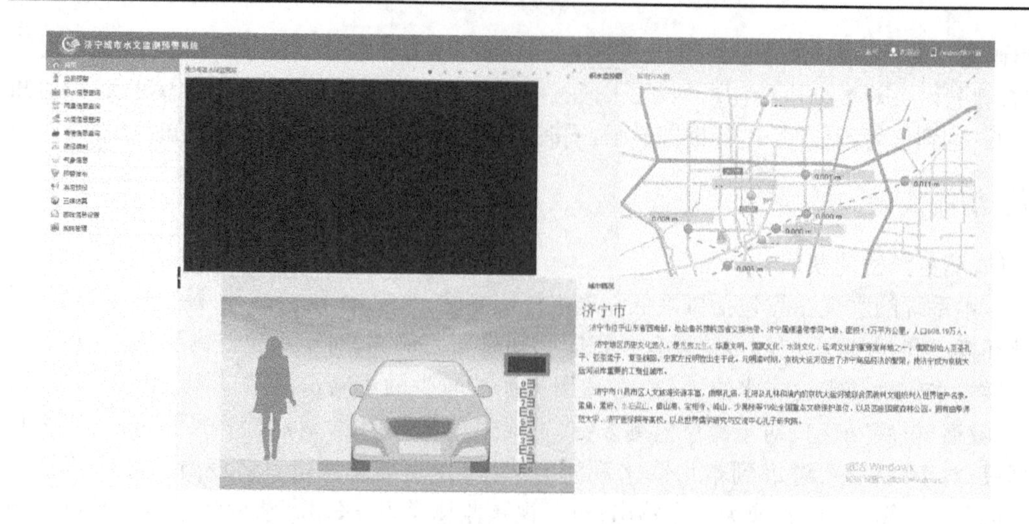

图4　预警模块主界面

图5　三维仿真界面

预警服务及发布平台模块中的预警信息包含实时监测及预报的雨情、水情，结合气象短期强对流天气监测及预报信息，以短信、公告牌等多种手段发布。发布分为内部发布和外部发布。内部发布指的是系统内发布，通过屏幕的闪烁、颜色的变化来区分。外部发布指向社会发布。

信息发布服务模块特指公众通过互联网访问本市水文信息网来获得感兴趣的水文信息。运维平台模块相当于管理界面，可以进行运维配置的管理、服务台管理等。

移动应用平台模块，借助于 MVC 架构，在浏览器端的基础上，增加了手机端的显示。通过移动终端，满足外出和现场处置时对雨水情、气象、视频、人员物资等实时信息的查询需要，以及人员、车辆的定位查询，实现移动办公。

信息维护模块包括城市基本情况、监测站信息维护、内涝基本信息维护、内涝应急联系人管理、防洪排涝工程、物资储备信息等板块。

6　结论与展望

济宁市城市水文监测系统的建设完成,对于改善滞后的城市水文建设形势,化解因洪涝灾害频发带来的负面压力,推动地区经济发展具有重大的经济效益和社会效益。通过持续的上线运行,实践证明,系统在险情频发的时间段,仍能保持良好的运行状态,达到了设计目标。考虑到目前的灾害预报模块功能较为单一,今后将在内涝预报方面,重点对洪水预报模型进行研究,增强系统的内涝预报能力。

参考文献

[1] 张涛,汪中华,李吉学,等. 济宁水文特性[J]. 海洋湖沼通报,2007,03:13-22.

[2] 宋阁庆. 基于 ArcGIS Server 的洪水预报与预警系统设计研究[D]. 兰州: 西北师范大学, 2009.

[3] 孙百洋. 基于 FPGA 的水文视频监测系统的研究与实现[D]. 天津:天津理工大学,2018.

[4] 田园. 基于 GPRS 的水文远程监测网关设计与实现[D]. 哈尔滨: 哈尔滨工业大学, 2016.

[5] 温建飞,岳凤英,李永红. 基于 FPGA 硬件架构的实时高速图像特征检测系统 [J]. 电子世界,2015(21):124-125.

[6] Hong S, Hazanchuk N A. Adaptive edge detection for real - time video processing using FPGAs[C]. Global Signal Processing. 2008.

[7] 仝海峰. 基于 FPGA 的视频图像边缘检测优化设计[D]. 合肥:安徽理工大学,2016.

[8] 萧晓俊,罗万明,罗泽,等. 青海湖生态水文监测数据可视化平台[J]. 计算机系统应用,2018,27(10):75-79.

[9] 张永嘉. 哈尔滨地区水文系统复杂性时空特征分析及影响效应研究[D]. 哈尔滨:东北农业大学,2017.

[10] 沈芳婷. 数字图像处理技术在水文监测系统中的研究与应用[D]. 天津:天津理工大学,2017.

[11] 张拓. 基于编译技术的水文监测数据通信规约解析方法研究[D]. 西安:西安科技大学,2016.

[12] 李中原,姚广华. 中小河流水文监测人员管理信息系统开发与应用[J]. 河南水利与南水北调,2017,10(1):94-96.

[13] 薛峰, 梁锋, 徐书勋, 等. 基于 Spring MVC 框架的 Web 研究与应用[J]. 合肥工业大学学报(自然科学版), 2012, 35(3):337-340.

[14] 唐永瑞, 张达敏. 基于 Ajax 与 MVC 模式的信息系统的研究与设计[J]. 电子技术应用, 2014, 40(2): 128-131.

菏泽市国家地下水监测仪器常见故障与分析

王捷音　丁福敬

（菏泽市水文局，菏泽 274008）

摘　要　地下水位监测的准确性是对地下水资源进行评价和开发利用的基础依据，对地下水动态进行长期监测是科学管理地下水资源的重要基础工作。本文针对国家地下水监测工程自动水位监测仪在运行过程中出现的问题进行分析解决，实现对我市地下水动态的有效监控，为地下水资源合理开发利用等提供科学依据和决策支持。

关键词　水位监测仪；自动监测；故障；分析

1　引　言

为进一步掌握菏泽市国家地下水监测工程设备运行状况，保证国家地下水监测系统正常运行，2018 年 10 月菏泽市水文局组织精干力量对菏泽市国家地下水监测工程地下水监测仪器进行了一次全面的比测、校测工作。菏泽市国家地下水监测站使用 SUNDXS－5 型压力式智能地下水位监控仪共计 71 站（见图 1），其中水位计仪器误差超过 2 cm 的 34 站，故障仪器 10 站。经过本次仪器校测工作，发现了诸多问题，本文从数据传输的基本原理出发，分析常见问题及故障。

2　常见问题及故障分析

2.1　工作原理

地下水位监控仪是高精度的测量国内地下水资源、钻孔水位、地下水水位和温度的传感器，利用压力式原理，数据线引出地表接入远程自动化采集系统，并通过 GPRS 方式将数据传输至监控中心软件管理平台。菏泽市国家地下水监测工程水位监测仪使用的是 SUNDXS－5 型压力式智能地下水位监控仪，能较好地对地下水位进行实时动态监控及数据采集，摆脱了以往人工监测带来的监测频次不稳定、数据不确定等因素，使监测数据更具有科学性。

SUNDXS－5 型智能地下水位监控仪主要包括数据传输装置（RTU）和传感器端的压力式水位计两个部分（见图 2）。RTU 数据传输采用"采六发一"机制，进行埋深、水温等数据的采集与传输，其他时刻则处于休眠状态。

作者简介：王捷音（1978—），女，工程师，主要从事水文相关工作。

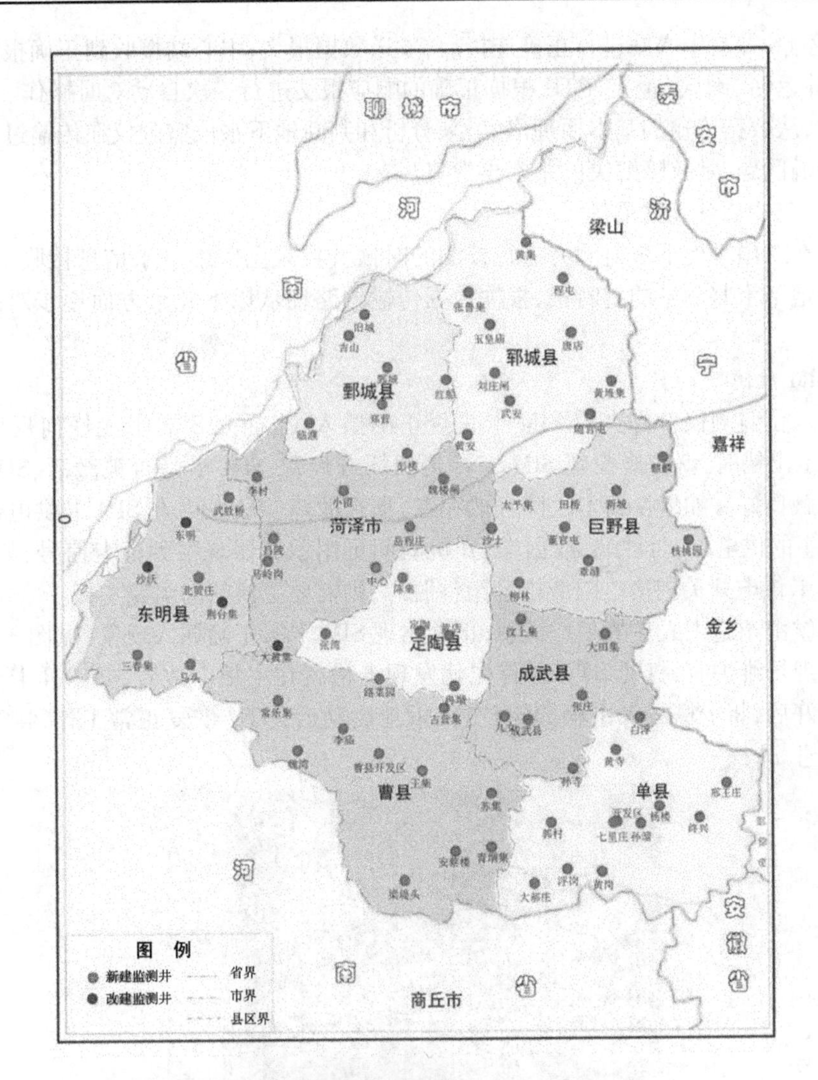

图 1　菏泽市自动监测井站点分布图

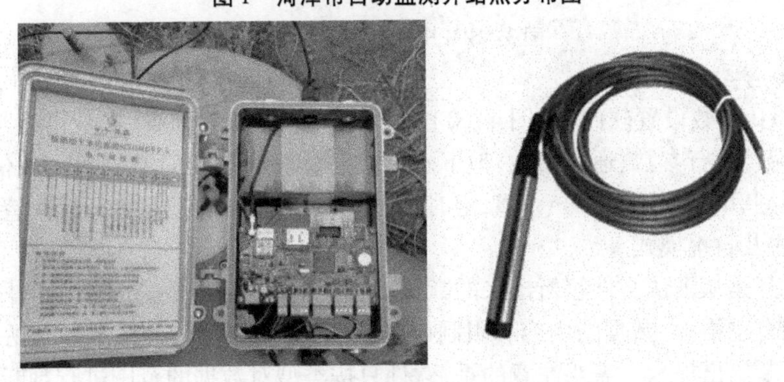

图 2　RTU 与压力式水位计

对于每日 8 时的定时报，RTU 与中心站进行数据通信的基本原理是：RTU 在低功耗模式下处于深度掉电（设备休眠模式的一种），当设备时间到达 8 点会自动唤醒，进行数据采集、存储,并与中心站进行正确连接后,发送数据报文;中心站接收到正确报文并解析后,响应并返回“确认”报文,RTU 根据正确的响应报文进行一次自动对时操作。

因此,从数据传输的基本原理出发,来分析和判断地下水位监测仪在传输过程中出现的数据传输问题,是故障解决的基本出发点。

2.2 RTU 与中心站无法通信

我们在对国家地下水监测井进行校测的时候会发现国家地下水信息接收平台,接收不到一些地下水监测站的定时报,根据数据传输的路径从以下几个方面逐步对故障进行排查。

2.2.1 SIM 故障

打开水位监测仪首先查看 SIM 卡是否正确插入;当插入 SIM 卡无任何反应或插入 SIM 卡显示出错时,就需要检查 SIM 卡是否损坏或欠费、SIM 卡是否被激活、SIM 卡与卡座是否接触良好。如果换新卡故障仍然存在,那么故障一般发生在 SIM 卡供电部分。在 SIM 卡插座的供电端、时钟端、数据端,开机瞬间可用示波器观察到读卡信号,如无信号,应为 SIM 卡供电开关周边电阻或电容组件脱焊,则需要更换新的电路主板。

有时候由于施工人员的工作疏忽,也会出现 SIM 卡未正确插入现象(见图 3),这是技术人员在现场维护时,打开 RTU 时首先就发现卡槽就在主板上放着,并未插卡。技术人员将卡插好后,将卡槽放入主板固定位置,重新启动后,RTU 恢复正常工作,接受软件收到定时信息。

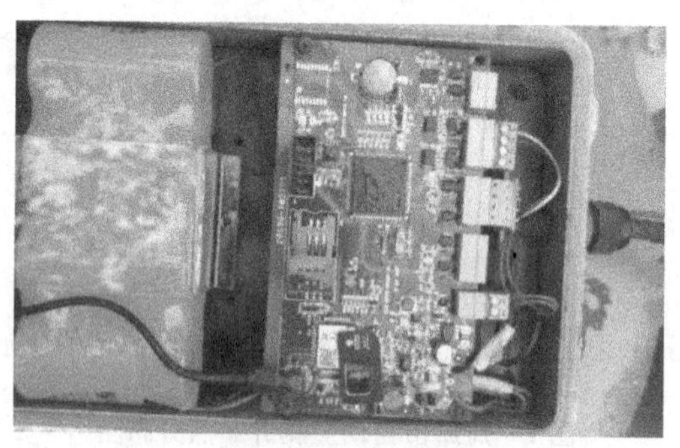

图 3 SIM 卡没有插上的 RTU

2.2.2 RTU 参数设置

利用 RTU 参数设置软件(见图 4)检查参数设置是否正确配置,参数设置与查询主要包括基本参数、运行参数、通信参数、地下水参数、自动校时、实时数据等。通信参数设置包括信道类型、IP 地址、端口号、APN、定时报时间参数;基本参数是否正确配置,包括测站号、工作模式及自报模式。

首次打开是从默认文件解析出来的默认数据,如果数据不符合要求,可自行修改(数据内部不能有空格)。数据的内容和限制可以参考“备注”一列,如果不是合法的数据,软件会自行判断给出提示。需要注意的是,软件只按类型对数据的范围进行判断,而在实际应用中对数据范围并没有做判断,这需要参考“备注”。如果设置超出了软件逻辑支持值,会带来软件运行异常。

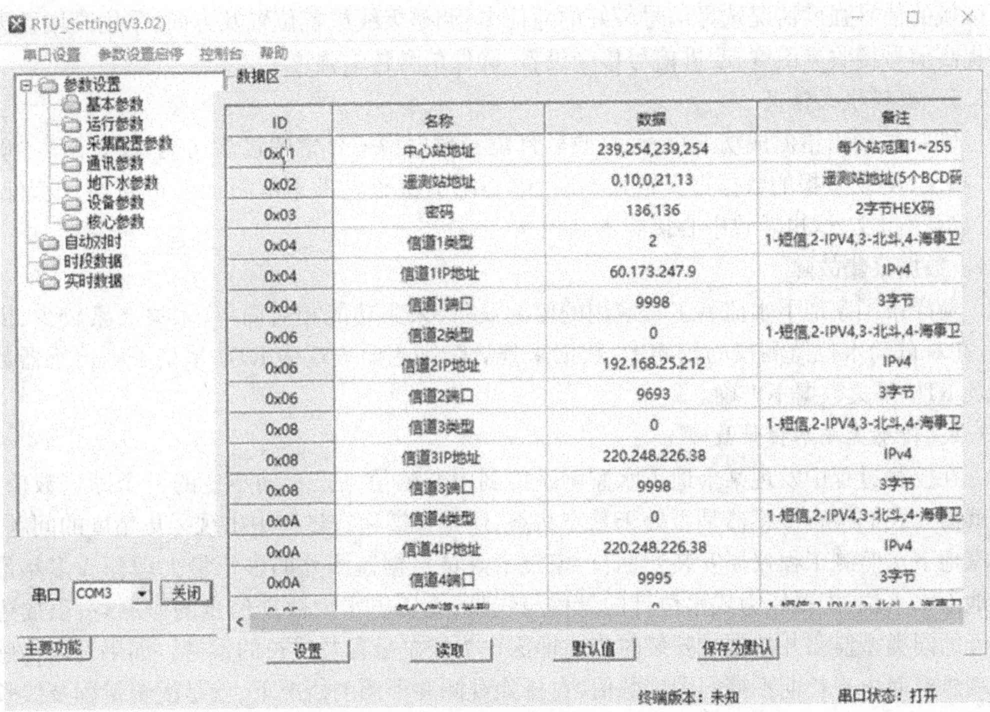
RTU_Setting(V3.02)
串口设置 参数设置启停 控制台 帮助
参数设置
基本参数
运行参数
采集配置参数
通讯参数
地下水参数
设备参数
核心参数
自动对时
时段数据
实时数据
数据区
ID 名称 数据 备注
0x01 中心站地址 239,254,239,254 每个站范围1~255
0x02 遥测站地址 0,10,0,21,13 遥测站地址(5个BCD码
0x03 密码 136,136 2字节HEX码
0x04 信道1类型 2 1-短信,2-IPV4,3-北斗,4-海事卫
0x04 信道1IP地址 60.173.247.9 IPv4
0x04 信道1端口 9998 3字节
0x06 信道2类型 0 1-短信,2-IPV4,3-北斗,4-海事卫
0x06 信道2IP地址 192.168.25.212 IPv4
0x06 信道2端口 9693 3字节
0x08 信道3类型 0 1-短信,2-IPV4,3-北斗,4-海事卫
0x08 信道3IP地址 220.248.226.38 IPv4
0x08 信道3端口 9998 3字节
0x0A 信道4类型 0 1-短信,2-IPV4,3-北斗,4-海事卫
0x0A 信道4IP地址 220.248.226.38 IPv4
0x0A 信道4端口 9995 3字节
串口 COM3 关闭
主要功能
设置 读取 默认值 保存为默认
终端版本：未知
串口状态：打开

图4　参数设置软件

2.2.3　RTU 硬件故障

根据校测现场观察,RTU 设备出现故障的监测井,多为地下水埋深较浅,由于井口保护设施封闭过严,出气口太小,容易堵塞造成井口保护设施水汽大,致使 RTU 主板及电池受潮而损坏,这就需要更换主板及电池。若是由此原因形成的 RTU 受损则可以加大井口保护设施出气孔,使水汽能够更好地散发,RTU 内加放干燥剂,减少设备受潮程度。由于国家地下水自动观测井每年取水样 、仪器设备校核、更换电池等都要进行 RTU 外壳拆卸,因而会造成 RTU 内部配件松动,部分线路短路,无法将数据正常传送。建议工作人员严格按照 SUNDXS－5 型智能地下水位监控仪操作规范,避免因人为因素造成的 RTU 损坏。

2.2.4　设备信号强度

通常,地下水监测站都建设在远离城市的各种偏远地区,移动信号覆盖不到或覆盖较差,会直接影响设备无线信号的正常收发;而且 RTU 及天线基本都配置在井口保护装置或站房内,传输信号也会受到一定的影响;由于井内水质差致使传输设备带有附着物,传输信号强度会变得更差。

设备周边的移动基站故障或不稳定;虽然这种情况很少出现,但也非绝对的。通常在已建设站点长期通信均正常的情况下,出现一小段时间的通信故障,经排查,又没有其他可能的原因,便可从该方面着手排查。当然,这种情况并非说现场的移动信号没有,比如,手机的通话功能正常,但手机缺无法通过数据流量进行上网或上网极不稳定。

对于这些因素要求我们对观测站周边环境进行定期维护,尽量排除干扰因素,根据所在区域的信号强度情况选择信号较好的通信卡，调整天线放置位置及方向，采用高增益天线提高信号接收灵敏度，改进信号接受设备，确保信号传输强度。

2.2.5　数据格式错误

RTU 采集出错但成功上报，而接收软件配置数据格式异常的过滤功能，没有回复“确认”报文；RTU 上报的数据报文格式不对，中心站的接收软件不解析或解析错误，没有回复“确认”报文，这也导致中心接收不到报文。

2.3　数据采集故障

菏泽市国家地下水监测工程应用的监测设备，采集功能相对简单，采集要素较少，因此，在对自动水位监测仪的校测中，数据采集故障则主要表现为 RTU 采集不到传感器数据及 RTU 采集数据不准确。

2.3.1　传感器端水位计故障

在校测过程中发现某个地下水监测站传到中心的信息是长期不变的一个固定数值，这就需要我们检查传感器是否处于悬空状态，还是长期运行过程中出现采集精度的问题。国家地下水监测工程仪器安装初期，厂家技术人员根据监测井的多年最大埋深或多年最低地下水水位，配置压力式水位计的量程与线长；无历史水位数据信息的监测点，以周边最近的同类型监测井数据或安装时当前埋深作为配置量程及线长的参考。如果是因传感器端悬空而出现长期不变的固定数值，在排除观测井干涸的情况下，就是配置量程及线长出现了误差，需要我们在校测时重新布线设置。当水位计量程超过 30 m 时，应通过设参软件配置实际水位计量程。

有些地下水监测站经过一段时间的比测，发现传到中心的长期不变的固定数值，是因为水位计精度满足不了监测要求，则就需要更换传感器设备。

2.3.2　采集数据不准确

我们对水位监测仪的校测采用的是现场悬垂式水位计人工测量读数和仪器采集读数进行比测。若仪器采集读数与人工测量读数误差大于 2 cm 小于 10 cm，利用地下参数设置软件修正地下水参数。如果误差超过 10 cm 或异常大，就需要量程一下实际放的水位计探头长度，并与设参软件中之前配置的地下水参数进行对比，若该参数设置有误，直接更改地下水参数。若地下水参数设置无误，则为传感器端水位计故障，需要更换传感器设备。

3　结　论

为保证国家地下水监测设备的长期稳定运行，建议对 RTU 密封措施进行进一步的排查和加强，加大井口保护设施出气孔，使水汽能够更好地散发，RTU 内加放干燥剂，减少设备受潮程度，定期对 RTU 内由电池进行维护保养，延长 RTU 的使用寿命。升级或改进 RTU，使用无线连接功能或手机 APP 远程操作功能，减少人为因素对 RTU 带来的损坏。尽力保证国家地下水监测系统的正常运行，实现对我市地下动态的有效监控，为水资源可持续利用和实施最严格水资源管理制度提供基础支撑。

视频监控系统在水文基础设施建设中的运用

周　鑫　于文祥　范荣书　方　圆

（江苏省水文水资源勘测局淮安分局，淮安 223005）

摘　要　基于4G网络的视频监控系统，实时地捕捉监控站点信息，给水文基础设施项目监督管理工作带来了极大的便利。本文从水文基础设施项目的特点、保障措施及应用中的注意点等方面入手，论述了4G视频监控系统在水文基础设施项目安全监管中的应用。

关键词　水文基础设施；4G；视频监控；安全监管

1　水文基础设施建设项目监管特点

近年来，随着我国水利基础设施建设投入的加大，水文基础设施工程项目也不断增多，但由于水文基础设施建设具有单项工程投资规模小、建设地点分散、专业性强、交通不便、社会化程度不高等特点，给监管工作带来很大难度，主要表现在：①项目点多、面广，单个项目规模小，工程造价低，但施工工种及程序与大型工程几乎一样，难以吸引较好的施工单位[1]，存在转包现象，施工队伍基本为项目所在地周边农民工，施工人员技术水平较低；②项目多在河边，地点涵盖上下游、左右岸，河岸地形、地质等情况复杂，交通不便，机械材料进场困难，施工难度很大；③设施类型繁多，常见有水文站、水位站、雨量站、水质站、水土保持监测站等，除土建外还涉及缆道等跨河监测设施、自动遥测设施、视频监控设施、信息传输等建设项目，涉及面广，专业性强；④因工程规模小，农田征用、施工占地、青苗赔偿等占比大，协调工作相对较多，难度较大；⑤水文基础设施建设地点偏僻，环境较差，交通不便，现场监理人员相对较少，吃住行困难较多，监理监管工作难度较大；⑥项目监理取费标准较低，为正常中标价2%左右，监理单位为综合考虑监管成本，选派的监理人员数量、经验不足，多数为巡查，无法实现全程监管，旁站环节不及时、不全面，监管质量较差。

因此，水文基础设施施工现场的监管难度很大，如果要全程监管，必须另辟蹊径。4G视频监控系统具有成本低，适用性强等特点，可以很好地补充水文基础设施建设的现场监管。经多年实践，本文提出在充分发挥水文基础设施施工管理人员积极性的基础上，利用现代化4G视频监控系统实现施工现场24 h全程工程监管。

2　4G视频监控系统简介

视频监控系统的传输方式分为有线传输和无线传输，现主要以有线传输为主。由于有线传输受站网选择、线路布置、成本核算等因素的影响，在水文站网的应用中已逐渐弱

作者简介：周鑫（1989—），男，工程师，主要从事水利信息化工作。

化。目前我国4G网络技术完全成熟,具备了大规模推广的条件,同时5G网络也即将全面商用,为无线视频监控系统的发展提供了保障,特别是实时照片、视频信息在手机等移动客户端的流畅播放,使施工现场的实况在手机上显示成为可能,现场监管变得相对容易。

借助于4G、5G无线网络,视频监控可以在移动的环境下进行,在不具备有线宽带接入的区域布控,实现监控区域的全覆盖。4G无线视频传输速率较高,理论峰值传输速率可达上行50 Mbps 、下行100 Mbps,能够较好地传输影像,完全满足日常视频监控传输要求,同时可以调整无线移动网络,如果在缺乏4G网络的情况下,4G无线视频传输设备会自动适应网络按照3G或者2G的网络信号传输。4G无线监控设备前期投资低[3],安装使用方便,只要有4G信号覆盖,打开相应设备即可传输信号 。同时随着政府“放管服”的进一步深化,加强网络建设,明确今后网络资费会不断下调,从而降低了应用成本,使得无线视频监控应用更加可操作、长久化。

4G视频监控系统拓扑图(仅供参考)见图1。

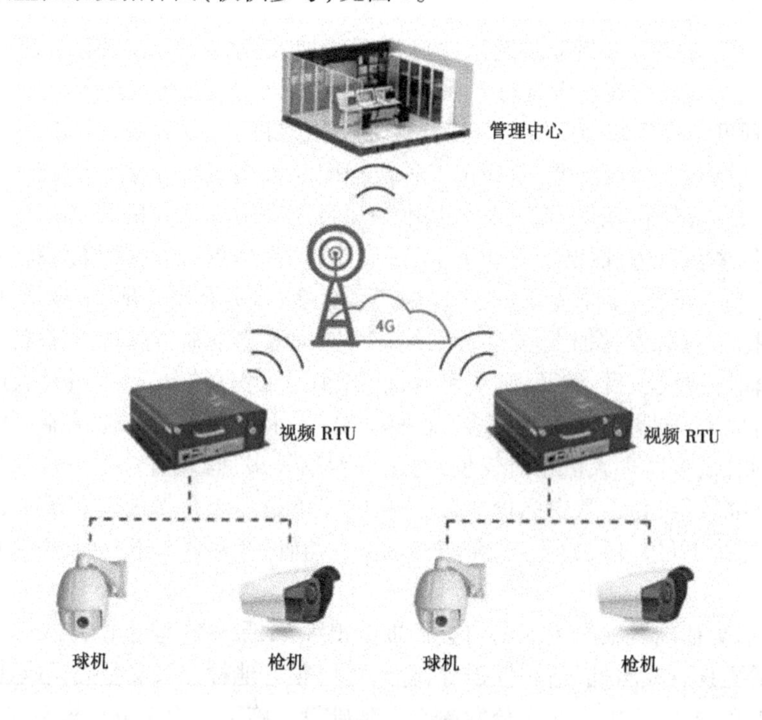

图1　4G视频监控系统拓扑图

3　4G视频监控系统在水文基础设施建设中的应用

基于水文基础设施项目的特点,可采用4G无线视频监控系统对水文基础建设项目工地进行实时监控,通过网络视频监控业务平台将独立、分散的图像信息采集点进行联网处理,实现跨区域的监控、管理和存储,管理中心或移动终端通过传输网络发送控制指令进行全方位、全时段调用[4],满足远程视频查看、应急指挥、隐蔽工程验收等要求,满足水文基础设施项目远程监控、管理和信息传递的需要。

朱码闸水文站上下游防护修复项目位于江苏省淮安市涟水县,交通较为不便,为解决水文站上下游自记台边坡不稳,行船撞击等问题,建设水下模袋混凝土、混凝土护坡、防撞桩等,受水文基础设施建设项目特点影响,本项目采用4G视频监控系统进行精细化建设管理,具体建设情况如下。

3.1　系统框架

在现有淮安水情分中心设置远程监控中心,增设监控客户端软件满足手机查看功能。视频信号采用原有水位观测球形摄像头采集施工现场实况,音频信号采用麦克风采集施工现场声音,而后汇集到现场声像采集处理终器(RTU),经处理后的信号综合汇总通过移动运营商的传输网络传送至远程监控中心或手机等移动终端。项目开展过程中,同时拓宽视频监控管理思路,在视频监控系统无法完全查看的细节部分,借用手机微信视频等途径多方式解决问题。

3.2　人员框架

以建设安全生产办分管领导为主导,制定任务分配表,落实各人员任务分工及职能分工,组建朱码闸水文站上下游防护修复项目微信群组,相关人员及时查看项目施工现场实况信息,针对出现的问题线上分派相关任务,落实到具体人员,形成工作有计划、有压力。基本建设管理人员依据现场情况及时选择线上或现场指导,查找原因,解决问题,避免工期延误。制订视频监控系统维修养护计划、任务表,遥测维护专员设置为视频监控系统维修养护员,依照水文遥测设备维护管理办法,定期巡检,发现问题及时解决。施工单位相关人员,提前熟悉整套图纸,针对施工过程中出现的问题及时反馈现场情况,强化水文服务意识、预见性思维,对涉及水文专业领域的施工环节及时通过视频监控系统中的视频对讲等途径进行沟通解决。

3.3　实现监管作用

3.3.1　实施"回头看"监管

监理单位针对施工过程中遗漏关键节点调用相关影像资料,对不合格、不规范的施工环节,下发整改通知单,严格把控施工质量。通过对施工现场不间断影像转播,存储本项目施工片段,留存相关影像资料,来强化施工班组人员责任心。建设单位、监理单位相关人员对照施工组织设计、施工计划表,随时跟进施工进度,把控防撞桩、模袋混凝土等关键节点确保施工质量、施工工期。

3.3.2　实施安全监管

本项目三方牢固树立"安全无小事,责任大于天"的生产理念,查看施工现场影像资料,明确保障安全生产措施落实情况,实现安全生产监管功能。

3.3.3　实施施工用料、工艺监管

严格监管施工队伍力量薄弱、偷工减料情况。建设单位及监理单位通过视频监控可以严格把控施工用料、施工工艺,通过前端摄像留存施工单位违规资料。对未实施工序及时沟通联系,可采用前端喊话功能或电话联系指导施工注意点、纠正错误点;对已实施工序,及时下发整改通知单,外附相关影像资料,实现物证齐全。通过视频监控,严格把控施工材料进场,对于不同批次、不同规格材料严格报送检测单位。

3.3.4 强化影像资料留存归档

本项目采用移动硬盘将施工过程中所有相关影响资料留存。影像资料的留存为本项目的质量监管、竣工验收、结算、审计留有相关证据，各有关单位给与足够的重视，明确相关责任人，强化影像资料留存归档，确保工程施工质量。

4G 视频监控系统在朱码闸水文站上下游防护修复项目中的应用，较好地解决了水文基础设施项目难以监管的问题。通过此系统及时指导施工单位解决遥测信号传输、隐蔽线管铺设、水尺桩安装防护等水文专业工作，解决了专业人员无法及时到场等问题；监理单位履行关键节点旁站职能，同时远程通过此系统严格监管施工质量、施工进度、施工安全，解决了监理人员不方便驻场监管等问题。同时影像资料的留存为工程的竣工验收、结算、审计留有了足够的凭证，较好地完成了朱码闸水文站上下游防护修复项目。

4 问题及建议

4.1 布置科学合理，考虑长远效应

在水文基础设施项目中采用的 4G 网络视频监控系统并非仅仅服务于工程施工环节，同时可以运用于今后水文站网水文业务、安全监管等方面，故在视频监控系统设置时需合理规划，综合考虑多种业务用途。例如：在水位站中，视频监控前端设备在监管施工过程的前提下，兼顾今后的水位观测，前端摄像机采用立杆安装在水尺桩的可视区域内，配置高速智能球机进行全方位多角度的监控，通过前端摄像头拉远拉近，达到现场查看效果，满足水位观测要求，为自动化、智能化的水文站点做好服务。水文站点多偏僻，社会人员杂乱，水文基础设施破坏现象时有发生，设置移动录像联动功能，当监控画面有所变动以及有无关人员进入时，监控平台会进行自动提示，随时把控第一现场，做好水文站网的安全生产工作。

4.2 合理使用电源

正常施工现场具有 220 V 电源，可暂时采用此作为视频监控系统的电源，但考虑水文站网多处于偏远地区以及今后站网监控使用，一般 220 V 电源无法全部达到、且不安全。故需合理计算视频监控系统及站网遥测设备电源用电量，采用蓄电池与太阳能电板供电相结合的方式，综合考虑各地区气象条件，合理设计太阳能电池容量，保证视频监控系统及遥测设备的能量源。

4.3 加强沟通协调

水文基础设施项目具有专业性强、种类繁多的特点，不同的项目所涉及的专业知识不尽相同，而在现有的水文单位人员框架结构下，专职基础设施建设管理人员较少，知识面较窄，无法完全胜任全部环节，因而需单位各科室相关专业人员的密切配合。

总之，借助科技之力，合理运用科技力量，提升管理水平，已是科技创造成果的不争事实。4G 视频监控系统与水文基础设施项目的结合，需布置科学合理，长远效应，需不断加强沟通协调，需充分实现监管作用，从而不断地提高水文基础设施建设项目施工现场的管理水平，不断规范施工工艺，真正达到应用、指导、管理、服务现场的效果，让水文基础设施更好地服务于水文行业，实现大水文发展理念。

参考文献

[1] 孙刚. 浅谈水文站网工程建设管理[J]. 内江科技,2011(10):9,39.

[2] 于文祥,陈晶晶,等. 水文基础设施建设管理存在的问题及对策研究[J]. 江苏水利,2018(7):55-57.

[3] 徐玓,段永霞,等. 基于计算机网络的低成本视频监控系统的设计[J]. 信息化研究,2010(10):37-39.

[4] 陆军. 宿迁市建筑工程施工现场远程视频监控系统[J]. 信息系统工程,2015(3):114-116.